新文科·新传媒·新形态 精品系列教材

剪映专业版
短视频创作案例教程

全彩慕课版

王丽婷 段丽梅 涂雯倩◎主编
尚玥 韦玉玲 焦梦芹◎副主编

人 民 邮 电 出 版 社
北 京

图书在版编目（CIP）数据

剪映专业版 : 短视频创作案例教程 : 全彩慕课版 / 王丽婷, 段丽梅, 涂雯倩主编. -- 北京 : 人民邮电出版社, 2024. -- ISBN 978-7-115-65156-3

Ⅰ. TP317.53

中国国家版本馆CIP数据核字第2024BV0135号

内 容 提 要

随着短视频行业的迅速发展，越来越多的人加入了短视频创作的行列。剪映专业版是一款专业的短视频剪辑工具，能够满足各种场景的剪辑需求，深受用户的青睐。本书系统地介绍了使用剪映专业版创作短视频的方法与技巧，共9章，主要内容包括短视频概述、剪映专业版快速入门、剪映专业版进阶功能、创作图文类短视频、创作城市宣传片、创作生活 Vlog、创作产品推荐短视频、创作商业广告短视频，以及创作文艺短片。本书旨在帮助读者全面掌握短视频剪辑技术，提升短视频创作能力。

本书内容新颖，案例丰富，既可作为高等院校新媒体类、电子商务类、新闻传播类等专业相关课程的教材，也适合广大自媒体工作者、短视频创作者及爱好者阅读学习。

◆ 主　　编　王丽婷　段丽梅　涂雯倩
副 主 编　尚　玥　韦玉玲　焦梦芹
责任编辑　林明易
责任印制　胡　南

◆ 人民邮电出版社出版发行　　北京市丰台区成寿寺路11号
邮编　100164　　电子邮件　315@ptpress.com.cn
网址　https://www.ptpress.com.cn
临西县阅读时光印刷有限公司印刷

◆ 开本：787×1092　1/16
印张：12.25　　　　2024年11月第1版
字数：347千字　　　2025年1月河北第3次印刷

定价：69.80元

读者服务热线：(010)81055256　印装质量热线：(010)81055316
反盗版热线：(010)81055315
广告经营许可证：京东市监广登字20170147号

前言

随着短视频行业的发展，逐渐出现了一大批短视频创作者。他们创作的短视频作品有很大一部分是通过后期剪辑工具来完成的，其中剪映成为很多短视频创作者的选择。

剪映是由抖音官方推出的一款功能强大且易于使用的国产视频剪辑工具，拥有丰富的功能，包括剪辑、拼接、转场、特效等，可以满足用户在不同场景下的视频剪辑需求。剪映分为手机版（即剪映 App）、专业版等多个版本，其中手机版适合在移动端使用，而专业版适合在 PC 端使用。

与手机版相比，剪映专业版拥有更清晰的操作界面和更强大的面板功能，可以适应后期剪辑任务的更多场景，满足用户更专业的视频剪辑需求，且在处理多个素材和中、长视频等方面更有优势。与此同时，剪映专业版也延续了手机版简单、易用的操作风格，适用于各种专业的剪辑场景。学习剪映专业版的视频剪辑技巧，可以帮助读者创作出更加精彩的高品质短视频作品。

党的二十大报告提出："推进文化自信自强，铸就社会主义文化新辉煌。"在我国，短视频正深度参与人们精神文化生活的建构。与此同时，随着技术应用的迭代升级，短视频行业呈现出丰富、多元的发展态势，形成"内容 + 技术 + 产业"的新质生产力。为了帮助读者快速掌握使用剪映专业版创作短视频的方法与技巧，我们精心策划并编写了本书。

本书特色

- **案例主导，学以致用：**本书以剪映专业版为短视频剪辑工具，配备了大量短视频创作的精彩案例，并详细介绍了各案例的操作过程与方法技巧，使读者通过案例演练真正达到一学即会、融会贯通的学习效果。
- **循序渐进，分类演示：**本书在介绍剪映专业版入门功能和进阶功能的基础上，精心指导读者学习短视频创作实战中的剪辑思路、素材选取和剪辑流程，并分类进行讲解和演示，帮助读者扫清实战障碍，提升剪辑效率。
- **学用结合，注重实训：**本书在讲述理论与技能的同时，也非常注重实训，每章最后均设有"课堂实训"模块，以清晰的思路引导读者进行实训、达成实训要求、提升读者的综合素养。

学时安排

本书作为教材使用时，课堂教学建议安排 26 学时，实训教学建议安排 22 学时。各章主要内容和学时安排如表 1 所示，教师可以根据实际情况进行调整。

表1　各章主要内容和学时安排

章序	主要内容	课堂学时	实训学时
第 1 章	短视频概述	3	1
第 2 章	剪映专业版快速入门	3	3
第 3 章	剪映专业版进阶功能	4	4
第 4 章	创作图文类短视频	2	2
第 5 章	创作城市宣传片	3	2
第 6 章	创作生活 Vlog	2	2
第 7 章	创作产品推荐短视频	3	2
第 8 章	创作商业广告短视频	3	3
第 9 章	创作文艺短片	3	3
学时总计		26	22

教学资源

为了方便教学，我们为使用本书的教师提供了丰富的教学资源，包括教学大纲、电子教案、课程标准、PPT、剪映项目草稿、素材文件、效果文件。如有需要，用书教师可登录人邮教育社区（www.ryjiaoyu.com）搜索本书书名或书号获取相关教学资源。

本书教学资源及数量如表 2 所示。

表2　本书教学资源及数量

编号	教学资源名称	数量
1	教学大纲	1 份
2	电子教案	1 份
3	课程标准	1 份
4	PPT	9 份
5	剪映项目草稿	35 份
6	素材文件	552 个
7	效果文件	32 个

为了帮助读者更好地使用本书，本书编者为书中的案例录制了配套的慕课视频，本书的慕课视频分为操作教学视频和效果展示视频两种，读者可以通过扫描本书封面和书中的二维码观看。

本书的操作教学视频名称及二维码所在页码如表 3 所示。

表3　操作教学视频名称及二维码所在页码

章节	操作教学视频名称	页码	章节	操作教学视频名称	页码
2.4.1	导入并剪辑素材	36	课堂实训	常德澧县宣传片	114
2.4.2	调整画面比例	38	6.3.1	添加并编辑音频	118
2.4.3	调整播放速度	39	6.3.2	剪辑视频素材	119
2.4.4	添加视频效果	40	6.3.3	视频调色	120
2.4.5	视频调色	42	6.3.4	添加视频效果	122
2.4.6	添加字幕	43	6.3.5	添加字幕	123
2.5.1	导出短视频	44	6.3.6	制作片头	124
2.5.2	发布短视频	45	课堂实训	“清凉夏日”Vlog	127
课堂实训	制作休闲时光短视频	46	7.3.1	剪辑视频素材	132
3.1.5	调出唯美晚霞色调	56	7.3.2	制作多屏画面效果	133
3.2.3	制作枫叶旋转开场效果	59	7.3.3	视频调色	133
3.3.3	制作曲面滚动效果	64	7.3.4	添加贴纸	136
3.4.5	制作春节氛围感短视频	70	7.3.4	添加产品信息字幕	138
3.5.3	制作高级感文字拉幕效果	77	7.3.4	添加片头和片尾字幕	141
3.6.1	制作企业年会开场片头	79	7.3.5	添加视频效果	143
3.6.2	使用素材包制作片尾	81	7.3.6	编辑音频	145
课堂实训 1	小清新风格色调调色	82	课堂实训	宠物四季垫产品推荐短视频	146
课堂实训 2	制作水墨开场片头	82	8.3.1	编辑片头文本	151
4.3.1	处理图片素材	86	8.3.1	制作动画效果	153
4.3.2	添加边框和动画特效	87	8.3.2	剪辑视频素材	155
4.3.3	编辑音频	89	8.3.3	编辑音频	157
4.3.4	添加视频效果和字幕	90	8.3.4	添加转场效果	159
4.3.5	制作片尾	92	8.3.5	添加旁白字幕	160
课堂实训	制作“节约用电”图文短视频	94	8.3.6	视频调色	160
5.3.1	剪辑开头部分素材	98	8.3.7	制作片尾	163
5.3.1	制作关键帧动画效果	100	课堂实训	制作民宿广告短视频	165
5.3.1	剪辑主体和结尾部分素材	101	9.3.1	剪辑视频素材	170
5.3.2	编辑音频	102	9.3.2	添加音效	171
5.3.3	添加转场和动画效果	104	9.3.3	视频调色	173
5.3.3	制作胶片闪光转场效果	105	9.3.4	添加视频效果	177
5.3.4	视频调色	106	9.3.5	添加旁白字幕	180
5.3.5	编辑旁白字幕	108	9.3.6	制作片尾	181
5.3.5	添加动画效果	109	课堂实训	制作“拥抱春天”文艺短片	183
5.3.6	制作片头	110	—	—	—

本书的效果展示视频名称及二维码所在页码如表 4 所示。

表4 效果展示视频名称及二维码所在页码

章节	效果展示视频名称	页码	章节	效果展示视频名称	页码
2.4	使用剪映专业版快剪短视频	36	课后练习	知识科普图文短视频	94
课堂实训	休闲时光短视频	46	5.3	城市宣传片创作实战	98
课后练习	动感卡点短视频	47	课堂实训	常德澧县宣传片	114
3.1.5	调出唯美晚霞色调	56	课后练习	津市宣传片	114
3.2.3	制作枫叶旋转开场效果	59	6.3	生活 Vlog 创作实战	118
3.3.3	制作曲面滚动效果	64	课堂实训	“清凉夏日”Vlog	127
3.4.5	制作春节氛围感短视频	70	课后练习	“风筝节”Vlog	128
3.5.3	制作高级感文字拉幕效果	77	7.3	产品推荐短视频创作实战	131
3.6.1	制作企业年会开场片头	79	课堂实训	宠物四季垫产品推荐短视频	146
3.6.2	使用素材包制作片尾	81	课后练习	宠物安全座椅产品推荐短视频	146
课堂实训 1	小清新风格色调	82	8.3	商业广告短视频创作实战	150
课堂实训 2	水墨开场片头	82	课堂实训	民宿广告短视频	165
课后练习 1	电影感色调	82	课后练习	全季酒店广告短视频	166
课后练习 2	合成云朵	82	9.3	文艺短片创作实战	169
4.3	图文类短视频创作实战	86	课堂实训	“拥抱春天”文艺短片	183
课堂实训	“节约用电”图文短视频	94	课后练习	“慢生活”文艺短片	184

本书编者

本书由王丽婷、段丽梅、涂雯倩担任主编，由尚玥、韦玉玲、焦梦芹担任副主编。尽管编者在编写过程中力求准确、完善，但书中可能还存在不足之处，恳请广大读者批评指正。

编　者
2024 年 9 月

目录

第1章 短视频概述

第2章 剪映专业版快速入门

第6章 创作生活Vlog

第7章 创作产品推荐短视频

第8章 创作商业广告短视频

第9章 创作文艺短片

第 1 章

短视频概述

学习目标

- 了解短视频的特点、常见类型和热门平台。
- 掌握短视频的创作趋势和发展趋势。
- 掌握短视频的创作流程。
- 掌握短视频的营销策略和变现模式。
- 了解短视频创作人才的岗位需求与能力要求。

素养目标

- 了解新质生产力，助推短视频行业高质量发展。
- 培养创新意识，提升个人综合素养，成为新时代的短视频创作人才。

短视频作为一种新媒体内容传播方式，近年来得到了爆发式的发展，其用户规模持续增长，并在品牌推广、内容营销、社交网络、电商带货等多个领域有着广泛的应用。随着短视频行业的竞争日益激烈，创作者只有创作出高质量且用户喜欢看的内容，才能获得更大的发展空间。

1.1 认识短视频

在经历了多年快速增长和不断完善后，短视频已经正式进入成熟发展的新阶段。作为一种新的视听形式，短视频已经成为网络视听行业发展的主要增量，不仅引发了传媒行业的剧烈变革，而且在增强文化传播亲和力、推动信息交流等方面，也有着独特的优势。

1.1.1 短视频的定义

短视频是指一种长度较短、时长在15秒到5分钟的视频内容，可以单独成片，也可成为系列栏目。它依托于智能移动终端实现快速拍摄和美化编辑，可以在多个社交媒体平台上实时分享。

短视频是继文本、图片和传统视频之后又一个新兴的内容传播载体。随着智能移动终端的普及和网络的提速，短视频逐渐获得各大平台、粉丝（网络用语，指喜爱某一人物或形象的一个群体）和企业的青睐。

短视频融合了技能分享、幽默搞怪、时尚潮流、社会热点、街头采访、公益教育、广告创意、商业定制等主题，形式多样，创意丰富，信息密度高，观赏性强，且易于在社交网络分享，促进信息的快速传播，因此备受欢迎。

短视频既是一种新兴的娱乐方式，也对传统媒体和内容创作者产生了重要影响。短视频的迅猛发展使传统媒体纷纷加入短视频领域，推出适应移动互联网需求的短视频内容。而对于内容创作者来说，短视频的高效传播方式为他们提供了更多的商业机会。通过精选优质内容、培养粉丝群体、与广告投放商合作等方式，他们可以在短视频平台上实现商业化运营并获得广告收益。

1.1.2 短视频的特点

近年来，短视频行业一直在飞速发展，其用户数量和社会影响力一直都在持续提升，行业规模也一直在不断扩大，已经成为移动互联网业态的重要组成部分。与传统视频相比，短视频主要以“短”见长，具有以下特点。

1. 简洁直接

短视频的时长通常较短，需要在有限的时间内传达信息。大多数人在获取日常信息时习惯追求“短、平、快”，而短视频正好具备这种特点。短视频传播的信息观点鲜明、简洁直接、内容集中、言简意赅，更容易被用户理解与接受。

2. 娱乐性强

短视频通常采用快速剪辑和动态特效，并配合音乐和字幕等元素，提升用户的观看体验。这种快节奏的呈现方式能够迅速引起用户的兴趣，并保持他们的注意力。另外，大部分短视频通常注重娱乐性，通过独特的故事情节、视觉效果和音乐来吸引用户，使用户在短时间内获得愉悦和享受。

3. 互动性强

短视频的互动性较强，用户可以通过点赞、评论、分享等方式与其他用户进行互动。这种互动能够增加用户的参与度并增强用户的黏性。

4．内容类型多样化

短视频的内容类型多种多样，涵盖了舞蹈、美食、旅行、教育等各个领域。内容类型的多样化使短视频能够满足不同用户群体的需求和兴趣。

5．营销目标精准

与其他营销方式相比，短视频营销可以准确地找到目标用户，实现精准营销。短视频平台通常会设置搜索框，并对搜索引擎进行优化，而用户一般会在平台上搜索关键词，这一行为使短视频营销更加精准，商家可以更高效地找到精准用户，用户也能通过短视频更直观地了解商家与产品。

1.1.3　短视频的常见类型

目前各大平台的短视频类型多种多样，其针对的目标用户群体也各不相同。按照短视频的内容进行分类，短视频可以分为以下几个常见类型。

1．短纪录片

短纪录片以真实生活为创作素材，以真人真事为表现对象，并对其进行艺术加工与展现。短纪录片伴随传播媒体的发展而产生，由传统的纪录片发展而来，具有传统纪录片的特点，且更适合通过网络传播。

国内出现较早的此类短视频创作团队有“一条”和“二更”，其内容新颖、制作精良，他们成功的运营开启了短视频变现的商业模式。图1-1所示为“一条”发布的短纪录片。

2．街头采访

街头采访类短视频一直属于比较热门的短视频类型，其制作简单，话题性强，深受都市年轻群体的喜爱。街头采访类短视频的成功与否主要在于提出的问题是否新颖，是否有吸引力，整体是否有趣，这就需要创作者具有很强的编导能力。图1-2所示为某账号在街访中提出的一个问题：“截至目前，您最大的遗憾是？”

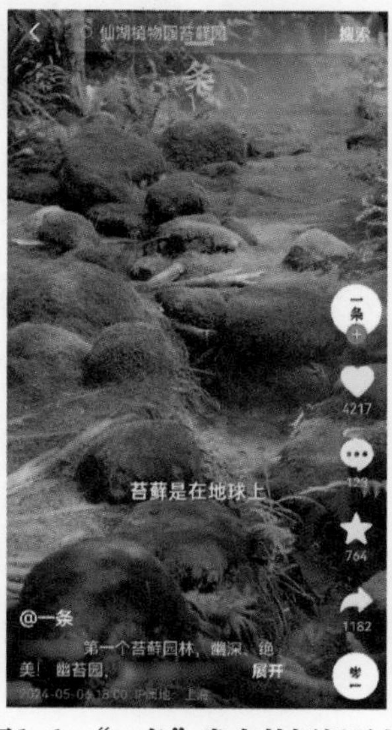

图1-1　“一条”发布的短纪录片

图1-2　街头采访

3. 知识与技能分享

知识与技能分享类短视频的内容包括摄影技巧、生活技巧、食谱厨艺（见图1-3）、视频制作、办公技能等，种类多样，可以帮助用户解决生活或工作中遇到的问题，实用性较强。

4. 情景短剧

情景短剧类短视频多以搞笑、温情、悬疑为主，在互联网上被广泛地传播，深受用户的欢迎。这类短视频涉猎题材范围广泛，包括家庭伦理、悬疑推理、都市爱情、乡村生活等。情景短剧类短视频对脚本的要求较高，需要强有力的情节支撑，对演员演技和拍摄手法有一定的要求。图1-4所示为某账号发布的搞笑短视频。

5. 文娱解说

文娱解说类短视频一般会对影视、音乐等文娱内容进行盘点和解读，为用户提供紧凑且丰富的信息，让其省去自行搜索的麻烦，特别适合具有特定兴趣爱好的用户。图1-5所示为某账号发布的影视解说短视频。优质的文娱解说类短视频除了选材定位明确，还要求创作者认真撰写解说文案，文案中一般会融入能够体现创作者自身特点的口头禅，这样能让用户迅速地记住创作者。

图1-3　食谱厨艺短视频

图1-4　搞笑短视频

图1-5　影视解说短视频

6. Vlog

Vlog是以第一视角为主的个人生活记录，可以细分为旅游类Vlog、探店类Vlog、生活类Vlog等。Vlog对视频画面的要求较高，多为室外拍摄场景，需要创作者具有丰富的生活经历。图1-6所示为某账号发布的旅游Vlog。

7. 才艺展示

才艺展示类短视频是指创作者展示自己的才能和技艺（主要形式有唱歌、跳舞、健身、做手工、展示厨艺等）。只要创作者的才艺有特点，就会有人喜欢。图1-7所示为某账号发布的跳舞短视频。

8. 可爱事物

可爱事物类短视频一直很受欢迎，这类视频一般会展示可爱的孩童和宠物，其一举一动都治愈人心，能够抚慰人们的情绪。图1-8所示为某账号发布的宠物猫短视频。

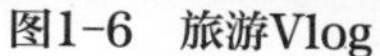
图1-6　旅游Vlog

图1-7　跳舞短视频

图1-8　宠物猫短视频

1.1.4　短视频的热门平台

短视频平台是短视频行业的重要组成部分和核心载体，为短视频行业提供了多样的内容展示和分发渠道。这些平台通过技术手段和算法优化，实现了对短视频内容的快速处理、分发和推广，使更多的优质内容能够被人们发现和欣赏。同时，短视频平台也提供了丰富的创作工具和社交功能，鼓励用户积极创作和分享短视频内容，进一步丰富了短视频行业的内容生态。

目前，短视频行业中的热门平台主要有抖音、快手、微信视频号等，下面分别对其进行简要介绍。

1．抖音

抖音是由北京抖音信息服务有限公司孵化的一款音乐创意短视频社交软件，上线于2016年。抖音以其独特的音乐和创意性短视频内容吸引了大量年轻用户，成为了全球最受欢迎的短视频平台之一。在抖音平台上，用户可以观看各种类型的短视频作品，包括音乐、舞蹈、美食、旅行、时尚、搞笑等，同时也可以分享自己的短视频作品。

抖音采用算法推荐机制，以保证内容分发效率。抖音一开始的定位是专注年轻人的音乐短视频社区，用户首先选择歌曲，然后配上短视频，即可生成自己的作品。后来，随着抖音的发展，抖音的用户群体逐渐扩大，定位也发生了改变，成为记录美好生活的社交媒体平台。抖音希望让每一个人看见并连接更大的世界，鼓励表达、沟通和记录，激发创造，丰富人们的精神世界，让现实生活更美好。

随着短视频行业的不断发展，抖音平台的用户量逐渐增加，用户边界不断拓展，用户群体更加丰富多元化。用户活跃度高，使用抖音的频次高，使得用户对抖音平台的使用黏性逐渐增强。

2．快手

快手是北京快手科技有限公司旗下的产品，其前身叫“GIF快手”，诞生于2011年3月，最初是一款用来制作、分享GIF图片的手机应用。

2012年11月，快手从纯粹的工具应用转型为短视频社区，成为用户记录和分享生产、生活的平台。后来，随着智能手机、平板电脑的普及和移动流量成本的下降，使得快手在2015年以后迅速发展。

快手的产品愿景是技术赋能，用科技赋予每个人独特的幸福感。在快手上，用户可以用照片和短视频记录自己的生活点滴，其内容覆盖生活的方方面面。用户在快手上能够找到自己喜欢的内容和自己感兴趣的人，看到更真实、有趣的世界，也可以让世界发现真实、有趣的自己。

快手的内容分发也是依靠推荐算法，其算法核心是理解，包括理解内容的属性、人的属性、人和历史内容的交互数据，然后通过一个模型预估内容与用户之间匹配的程度。

快手的内容分布机制是去中心化、公平普惠的。不论是“大咖”还是“草根”，不论是在繁华的大都市还是在慢节奏的乡村，快手认为每个人都值得被记录和关注。正是因为快手去中心化、公平普惠的内容发布机制，激发了越来越多的用户在快手平台上创作和发布短视频，表达和展示自己。

3．微信视频号

微信视频号（以下简称视频号）是2020年1月22日腾讯公司正式宣布开启内测的平台，它不同于订阅号、服务号，是一个全新的内容记录与创作平台，也是一个了解他人、了解世界的窗口。视频号的位置放在了微信的“发现”页内，就在“朋友圈”入口的下方。

视频号内容以图片和视频为主，不需要PC端后台，可以直接在手机上发布。视频号支持点赞、评论，内容也可以转发到朋友圈、聊天对话场景，与好友分享。

视频号的首页分为“关注”“朋友”“推荐”3个入口，分别对应的是兴趣分发、社交分发和算法分发。

视频号的社交属性强，与微信朋友圈、公众号等相互关联，用户可以通过点赞、评论、转发等方式与其他用户互动，进而实现内容的快速传播。

1.2　短视频的发展

随着智能手机和移动互联网的普及，短视频平台的用户规模持续扩大，越来越多的用户参与到短视频的创作中。短视频平台上的内容涵盖了音乐、舞蹈、游戏、美食、教育、知识分享等多个领域，满足了用户多样化的需求。同时，名人、媒体等也积极参与到短视频的创作中，为市场带来了更多元、更专业的内容。

随着短视频平台的数量与日俱增，市场竞争异常激烈。为了吸引和留住用户，各平台纷纷推出了各种优质的内容和功能，从而形成了各具特色的竞争格局。

1.2.1　短视频、中视频与长视频

短视频是在传统长视频之后出现的一种新的视频内容形式，而在短视频迅速发展的过程中，中视频逐渐成为各短视频平台和长视频平台获取新增量的视频内容形式。

1．短视频、中视频与长视频的区别

下面将从5个维度来介绍短视频、中视频与长视频三者之间的区别。

（1）时长

国内的短视频平台对短视频的时长限制大多在15秒～60秒；中视频的时长大概为1分钟～30分钟；30分钟以上的则是长视频。

（2）表现形式

短视频以竖屏、横屏形式为主；中视频和长视频则很少以竖屏形式出现，主要以横屏形式为主。

（3）内容类型

短视频的内容以娱乐、生活为主，大部分短视频结构简单、节奏较快、结尾颇具转折性；中视频的内容则以科普、知识、新闻为主，相较于短视频来说，其内容更加丰富，能够完整地向用户阐述想表达的内容，内容质量和专业要求相对较高，制作时间也较长；长视频的内容多是综艺、影视剧等，与短视频和中视频相比，其内容以剧情为主，有完整的故事主线，内容质量更好，制作时间更长，专业性要求也更高。

（4）创作者

大部分短视频的创作者为个人用户，即自媒体，制作时间和制作成本相对较低；而长视频的创作者更多的是专业机构，也就是人们常说的新媒体企业，制作时间和制作成本较高；中视频介于两者之间，虽然是自媒体用户个人创作的原创内容，但用户的专业水平相较于短视频的会高一些。

（5）用户

短视频主要满足用户碎片化的娱乐需求，能够让用户在较短的时间内获取短视频的关键内容，但不太追求信息的有效性；中视频和长视频需要用户投入更多的精力，所以用户的目的性会更强，无论是综艺娱乐还是学习，用户一般是为了达到某种特定目的才会观看，至于用户能否看完，则取决于内容的质量和对用户的吸引力。

2．中视频的发展

在中视频的概念出现之前，市场上已经有了短视频和长视频，短视频的代表就是抖音、快手等平台，而长视频的代表则是爱奇艺、腾讯视频、优酷、芒果TV等。从2020年起，中视频的概念被频繁提起，以互联网的造词能力，中视频更像是一个新词。事实上，和以往被造出来的新概念不同，这一次在中视频上不断探索的，不是为了杀入市场的新势力，而是已经在视频领域获得了极大成功的老玩家。

例如，2019年8月，爱奇艺极速版上线，这个以AI（Artificial Intelligence，人工智能）推荐技术为基础、以影视剪辑类短视频为核心内容的产品正式宣告爱奇艺发力中视频领域。

在长视频向下兼容的同时，短视频平台也开始逐渐向上兼容。例如，抖音从2019年开始逐步放开了用户的视频拍摄时长。2019年8月，抖音宣布逐步放开15分钟的视频权限。在这之前，抖音用户拍摄视频都是15秒以内，而用户如果想拍摄时长1分钟以上的视频，则需要粉丝数达到10万以上。

同样，在短视频领域获得成功的快手也从2019年7月开始，逐渐向一部分用户开放5分钟～10分钟的视频拍摄时长内测权限。

抖音、西瓜视频、今日头条共同推出“中视频伙伴计划”，从发布能力、流量资源及收益变现等方面深度打通三大平台，帮助创作者获得更多的流量和收入，让创作者可以更专注地进行视频创作。

展望未来，中视频作为长视频创作者的新赛道及短视频创作者的新方向，或将成为我国主流的媒介表达范式，其发展潜力巨大。

在内容生产方面，5G网络的进一步普及、人工智能和大数据技术的飞速发展为中视频的生产提供了技术支持，进一步降低中视频的制作门槛，助推优质内容的持续输出。随着中视频行业竞争加剧，中视频行业将步入OGC（Occupationally Generated Content，职业生成内容）时代，专业内容策划能力将成为平台的核心竞争力。

在内容分发方面，“社交+算法”双驱并行的模式将促进中视频行业逐渐摆脱对算法推荐的过度依赖，使优质的视频内容能够依托用户的社会关系，积极发挥长尾效应，进一步优化现有的视频分发模式。

在广告销售方面，中视频的快速发展会吸引大量的广告主将传统线上广告营销转向中视频平台，未来中视频行业的广告营销收入会进一步扩大。

1.2.2 短视频的创作趋势

短视频的创作正在经历一系列显著的变化，这些变化主要受到用户需求的多样化、平台竞争的加剧，以及技术创新等因素的影响。短视频的主要创作趋势如下。

1. 提供高质量、差异化内容

高质量、差异化的内容需求对短视频创作提出新的要求。当前，广播电视和网络视听的收入结构、用户构成、产业形态、商业模式等正在发生新变化，传统的“观众”“受众”已转化为视听全媒体的用户及大视听产业的生产者、消费者，人们期待更加充实、更为丰富、更高质量、更个性化的视听产品与服务。

在用户红利逐步消退的背景下，短视频行业也从流量竞争向内容价值竞争转变，各平台都将提供高质量、差异化内容作为吸引且留住用户、扩大竞争优势的主要手段。

2. 内容形态不断更新

数智化加速革新短视频内容形态，AIGC（Artificial Intelligence Generated Content，生成式人工智能）、5G、XR（Extended Reality，扩展现实）、数字人等新技术、新应用不断丰富短视频创作元素和应用场景，高清化、互动性、沉浸式成为新趋势，引领未来短视频内容的创作方向。

素养课堂

发展新质生产力是推动高质量发展的内在要求和重要着力点。新质生产力代表生产力的跃迁，其核心就是数字化、智能化，它是由云计算、大数据、人工智能、区块链、移动通信等组合而成的有机整体。在短视频行业，短视频的创新升级为融媒体赋能新质生产力，有助于媒体行业实现高质量发展。

3. 创作门槛不断降低

短视频的创作门槛将进一步降低，普通用户的参与度将得到提升。随着科技的进步，短视频剪辑工具将变得更加智能化和便捷化。用户可以通过简单的操作完成短视频的创作，甚至可以通过人工智能技术实现自动化剪辑和特效处理。这将使更多的普通用户参与到短视频的创作中来，进一步推动短视频的发展。

1.2.3 短视频的发展趋势

短视频的发展前景十分广阔。从当前短视频行业的发展现状来看，短视频主要呈现出以下发展趋势。

1. 内容生态多元化

短视频内容创作领域不断丰富，从早期的休闲娱乐不断拓展至新闻、科普、教育等诸多领域，满足了用户的多样化需求。随着用户对短视频内容的品质和深度的要求不断提高，短视频平台和创作者也需要不断提升内容的质量和创新性，打造更加多元化和丰富化的内容生态。

2．商业模式多维化

短视频平台在吸引了大量的用户和流量后，未来将不断探索更多元化和更深层次的商业变现模式，实现多维场景融入和跨界发展。

例如，“短视频+直播”模式将短视频内容与直播互动相结合，为用户提供更加真实和生动的体验，同时为创作者和平台带来更多的收入来源；“短视频+政务”模式将短视频内容与政务服务相结合，为用户提供更加便捷和高效的政务信息和服务，同时为政府部门提供更加广泛和有效的宣传渠道；“短视频+媒体”模式将短视频内容与媒体报道相结合，为用户提供更加及时和全面的新闻资讯，同时为媒体机构提供更加灵活和创新的传播方式。

3．技术支持智能化

短视频平台在提供优质内容和服务的同时，也将会不断提升自身的技术水平和服务水平，利用人工智能、大数据、云计算等技术手段，实现对内容生产、分发、管理等环节的智能化支持。

例如，利用人工智能技术进行内容审核、推荐、匹配等，提高内容质量和用户满意度；利用大数据技术进行用户画像构建、行为分析、市场预测等，增强用户黏性并提高市场竞争力；利用云计算技术进行数据存储、处理、传输等，提高数据的安全性和效率。

4．内容更加专业化

短视频正从大众化创作向专业化、精品化迈进，成为一种独具特色的网络视听节目形态和重要的舆论宣传、知识传播和文化建设载体。与此同时，短视频与主流媒体双向赋能，短视频成为主流媒体深度融合发展的主赛道。主流媒体全面入局，将进一步驱动短视频从泛娱乐化向主流化、专业化、价值化转型升级。

5．用户参与更积极

短视频的用户规模持续增长，用户使用时长反超长视频用户的使用时长，短视频正逐步成为全民性应用。短视频改变了用户的媒介使用习惯，最初在移动场景填补碎片化时间的短视频，让用户逐步接受时间和信息“被碎片化”，越来越多的用户习惯接收大数据根据个人喜好推送的碎片化信息，沉浸于“刷短视频”。同时，用户参与创作的积极性不断提升，职业创作者群体不断壮大，展现出全民共创共享的美好景象。

6．平台发展多元化

随着用户增速放缓，短视频平台从流量竞争转向内容价值竞争，各平台加速生态化布局、多元化发展，逐步从单一的短视频内容和社交媒体平台向线上综合性数字社区演进，用户可以在短视频平台实现休闲娱乐、电商购物、生活服务、知识学习等多种诉求，短视频的功能将不断增加和创新。

7．行业发展更加规范

随着短视频行业的规范化发展，相关的法规和标准也将逐步完善。无论是短视频平台还是创作者，都应遵守相关法规，维护良好的版权环境，保护用户的隐私权和个人信息安全。

8. “短视频 +”不断深化

短视频与各行各业的融合将不断深化。短视频成为产业催化剂，全面链接和融入社会、经济、文化、生活各领域各环节，加快多领域产业的数字化转型，持续赋能社会经济文化发展。

一是拓展本地化生活服务。有的短视频平台的生活服务业务已覆盖全国，为用户带来便捷的本地生活新体验。

二是积极服务乡村振兴。各平台推出“短视频+助农”等新模式，拓宽农产品销售渠道，赋能乡村振兴。

三是助力文旅产业发展。短视频已经成为旅游宣传营销的有力手段，为文旅产业的发展提供了巨大的驱动力。

1.3 短视频的创作流程

短视频的创作流程一般包括组建创作团队、选题策划、短视频脚本写作、短视频拍摄、短视频剪辑、短视频发布与运营等。

1.3.1 组建创作团队

短视频创作包含多个环节，需要团队成员之间的紧密协作和配合。一个高效的短视频创作团队应具备创意、技术、运营等多方面的能力，能够共同完成任务，并不断优化运营效果。

短视频创作团队的规模需要根据项目需求、资源限制、市场状况、团队能力和发展规划等多个因素来综合考虑。在实际操作中，可以根据项目的具体情况和团队的实际能力来灵活调整团队规模，以实现最佳的效果。

1. 3 ~ 5 人团队

根据实践经验，一支规模较小的短视频团队通常需要3～5人。以3人配置为例，具体分配为：导演、编剧、运营人员的工作由1人负责；摄像师、剪辑师的工作由1人负责；演员的工作由1人负责。一般来说，这种人员配置即可完成不同类型的短视频制作与推广。

2. 5 人以上团队

5人以上的团队，人力比较充足，发展的空间更大，可能性更多。短视频创作团队可以根据业务需求、团队人员的实际情况等因素，从深度或宽度上寻求发展。深度，即更专业化的内容生产；宽度，即多账号短视频矩阵化运营。随着短视频行业的日益成熟，短视频慢慢不是一个人就能做起来的项目了。

1.3.2 选题策划

选题的精准度直接决定了流量的爆发度。要想让自己的短视频成为爆款，优质的选题是必不可少的。

1．热点选题

热点选题是指利用热点事件来开发选题，结合热点事件进行创作，从而获取用户的关注与传播。寻找热点选题时，创作者可以参考微博热搜、百度热搜、抖音热榜等。

2．痛点选题

创作者要分析账号覆盖用户的痛点，结合用户痛点来开发选题。用户需要什么就创作什么，用户缺什么就给什么。例如，与都市职场人士有关的选题有工资、房价、就业、职场人际关系等；与大学生有关的选题有各种考试、毕业、求职技巧等。

除了依靠常识来分析用户痛点，创作者还可以利用工具挖掘用户的需求，如百度、抖音、微博等，在搜索栏中输入关键词，即可看到平台给出的联想词条，从而挖掘更多用户需求，如图1-9所示。

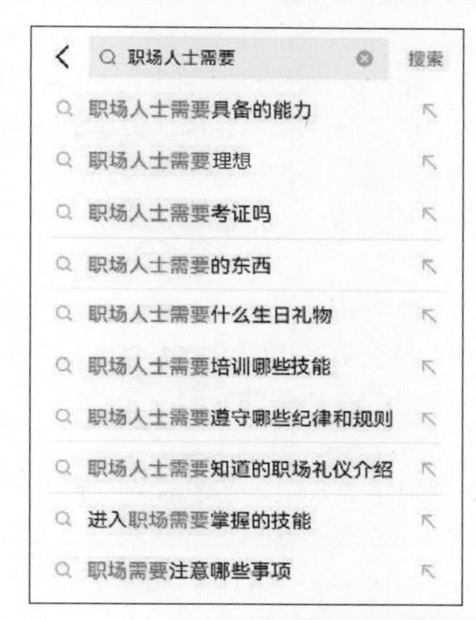

图1-9　利用工具挖掘用户需求

3．结构化思维选题

创作者可以利用思维导图工具将行业知识点细分梳理出来，形成倒树状结构，先确定树干，再确定树枝，最后确定树叶。例如，美食博主可以按照菜系、荤素、用餐时间、营养成分、口味等维度进行细分，形成系列化选题。

4．跨界选题

创作者要多关注不同的平台，了解最近网友对什么类型的内容感兴趣，查看高播放量、热门的视频内容，并将这些爆款内容作为参考，策划属于自己的爆款内容。

5．借助素材库找选题

一个持续更新的短视频素材库可以源源不断地为创作者提供选题素材和创作灵感，帮助创作者持续输出短视频内容，从而形成长期、稳定的内容输出。

搭建选题库并不是一朝一夕可以完成的，而是一个需要不断积累和沉淀的过程。创作者可以通过日常浏览平台推荐的爆款视频、同领域账号数据反馈好的优质视频等，筛选和分析归类视频内容，提炼出选题关键词，然后加入自己的选题库中。

除了选题，创作者还要合理安排短视频的内容结构并学会打造人设。

（1）短视频的内容结构

短视频的内容结构要遵循“3秒开头+内容爆点+结尾”这个模式。短视频能否吸引住用户，前3秒至关重要。如果开头部分没有吸引到用户，不断被用户滑过，那么这一条视频就不会被系统推荐，从而导致流量越来越少。

要想在前3秒吸引用户，创作者就要在视频开头直接抛出激烈的矛盾点，减少铺垫，或者提出引人深思的问题，或者提到最近的热点事件等，总之，要做到让用户看完前3秒的内容，其注意力就被牢牢抓住。

吸引用户的注意力之后，创作者要在内容中准备2～5个爆点。只有在有限的时间内提供足够多的信息点，短视频才能让用户有足够多的评论点，进而获得更多的流量，成为爆款。

另外，短视频的结尾也要做好升华，这样才能在最后给用户留下深刻的印象。一般常见的结尾分为互动式结尾、共鸣式结尾和反转式结尾3种，需要根据不同的视频内容制作令人回味的结尾。

最后，短视频发布后要在评论区与用户做好互动。评论区是创作者与用户及用户之间交流互动的空间，做好用户互动可以引起用户的情感共鸣，拉近与用户之间的情感距离，形成更强的用户黏性，并且借这种机会来吸引更多用户的关注。除此之外，创作者也可以预埋一些有争议的评论，最好能让评论区的用户就这些争议进行讨论，这样也可以增加评论数，引发更广泛的传播。

（2）打造人设

在短视频领域，人设表示以什么样的形象展示给用户。当创作者能够打造出人格化的IP（Intellectual Property，知识产权）形象后，“涨粉”就变得不再困难，这个人设应当是经过精心设计的，把人物最好的一面或者最想向用户展现的一面展现出来。人设的作用至关重要，它代表整个人的形象和定位。

构建人设时要注意分清主次，主要人物是着重刻画的中心人物，是矛盾冲突的主体，整个账号发布的所有内容都要围绕主要人物来展开，他是整个故事讲述的核心。次要人物对主要人物的塑造起着对比、陪衬、铺垫的作用，或者作为矛盾的对立面而存在。

以抖音账号“祝晓晗”为例，其作品定位是家庭情景剧，以营造积极、幽默、向上的家庭氛围为主，视频中的角色有女儿和爸爸（见图1-10），主要人物女儿祝晓晗是一个善良、有爱的单身女性，喜欢美食；次要人物是她的爸爸，是一个工作努力又很有爱的中年男人。

图1-10　抖音账号“祝晓晗”的短视频

1.3.3　短视频脚本写作

短视频脚本是指拍摄短视频时使用的大纲和底本。短视频虽然时长不长，但每一个场景和每一句台词都需要精心构思，越是精细化拍摄与剪辑出来的短视频作品，越容易受到用户的欢迎。

如果把拍摄短视频比喻为盖房子，那么短视频脚本就是房子的图纸。短视频脚本可以为短视频的拍摄与剪辑提供精细的流程指导，摄像师和剪辑师在工作时可以按照脚本来完成特定的任务，提高工作效率。

短视频脚本有3种类型，分别是拍摄提纲、分镜头脚本和文学脚本。

1. 拍摄提纲

拍摄提纲是为拍摄一部短视频而制定的拍摄要点，起到提纲挈领的作用，尤其适用于不容易预测和掌控的场面。由于这类脚本只是一个大纲，因此，在拍摄前需要脚本撰写者和拍摄人员进行细致的沟通，并按照逻辑列出拍摄要点。拍摄提纲主要用于Vlog、访谈、新闻纪录片等。

拍摄提纲的写作包括以下几步。

（1）确定主题

确定主题是指拍摄短视频之前要明确短视频的选题、创作方向，可以用一句话说清楚拍摄什么样的短视频。

（2）情境预估

情境预估是指罗列拍摄现场是什么样的，或者将有什么事情发生。例如，某个景点可能会人山人海，会有很多美食店，会有很多好玩的店铺等，在拍摄提纲上应着重提到2～3家美食店和娱乐店铺。

（3）信息整理

信息整理是指提前准备和学习拍摄现场或事件相关的知识，使拍摄时不至于解说得毫无逻辑。

（4）确定方案

确定方案是指确定拍摄方案，方案主要包括时间线、拍摄场景和话术3个部分。

2. 分镜头脚本

分镜头脚本相当于文字版的短视频，一个出色的分镜头脚本可以让人一看就有画面感，通过对画面的描述展现出情节性与逻辑性都较强的内容，让人一目了然，这在一定程度上可以降低脚本撰写者和摄像师的沟通成本。

因此，脚本撰写者在每一个细节上都要精雕细琢，不浪费每一个镜头，甚至要把景别（远景、全景、中景、近景、特写）及使用的拍摄手法（推、拉、摇、移、跟、升、降）描写得十分清楚、细致，也正因为如此，这类脚本创作起来更耗时耗力。分镜头脚本多用于剧情类短视频中，主要包括镜号、机号、镜头运动、景别、时长、画面内容、音效、台词等元素。

3. 文学脚本

文学脚本不需要像分镜头脚本那么细致，适用于不需要剧情的短视频，如教学视频、测评视频等。在文学脚本中，只需规定人物需要做的任务、说的台词、所选用的镜头和整期节目的时长等。

1.3.4　短视频拍摄

如果说短视频脚本是创作短视频的基础，那么拍摄便是创作短视频的关键。只有拍摄出画面清晰、稳定的短视频素材，短视频团队才能创作出清晰、完整的短视频作品。在拍摄短视频时，为了保证拍摄过程的顺利进行和最终作品的质量，短视频团队要做好充足的前期准备，以便在正式拍摄时可以运用合理的拍摄技巧。

1．拍摄的前期准备

在拍摄短视频前，摄像师要准备好拍摄设备和器材。拍摄设备包括智能手机、相机或摄像机等，而器材包括三脚架、话筒、灯光设备和镜头等。这些器材可以帮助摄像师拍摄出更加稳定、清晰、明亮的画面，收录清晰的声音。摄像师在拍摄之前还要检查这些设备和器材，确保其能够正常工作。

除此之外，编导要与所有参与拍摄的人员沟通好脚本和拍摄事项，提前安排好时间表，确保按照计划完成拍摄任务。对于需要出镜的演员，要提前为其准备服装和拍摄中所需的道具，以及布置脚本中涉及的场景。编导及其团队成员要提前了解拍摄场地的环境、光线及相关限制，并据此制定拍摄计划，这有助于避免在现场出现不必要的麻烦，从而提高拍摄效率。

2．正式拍摄

在正式拍摄时，摄像师和编导要正确设置拍摄参数，灵活运用拍摄技巧及做好团队协作与沟通。

（1）正确设置拍摄参数

拍摄参数的设置主要包括以下几个方面。

① 曝光设置：根据拍摄对象和环境光线合理设置曝光参数，确保画面亮度合适，这有助于捕捉细节，避免过曝或欠曝。

② 焦距选择：根据拍摄对象和场景的需要选择合适的焦距模式，保证画面清晰，这有助于突出主题，引导用户的视线。

③ 白平衡调整：根据实际环境光线的色温调整相机的白平衡参数，保证色彩准确，这有助于还原真实色彩，避免出现偏色。

④ 快门速度选择：根据拍摄对象的运动速度和实际需要选择合适的快门速度，减少模糊和动态效果，这有助于捕捉动态画面，提升短视频的观赏性。

⑤ 其他设置：根据需要合理设置相机或摄像机的其他参数，如ISO（感光度）、对焦模式等。这些参数的设置会直接影响拍摄效果，因此需要根据实际情况进行调整。

（2）灵活运用拍摄技巧

在正式拍摄时，摄像师可以灵活运用以下拍摄技巧。

① 构图：注意画面的构图，合理运用规则线条、对称、平衡等元素，使画面更加美观。同时，注意前景和背景的搭配，要突出拍摄对象。

② 光线：善于利用自然光和人工光源为拍摄对象提供充足的光线。光线是摄影的灵魂，合理地运用光线可以大大提升视频画面的质感。

③ 镜头选择：根据拍摄需要选择合适的镜头，如广角镜头、长焦镜头等。不同的镜头可以带来不同的视觉效果，有助于表达不同的情感和氛围。

④ 运镜：摄像师要合理运用各种运镜方式，如推镜头、拉镜头、摇镜头、移镜头、跟镜头、环绕镜头、升降镜头等，以达到最佳的视觉效果和观看体验。

知识链接

在短视频拍摄中，可以采用不同的运镜方式，具体如下。

- 推镜头：由远至近的拍摄方式，通过逐渐靠近拍摄对象，营造出紧张、聚焦的氛围，常用于突出人物的表情和细节。

- 拉镜头：与推镜头相反，由近至远逐渐拉开与拍摄对象的距离，常用于表现宽广的场景或宏大的气势，为用户提供全局的视角。
- 摇镜头：在固定位置左右或上下移动镜头的拍摄方式，通过摇镜头可以展示拍摄对象的多个角度和侧面。
- 移镜头：沿着一定的轨迹移动镜头进行拍摄，模拟人的行走或跑动，使画面更具动感和真实感。
- 跟镜头：始终跟随运动的拍摄对象进行拍摄，有特别强的空间移动感，适用于连续表现人物的动作、表情或细部的变化。
- 环绕镜头：围绕中心物体进行环绕拍摄，用于突出主题，使画面更有张力。
- 升降镜头：镜头上下移动，用于表现高度和垂直的空间感。

⑤ 稳定拍摄：使用三脚架或稳定器来确保画面稳定，避免出现抖动或晃动。稳定的画面能够让用户更加专注于视频内容。

（3）做好团队协作与沟通

摄像师要与编导等团队成员保持密切沟通，确保对拍摄要求和目标有清晰的认知，这有助于摄像师更好地把握拍摄方向，实现创意构思。摄像师要与演员及其他工作人员建立良好的合作关系，确保拍摄过程的顺利进行。在拍摄过程中，摄像师需要关注演员的表演状态，及时调整拍摄方案，以捕捉最佳画面。

1.3.5　短视频剪辑

短视频剪辑在短视频创作中起着十分重要的作用，能够去除视频素材中的冗余部分，突出关键信息，使视频内容更加紧凑，更有吸引力。同时，在剪辑过程中通过运用各种视觉元素和剪辑技巧，可以极大地增强短视频的视觉冲击力，吸引用户的注意力，为用户提供良好的视觉体验。

短视频剪辑主要包括以下几个步骤。

1. 熟悉素材

首先，剪辑师要仔细观看和熟悉所有的素材，对素材内容有大致的印象，然后根据素材和脚本整理出剪辑工作的整体思路，确定短视频的主题、风格和节奏。

2. 分类素材

剪辑师要将素材按照不同的场景、系列镜头进行分类，整理到不同的文件夹中，以便于后续的剪辑和素材管理。

3. 视频粗剪

视频粗剪是一个对素材进行初步筛检和剪辑的过程，其主要目的是构建出一个大致的故事框架，确定视频的基本节奏和时长。在粗剪过程中，剪辑师要快速浏览素材，挑选合适的镜头进行初步组接和分段处理，并确认有效帧，筛除无效帧。

4. 视频精剪

视频精剪是在粗剪的基础上进行更深入的剪辑工作，主要是对细节的调整和完善。视频精剪主要包括镜头选择与调整、剪辑点优化、音效与音乐处理、添加字幕与标题、添加特效与转场、细节处理、节奏把控等，然后反复预览，并做出必要的修改。

5. 导出视频

剪辑师要将剪辑好的视频、音频、字幕等素材合成为最终的短视频，选择合适的格式和分辨率后，将合成的短视频导出并保存。

1.3.6 短视频发布与运营

完成短视频的创作后，接下来就是短视频的发布与运营。短视频的内容质量是该短视频成为爆款的前提，而在发布与运营短视频的过程中，创作者需要掌握一些技巧，以形成“账号引流—增强用户黏性—账号引流”的正向循环。

1. 发布短视频

在发布短视频时，创作者可以采用以下技巧。

（1）设置标题文案

一个吸引人的标题是吸引用户点击观看的第一步。优质的标题应简洁明了，能够准确地概括视频的亮点和特色。设置短视频标题时可以运用一些技巧，如设置悬念、引起共鸣、巧用数字、展示时间线索等，这些技巧能够帮助创作者提升短视频的吸引力，从而提高短视频的浏览量和完播率。

（2）设置短视频封面

短视频封面是用户在选择观看时首先接触到的界面，所以短视频封面也需要精心设计。短视频封面要与视频内容相关，并能引起用户的观看兴趣。创作者可以选择一些醒目、富有创意的图片作为封面，以提高短视频的点击率。

（3）选择发布时间

在选择发布时间时，创作者可以参考平台的数据和用户行为习惯，选择热门的发布时段，这样可以使作品在更多用户的关注下获得曝光，从而提高短视频的播放量。同时，也可以观察目标用户的在线时间段，选择用户活跃的时间段发布短视频作品。

（4）控制发布频率

发布频率是决定作品是否被推荐的重要因素之一。一般来说，每个短视频账号每天发布3～5条作品是较为合理的。保持一定的发布频率可以让用户习惯性地关注账号，并增加账号被推荐的概率。但也要注意不要频繁地发布作品，以免造成用户的审美疲劳。

2. 短视频运营

短视频运营主要涉及以下3个方面的工作。

（1）引流

创作者要尽最大努力做好引流工作，以保证短视频的曝光率。只有覆盖更多的渠道和平台，短视频成为爆款的可能性才会更高。短视频引流方式又分为公域渠道引流、私域渠道引流和付费渠道引流，如表1-1所示。

表1-1　短视频引流方式

引流方式	说明	举例
公域渠道引流	公域渠道引流是指从公共平台引流推广，这些平台拥有巨大的开放式流量，用户量大，创作者可以从这些平台吸引未关注账号的用户	微博引流、今日头条引流
私域渠道引流	私域是指自己直接拥有的，可重复、低成本甚至免费触达用户的场域。私域渠道引流是指从私域流量池中吸引粉丝	账号引流、微信引流
付费渠道引流	通过使用平台内的付费引流工具，支付特定费用后获得平台引流	“上热门”工具、话题挑战赛、SEO 引流

（2）用户管理

要想让创作的短视频成为爆款，不仅内容要优质，还要获得用户的关注和支持。因此，创作者要做好用户管理工作，与用户建立紧密联系，尽可能吸引更多的用户。

用户管理的主要方式包括与用户积极互动、发起活动、建立社群等。

① 与用户积极互动：创作者要在短视频中对用户进行引导，吸引用户更积极地参与互动，如在短视频中插入提问、征集创意等形式的内容；还可以及时回复用户评论，给用户留下良好的印象，或者将优质评论置顶，引导更大范围的互动。

② 发起活动：创作者要发起活动，让用户积极参与，激发用户参与热情，进而提升用户活跃度。活动主要包括挑战类活动、创意征集类活动等。

③ 建立社群：创作者可以通过建立社群将用户留存下来，并利用后续活动获取用户反馈，增强用户黏性。创作者可以建立微信群，或者在短视频平台上建立粉丝群。社群要具有仪式感、参与感和归属感，有明确的社群定位。创作者要定时在社群内分享有价值的资讯或举办活动，用奖品、红包等方式激励社群成员进行互动。

（3）数据分析

创作者要想做好短视频运营，复盘是必不可少的。创作者要根据数据发现问题，并找到解决问题的方法，从而调整运营策略。数据分析的指标主要有播放量、评论量、转发量、收藏量，以及关联的数据指标，如完播率、点赞率、评论率、转发率和收藏率等。在进行数据分析时，创作者要选择合适的数据监测工具，如短视频平台的数据管理后台、第三方数据分析工具等。

1.4　短视频营销与变现

随着互联网的快速发展，短视频营销逐渐成为一种主流的营销方式。由于短视频具有内容简洁、形式生动、传播快速等特点，因此越来越多的企业和个人选择通过短视频进行营销。在短视频营销时代，掌握“流量密码”，实现商业变现显得尤为重要。

1.4.1　短视频的营销策略

合理的短视频营销策略可以精准定位和吸引目标用户，提升品牌知名度和曝光度，增强用户互动和参与感，促进销售转化，增强品牌认同感。目前，常用的短视频营销策略分为以下几种类型。

1. 内容营销

短视频的内容营销是通过镜头转换、拍摄技巧、画面呈现、台词广告来表达文案内容的一种营销手段。

（1）用创意吸引用户

一个拥有优秀创意的短视频能够吸引更多的用户。创意可以表现在很多方面，新鲜、有趣只是其中一种，还可以关注社会热点话题、引发思考、蕴含生活哲理、宣传科技知识，以及引发人文关怀，等等。

如果短视频的内容缺乏创意，那么仅靠文案也很难留住用户，因此在做短视频营销时要注重短视频内容的创意性。

（2）用逆向思维介绍产品卖点

传统思维下的文案有太强的商业化性质，虽然在短视频营销中这种现象早已司空见惯，但很可能会使用户产生审美疲劳。创作者可以使用非传统思维，如逆向思维，让用户很舒适地接受其中的文字信息，便于用户在众多产品中更容易地识别适合自己的产品。例如，当其他品牌都在说自己最好的时候，指出产品在怎样的情况下是不好的，也许会出人意料地引起用户的注意。

（3）把重要信息放进标题

在短视频的内容营销中，创作者要把文案中的重要信息放进标题，让用户通过阅读标题就能知道这个产品能给自己带来什么利益。例如，短视频内容强调的是雨伞降价的信息，营销标题就不能写为“亲爱的顾客们，下雨了，请买一把雨伞吧”，而应写为“亲爱的顾客们，下雨了，雨伞降价30%，赶紧买一把雨伞吧”。

（4）用故事传达营销信息

在短视频的内容营销中，用户的所有感官都由以下三大要素构成：视觉——画面、听觉——声音、感觉——由画面和声音刺激而产生的共鸣或情感。

品牌创作短视频营销广告时，就要从这几大要素出发，抓住用户的内心需求，利用短视频的形式将营销信息表达出来。例如，现在很多创作者采用讲故事的方法呈现品牌内涵。

（5）展示最独特卖点

短视频营销切忌大而全。很多创作者在做品牌短视频营销时，很喜欢将产品所有的卖点都展示出来，导致短视频看起来内容非常杂乱。用户不但会产生审美疲劳，甚至很有可能无法记住任何一个卖点。因此，在做短视频营销时，创作者应将品牌最有代表性、最独特的卖点，即能够让用户把自己的产品与竞争对手的产品区分开来的卖点展现出来。

（6）通过结合热点话题获得关注

在信息大爆炸的时代，热点话题往往能够在一定时期内引起人们的关注。对于品牌来说，利用热点话题进行短视频营销是一个非常不错的选择，即将短视频文案与热点话题通过某些特点相结合，然后凭借热点话题的关注度来吸引用户的眼球。

如果与热点话题相关联的短视频营销效果做得好，那么该短视频很容易被用户自发在网络上进行传播，最终形成口碑营销，大大提升品牌的影响力和知名度。

2. 渠道营销

企业除了创作出优质的短视频内容，还要充分利用各种渠道来宣传自己的短视频及产品。常见的渠道营销方式包括以下几种。

（1）明星合作营销

企业可以选择号召力强、粉丝量大的明星进行合作，利用短视频进行产品介绍或使用体验展示，吸引更多粉丝关注并下单购买。

（2）社交媒体推广

企业可以将短视频发布到社交媒体平台上，通过多角度的营销手段来提高曝光度和粉丝关注度，加深人们对产品或品牌的印象。

（3）UGC推广

企业通过设立一些有关品牌或产品的用户生成内容（User Generated Content，UGC）话题，吸引用户创作和分享自己的短视频作品，增加品牌话题的曝光度和用户参与度，同时也能大幅降低推广成本。

（4）短视频广告集成营销

企业通过短视频的形式展示品牌广告或产品广告，通过用户推荐或社交平台进行发散传播，提高品牌曝光度和知名度，吸引目标用户群体。

（5）营销事件策划

企业通过策划独特、有趣的营销活动，针对用户需求进行实时反馈和积极互动，从而达到提升销量的品牌传播目标，也相对地提升品牌情感连接与认知度。

1.4.2　短视频的变现模式

短视频的商业变现模式多种多样，以下是几种主要的模式。创作者可以根据自己的特长、兴趣和目标用户选择适合自己的模式，并进行多元化的商业变现。

1．广告收入

当创作者积累了一定的粉丝和影响力后，广告商可能会主动寻求合作，通过植入广告、接单广告或冠名活动等方式，在短视频中展示商品或品牌，从而实现商业变现，如图1-11所示。

2．电商带货

电商带货的变现模式让用户可以直接通过短视频购买商品。创作者可以围绕商品进行内容创作，吸引用户点击链接进行购买，从而实现电商变现。在某些成功案例中，创作者甚至能在短时间内实现高额的广告收入和电商销售额。

电商带货又分为两种，一种是电商自营或合作，另一种是淘宝客变现。

创作者可以通过自营电商或与电商平台合作，销售符合自我品牌诉求和用户需要的商品。自营电商的优点在于可以针对用户的需求精准地提供商品，盈利也相对会更多一些，如图1-12所示。

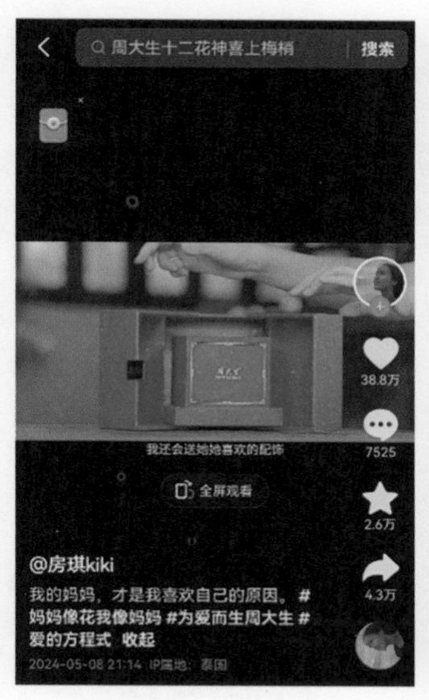

图1-11　广告收入

图1-12　自营电商

淘宝客是一种按成交计费的推广模式，创作者可以从淘宝客推广专区获取商品代码，并在自己的短视频中推广这些商品，如图1-13所示。当用户通过链接完成购买后，创作者可以获得由卖家支付的佣金。

图1-13　淘宝客变现

3. 知识变现

创作者通过分享专业知识，提供付费课程、一对一咨询等服务，实现知识变现。教育培训类账号和情感咨询类账号是这一模式的主要实践者。此外，出版也是一种变现方式，创作者可以将知识创作成体系化的内容，通过出版图书等方式获取长期收益。

4. 流量变现

创作者通过创作优质内容吸引大量用户观看和分享，从而获得平台的流量分成。参加官方的创作活动或广告共享计划，也能帮助创作者实现内容的流量变现。

1.5　短视频创作人才的岗位需求与能力要求

随着社交媒体和互联网的兴起，短视频成为人们获取信息和娱乐的主要方式之一，也为企业或品牌的宣传推广创造了有力的渠道。作为一种流行的媒体形式，短视频的创作成了一项具备挑战性和需要较高创造力的工作，要想从事该行业的工作就需要掌握多种技能，以满足不同的岗位需求。

1.5.1　短视频创作人才的岗位需求

在短视频团队中，通常包括以下几种角色。这些角色各自拥有不同的岗位职责，需要掌握不同的技能。

1. 导演

导演负责整个短视频项目的创意构思、内容策划、拍摄现场的指挥与调度，以及后期剪辑的指导。他们需要确保项目的顺利进行，并与团队成员紧密合作，以达到预期的拍摄效果。

导演要具备丰富的创意策划经验和良好的沟通协调能力，熟悉拍摄现场的各个环节。

2. 编剧

编剧负责短视频内容的文字创作，包括台词、字幕等。编剧要具备较强的文字功底，熟悉短视频的语言风格，他们需要根据导演的要求和项目的主题创作出相对应的故事情节和对话。

3. 摄像师

摄像师负责短视频的拍摄工作，包括场景布置、镜头选择、画面构图等。摄像师要熟悉各种摄像设备和技巧，能够创造出符合项目需求的视觉效果。他们需要运用各种技巧捕捉最佳画面和效果，确保视频素材的质量。

4. 剪辑师

剪辑师负责短视频的后期剪辑与特效处理，包括画面剪辑、音效添加、字幕制作等。他们需要熟悉各种剪辑软件并掌握各种剪辑技巧，能够将拍摄素材剪辑成完整、流畅的短视频作品，并具备创新思维和审美能力。

5. 运营人员

运营人员负责短视频的推广与运营，包括内容策划、平台分发、数据分析等。他们需要熟悉各大平台的运营规则和推广方式，具备数据分析能力和市场洞察力，能够制作出有效的推广策略，以提高短视频的曝光率和增强短视频的互动性。

6. 演员

演员负责根据剧本要求完成角色的表演。他们需要具备良好的表演技巧，能够根据剧本和导演的要求，准确表达角色的情感和性格特点。

7. 灯光师

灯光师负责拍摄现场的灯光布置与调整，创造合适的氛围和光影效果。他们需要熟悉各种灯光设备和打光技巧，确保拍摄画面的光线效果。

8. 录音师

录音师负责短视频的音频录制与后期处理，确保声音清晰、无杂音。他们需要熟悉录音设备和软件，能够处理各种音频问题。

1.5.2 短视频创作人才的能力要求

短视频以其独特的形式和内容吸引了大批用户，同时也推动了相关产业的发展。然而，由于技术和市场的快速变化，短视频行业对人才的需求也在不断地演变和更新，但短视频创作人才在以下几个方面的能力要求是不变的。

1. 创作能力

在短视频行业中，创造独特、有趣的内容是至关重要的。创作者需要具备创新思维和敏锐的洞察力，能够准确把握用户的偏好，并通过巧妙的创意和剪辑技巧创作出优质的短视频。此外，创作者还要具备一定的故事讲述能力和剧本编写能力，以保证短视频的连贯性和吸引力。

2. 视觉表达能力

短视频是一种视觉媒体，对创作者的视觉表达能力有着较高的要求。创作者需要具备摄像技巧，能够选取合适的镜头角度、光线和构图，以营造出丰富的画面效果。此外，创作者还要熟悉各种短视频剪辑工具，能够将素材进行剪辑、调色和特效处理，提升短视频的质量和观赏性。

3. 社交媒体运营能力

短视频平台是一个充满活力的社交媒体平台，创作者要具备一定的社交媒体运营能力，熟悉各大社交媒体平台的规则和算法，能够合理利用标签和关键词提升短视频的曝光量。同时，创作者还要参与社交互动，回应用户反馈，增强用户黏性。

4. 数据分析能力

在短视频行业，数据分析能力是非常重要的。创作者需要了解用户的喜好和行为习惯，通过数据分析来确定创作方向并优化视频内容。数据分析还能为短视频平台的运营提供决策依据，帮助平台更好地推广和推荐优质短视频。

素养课堂

在数字化时代，数据分析已经成为短视频创作人员必备的技能之一。数据连接一切、驱动一切、重塑一切，培养数据意识，强化数据分析技能，提升数据素养，可以更好地透过数据看清本质，谋求发展，谋求未来。

课堂实训

1. 实训目标

深刻认识短视频的基本内涵，掌握短视频的创作流程，会进行短视频选题策划。

2. 实训内容

3～5人一组，以小组为单位，完成短视频账号的定位与选题策划。

3. 实训步骤

（1）确定短视频账号的内容类型

小组讨论，确定短视频账号定位，明确短视频账号的目标用户，挖掘并分析目标用户的特点。小组讨论后确定短视频的内容类型。

学生可以先确定大的内容类型，如美食类内容、服装类内容、美妆类内容等；然后进一步细化内容类型，是做美食类内容中的美食教程类内容，还是做美食测评类内容，又或是做品尝、推荐美食类内容等；最后确定内容表现形式，如真人出镜、双手出镜或图文展示等。

（2）确定短视频账号的人设

与成员讨论，提出可以提升人设认知度的各种要素，最后勾勒出一个大致的人设形象。

（3）明确短视频选题

小组各成员根据短视频账号的定位、时事热点和用户痛点提出备选的短视频选题，并搜集相关资料和素材。最后小组内互相讨论，选出较好的选题。

4. 实训总结

学生自我总结	
教师总结	

课后练习

1. 简述短视频的特点。
2. 简述短视频脚本的类型。
3. 简述短视频内容营销的方式。
4. 简述短视频的变现模式。

第 2 章

剪映专业版快速入门

学习目标

- 熟悉剪映专业版的工作环境和基础功能。
- 了解剪映专业版的特色功能。
- 掌握使用剪映专业版快剪短视频的方法。
- 掌握使用剪映专业版导出并发布短视频的方法。

素养目标

- 提高工具意识和工具思维，使用剪辑工具提高剪辑效率。
- 大力弘扬工匠精神，在短视频剪辑工作中精益求精。

剪映专业版是一款拥有强大的素材库和专业剪辑功能的视频剪辑软件，被广泛应用于自媒体从业者和影视后期专业人士的视频创作工作中。它拥有较为全面的剪辑功能，支持变速，有多种滤镜、特效和丰富的曲库资源，可用于创作各类短视频。通过本章的学习，读者将了解并掌握剪映专业版的基础功能和快剪短视频的技巧。

2.1 认识剪映专业版工作环境

在学习使用剪映专业版创作短视频之前，我们首先要对这款工具软件有一个初步的了解。下面将介绍剪映专业版的工作环境。

在PC端启动剪映专业版程序，打开剪映专业版的初始界面，如图2-1所示。在该界面中可以执行新建草稿、打开草稿、复制草稿、将草稿上传到云空间，以及将云空间的草稿下载到本地等操作。单击“导入工程”按钮，还可以将Premiere工程文件导入剪映专业版中进行操作。

图2-1 剪映专业版的初始界面

在初始界面右上方单击“全局设置”按钮，从弹出的下拉菜单中选择“全局设置”命令，弹出“全局设置”对话框，如图2-2所示。其中包括“草稿”“剪辑”“性能”和“系统通知”4个选项卡，可以设置“草稿位置”“素材下载位置”“缓存管理”“草稿自动备份”“图片默认时长”“自由层级”“默认帧率”等，完成设置后单击“保存”按钮即可。

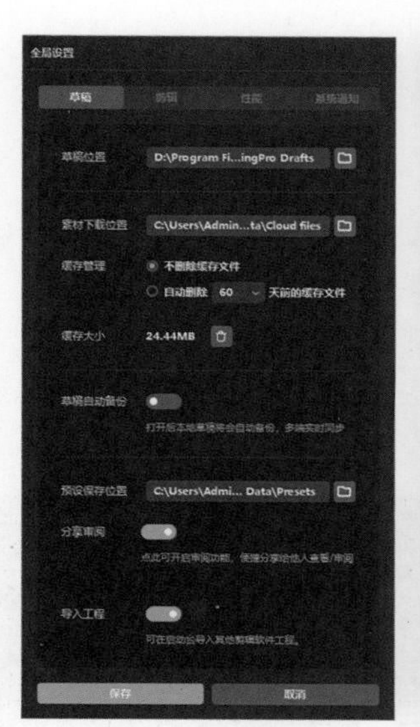

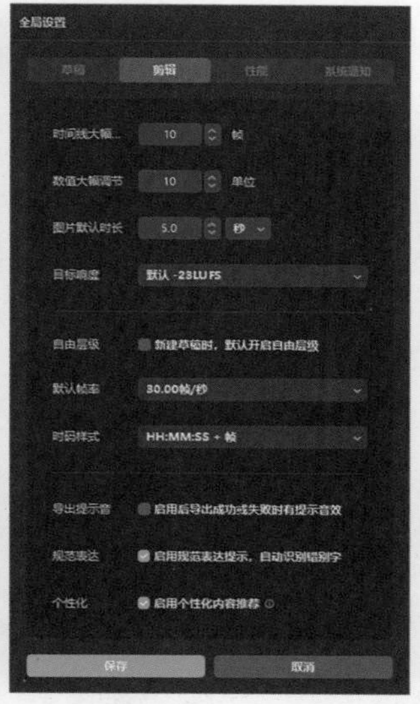

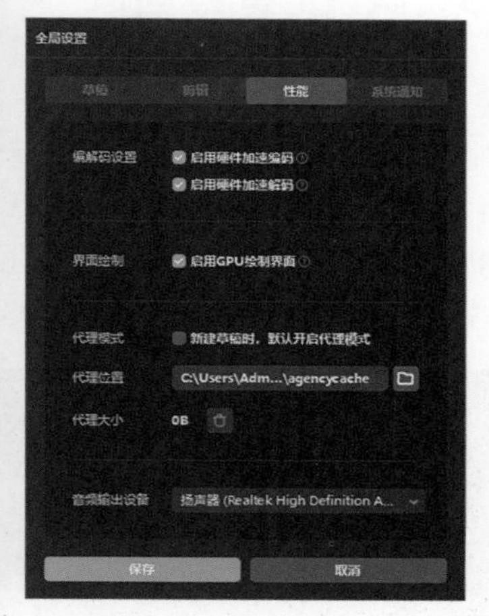

图2-2 “全局设置”对话框

在剪映专业版初始界面中单击“开始创作”按钮，或者单击草稿箱中的项目草稿，即可进入视频剪辑界面。该界面主要分为菜单栏、素材面板、时间线面板、“播放器”面板和功能面板5个区域，如图2-3所示。

图2-3　视频剪辑界面

2.1.1　认识菜单栏

剪映专业版的菜单栏位于视频剪辑界面的上方，单击“菜单”按钮，在弹出的菜单列表中可以对剪辑项目进行一些全局操作，如新建草稿、导入媒体文件、更改布局模式、全局设置、导出视频等。

2.1.2　认识素材面板

素材面板目前包含“媒体”“音频”“文本”“贴纸”“特效”“转场”“滤镜”“调节”和“模板”9种面板，默认显示为“媒体”面板。单击“导入”按钮，即可导入视频、音频、图片等素材。除了导入本地素材，还可以使用云素材、素材库和品牌素材。

2.1.3　认识时间线面板

在时间线面板中可以对素材进行基本的编辑操作。例如，将素材添加到时间线上，对其进行分割、删除、添加音乐节拍标记、添加标记、定格、倒放、镜像、旋转、调整大小等操作。

时间线面板中的视频轨道分为两种，分别是主轨道和画中画轨道。剪映专业版只有一个主轨道，可以添加多个画中画轨道，默认上层轨道中的素材画面覆盖下层轨道中的素材画面，创作者可以根据需要在“画面”面板中调整画中画轨道的层级，如图2-4所示。

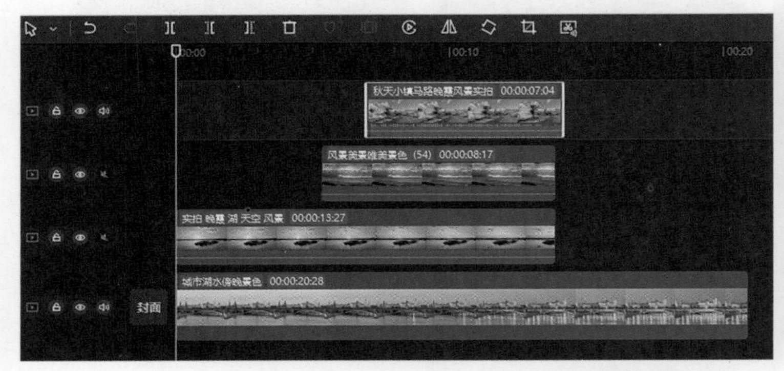

图2-4　调整画中画轨道层级

在时间线面板右上方还提供了4个功能按钮，分别是“主轨磁吸”“自动吸附”“联动”和“预览轴”，其作用分别如下。

- “主轨磁吸”：单击该按钮，可以使主轨道上的素材进行自动组接；关闭该功能，则每次拖入主轨道的素材可以任意放置。
- “自动吸附”：单击该按钮，可以使主轨道上的素材更快捷地对齐，默认为打开状态。
- “联动”：单击该按钮，当移动主轨道上的某个素材时，其他轨道上所对应的文本、贴纸或特效片段也会随之一起移动，如图2-5所示。

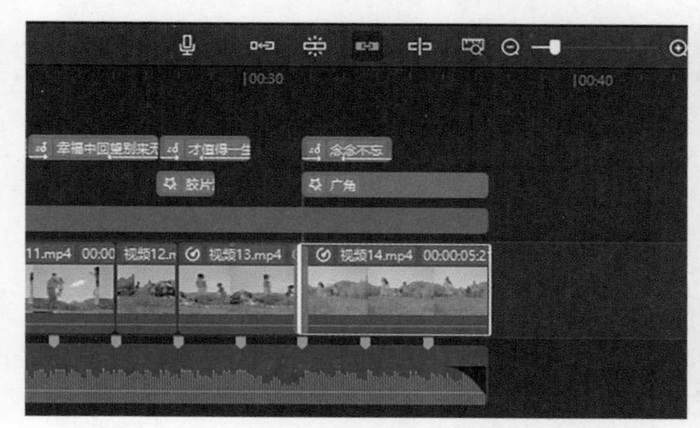

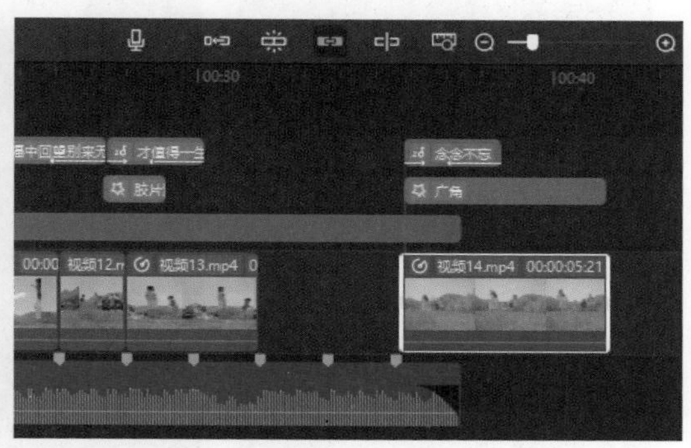

图2-5　打开“联动”功能移动主轨道上的素材

- “预览轴”：单击该按钮，当在时间线面板中移动鼠标指针时，可以在“播放器”面板中实时预览鼠标指针所在位置的画面。

2.1.4　认识“播放器”面板

在“播放器”面板中可以对视频素材进行实时预览，单击下方的或按钮可以播放或暂停播放视频；单击右上方的按钮，在弹出的列表中可以设置“调色示波器”“预览质量”或“导出静帧画面”，如图2-6所示；单击右下方的“比例”按钮，可以调整画面比例，如图2-7所示。

图2-6　单击右上方按钮

图2-7　单击“比例”按钮

2.1.5　认识功能面板

功能面板主要用于对素材进行精细化调整，如缩放、位置、旋转、变速、时长、动画、调节、滤镜等操作。当选中时间线上的素材后，功能面板中就会显示与当前素材相关的各种面板。图2-8所示分别为选中视频、音频和文本素材时，功能面板中显示出的不同参数。

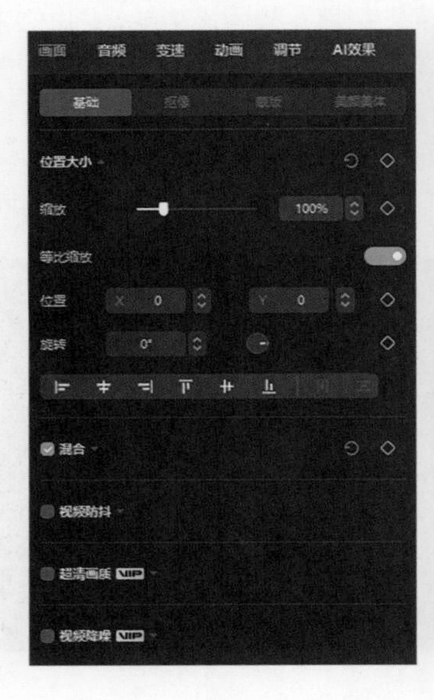

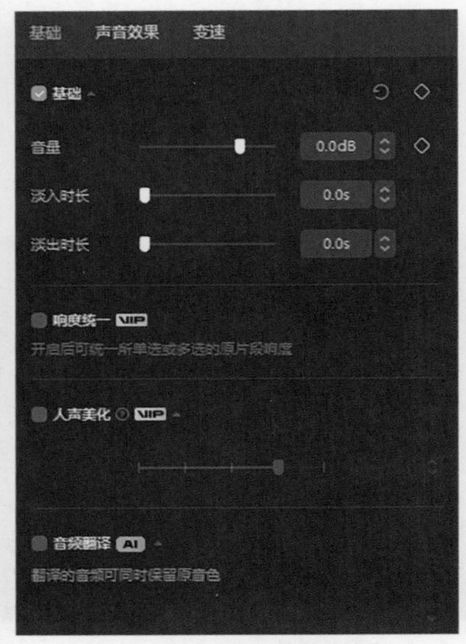

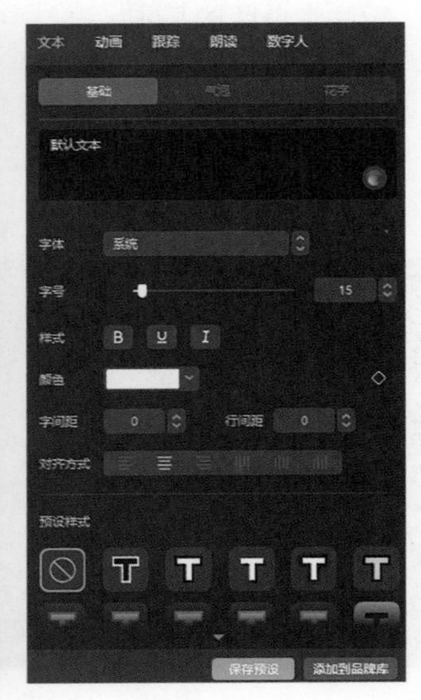

图2-8　不同的功能面板

当在时间线面板中没有任何选择时，功能面板显示为“草稿参数”面板，可显示当前草稿的信息，单击“修改”按钮，即可对草稿进行设置，如图2-9所示。

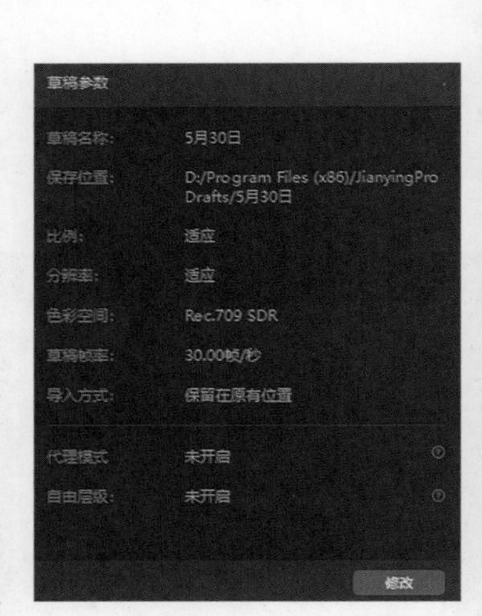

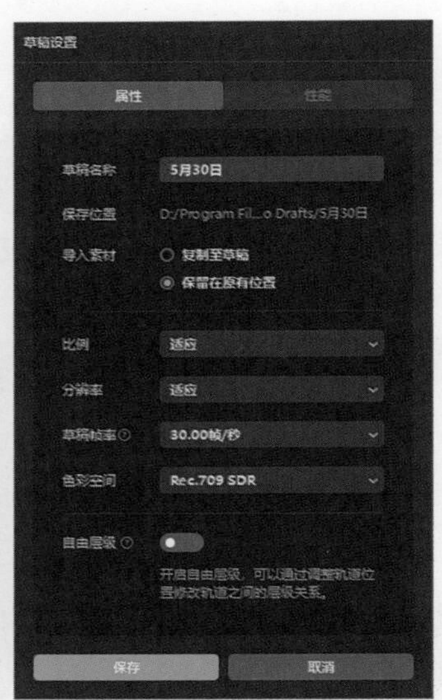

图2-9　设置草稿

2.2　认识剪映专业版基础功能

下面将介绍剪映专业版基础功能的运用，包括基本剪辑工具、常规变速和曲线变速、复制和粘贴属性、贴纸和动画，以及常用的快捷键等。

2.2.1　基本剪辑工具

剪映专业版的基本剪辑工具主要包括分割、向左裁剪、向右裁剪、删除、定格、倒放和调整大小等。

1. 分割、裁剪和删除工具

在时间线面板中选中素材，在工具栏中单击“分割”按钮，即可将素材一分为二。精确截取视频、音频、文本等片段，分割后的每个片段都可以进行独立操作，其他片段不受影响。

将时间线指针定位到需要裁剪的位置，在工具栏中单击“向左裁剪”按钮，即可将时间线指针左侧部分裁剪掉，而右侧的部分则保持不变；如果想裁剪掉右侧部分，则单击“向右裁剪”按钮即可。单击“删除”按钮，即可一键删除素材片段。

知识链接

将素材添加到时间线上后，拖动素材左端或右端的裁剪框，也可以裁剪素材；拖动素材，则可以调整素材的位置和轨道。

2. 定格和倒放工具

使用“定格”按钮可以将视频中的某一帧画面或重要瞬间单独提取出来，使其更加突出，从而吸引观众的注意力。

使用“倒放”按钮可以将视频的播放顺序进行反转，实现倒着播放的效果，即结尾变开头、开头变结尾。例如，将一个摔倒的动作进行倒放，就会呈现出人物从地上“飞”起来的效果，增强了视频的趣味性。该功能只会作用于视频素材，而音频素材仍会正常播放。

3. 调整大小工具

二次构图能够通过调整画面元素的位置、大小、角度等，进一步凸显画面的主体内容。这种调整有助于观众更快速地捕捉到视频的核心信息，增强视频信息的传达效果。在工具栏中单击“调整大小”按钮，在弹出的“裁剪比例”对话框中可以对素材的角度和裁剪比例进行设置，如图2-10所示。

图2-10　“裁剪比例”对话框

2.2.2　常规变速和曲线变速

使用“常规变速”功能可以对所选视频素材进行统一调速。在时间线面板中选中需要进行变速处理的视频素材，在“变速”面板中单击“常规变速”按钮，默认情况下，视频素材的原始速度为1.0x，拖动滑块即可进行变速，如图2-11所示。剪映专业版最高可以实现的速度为100.0x。

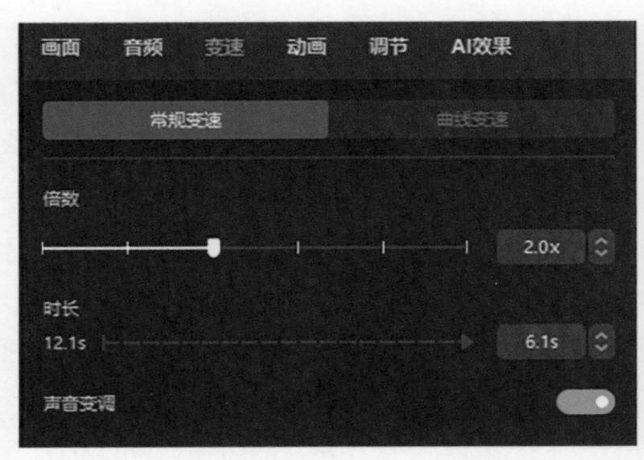

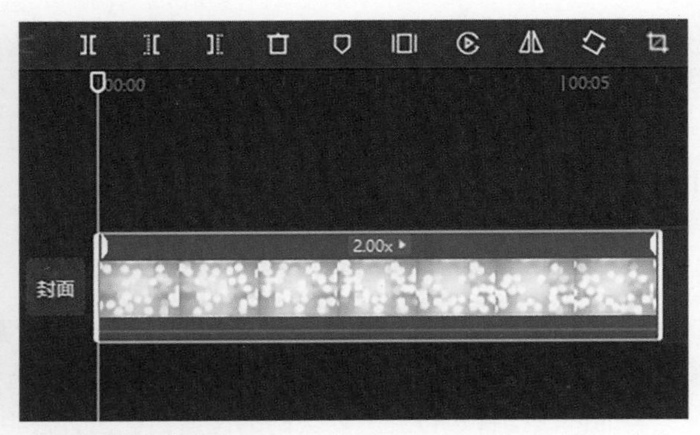

图2-11　调整视频播放速度

使用“曲线变速”功能可以为视频中的不同部分添加慢动作或快动作效果，以创造出更具动感和节奏感的视频效果。曲线变速包括“自定义”“蒙太奇”“英雄时刻”“子弹时间”“跳接”“闪进”和“闪出”7种类型，如图2-12所示。

图2-12　曲线变速的类型

以“英雄时刻”曲线变速为例，曲线上的锚点除了可以上下拖动，还可以左右拖动，如图2-13所示。选中锚点后，单击“删除”按钮■，即可将其删除。

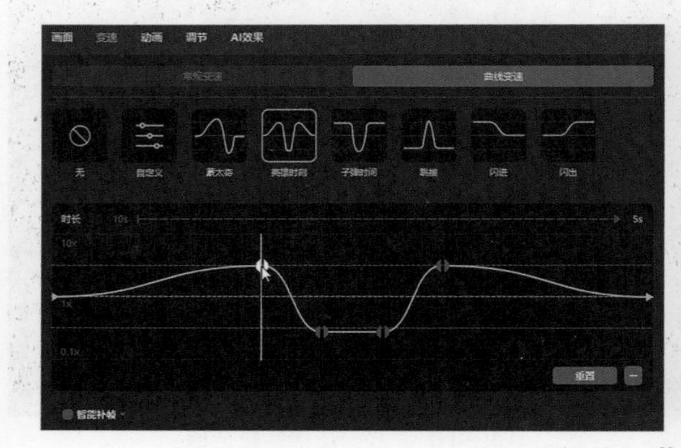

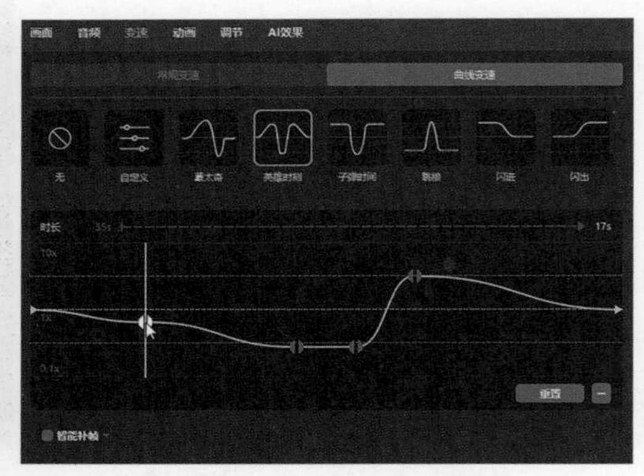

图2-13　拖动锚点

2.2.3　复制和粘贴属性

使用剪映专业版的“复制属性”和“粘贴属性”命令，可以快速地将一个素材片段的参数调节效果复制到另一个素材片段上，如画面、动画、调节效果等，从而提高视频编辑的效率和质量。

在时间线面板中选中想要复制属性的素材片段并单击鼠标右键，在弹出的快捷菜单中选择“复制属性”命令，如图2–14所示。选中想应用属性的素材片段并单击鼠标右键，在弹出的快捷菜单中选择“粘贴属性”命令，如图2–15所示。

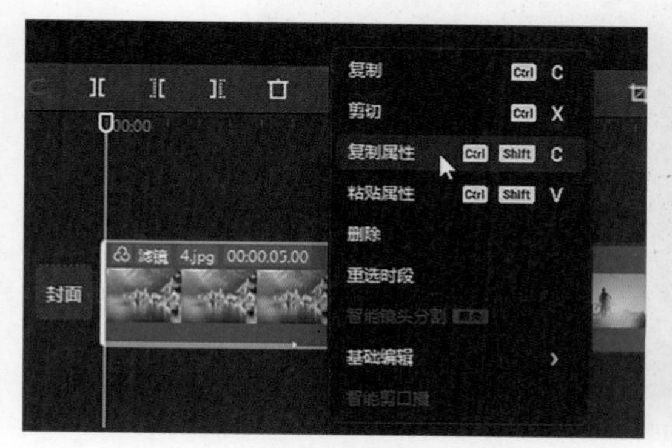

图2–14　选择“复制属性”命令

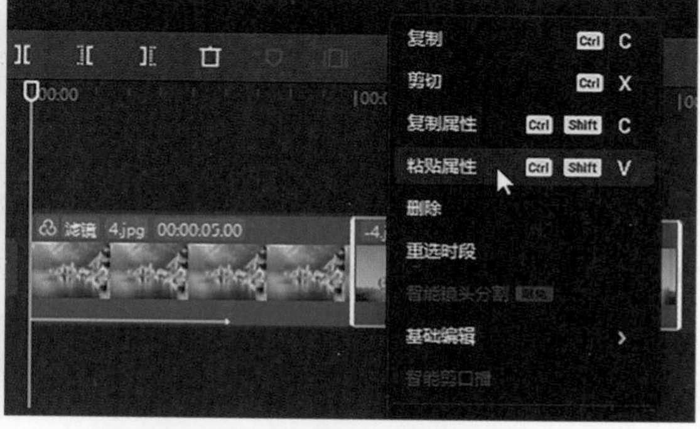

图2–15　选择“粘贴属性”命令

在弹出的“粘贴属性”对话框中可以根据需要选中想要粘贴的属性，默认情况下所有可粘贴的属性都会被选中，如图2–16所示。单击“粘贴”按钮后，所选的属性就会被应用到目标素材片段上，如图2–17所示。

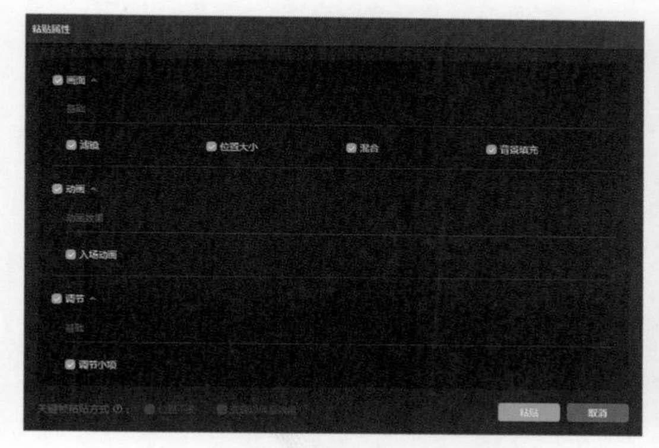

图2–16　“粘贴属性”对话框

图2–17　粘贴属性效果

2.2.4　贴纸和动画

使用“贴纸”功能可以在画面中添加多个贴纸，以满足视频内容创作的需要。在素材面板中单击“贴纸”按钮，即可在“贴纸素材”类别中选择合适的贴纸，如图2–18所示。

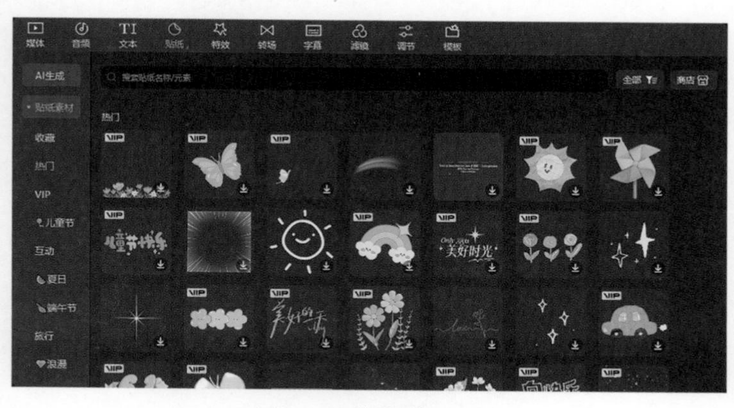

图2–18　“贴纸”面板

在时间线面板中选中素材，在“动画”面板中可以看到有“入场”“出场”和“组合”3个选项卡。选择一种动画后，面板下方会出现一个控制动画时长的滑块，拖动该滑块，即可设置动画的时长，如图2-19所示。

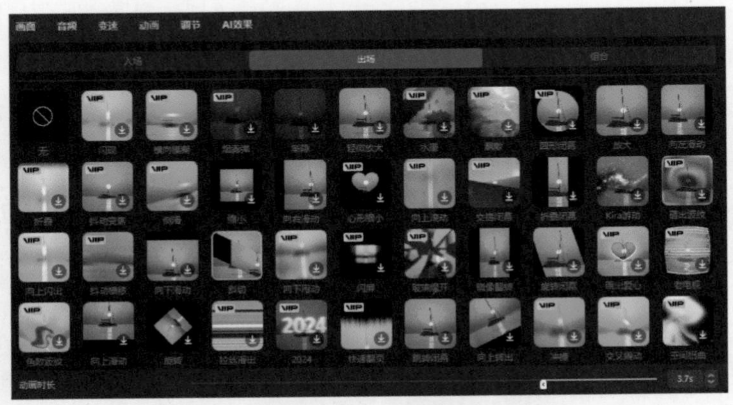

图2-19 “动画”面板

2.2.5 常用的快捷键

使用快捷键可以让视频剪辑工作更加高效，创作者还可以根据自己的使用习惯选择不同的快捷键模式。在菜单栏中单击“快捷键”按钮▣，即可弹出“快捷键”对话框。常用的快捷键及其作用如下。

【Ctrl+N】：新建草稿。
【Ctrl+I】：导入媒体。
【Ctrl+E】：导出。
【Ctrl+B】：分割。
【Ctrl+Shift+B】：批量分割。
【Ctrl+】：放大轨道。
【Ctrl-】：缩小轨道。
【Ctrl+G】：创建组合。
【Ctrl+Shift+G】：取消组合。
【Ctrl+R】：唤起变速面板。
【Shift+B】：自定义曲线变速。
【Alt+G】：新建复合片段。
【Alt+Shift+G】：解除复合片段/解锁草稿。
【Ctrl+Shift+S】：分离/还原音频。
【M】：添加标记。
【Alt+M】：添加异色标记。
【Shift+M】：下一标记。
【Alt+Shift+M】：上一标记。
【←】：上一帧。
【→】：下一帧。
【Q】：向左裁剪。
【W】：向右裁剪。
【Shift+←】：时间轴向前大幅移动。
【Shift+→】：时间轴向后大幅移动。
【Home】：定位到首帧。
【End】：定位到尾帧。
【Ctrl+C】：复制。
【Ctrl+X】：剪切。
【Ctrl+V】：粘贴。
【Ctrl+Shift+C】：复制属性。
【Ctrl+Shift+V】：粘贴属性。
【Ctrl+Z】：撤销。
【Ctrl+Shift+Z】：恢复。

素养课堂

“工欲善其事，必先利其器。”我们要树立工具意识，培养使用工具的能力。合适的工具可以帮助我们提高生产力，改善工作流程并提高效率。树立工具意识后，我们往往会主动地简化问题，梳理思路，对最终解决问题大有裨益。

2.3 使用剪映专业版特色功能

除了基本剪辑工具，剪映专业版还提供了一些特色功能，如套用模板、创作脚本、图文成片、一起拍等。这些功能不仅提升了短视频创作的效率，还为创作者提供了更加多元化的创作选择和灵感来源。

2.3.1 套用模板

模板是创作者在视频剪辑过程中预先设计好的一套完整方案，这套方案涵盖了视频剪辑所需的各种元素，如视频片段、音频片段、转场效果、画面特效、贴纸、文本及调色效果等。这些元素在模板中以占位符的形式呈现，且允许创作者根据自己的需求和创意进行替换、修改和调整，从而快速生成符合自己期望的高质量视频作品。

在剪映专业版的初始界面左侧选择“模板”选项，在模板列表中选择合适的模板，然后单击“使用模板”按钮，如图2-20所示。

图2-20　单击“使用模板”按钮

进入模板编辑界面，将视频素材添加到下方的视频片段上，然后根据需要对视频片段进行“从本地替换”“裁剪比例”和“重选时段”等操作，如图2-21所示。

图2-21　使用模板编辑视频

2.3.2 创作脚本

剪映专业版中的“创作脚本”功能支持创作者在短视频开始创作之前，详细编写和规划视频脚本。在后期剪辑阶段，创作者也可以依据脚本进行快速、精准地剪辑和调整，进一步提升短视频的质量。

在剪映专业版的初始界面中单击“创建脚本”按钮，在打开的界面中输入大纲、景别、运镜、分镜描述、台词文案等内容即可，如图2-22所示。

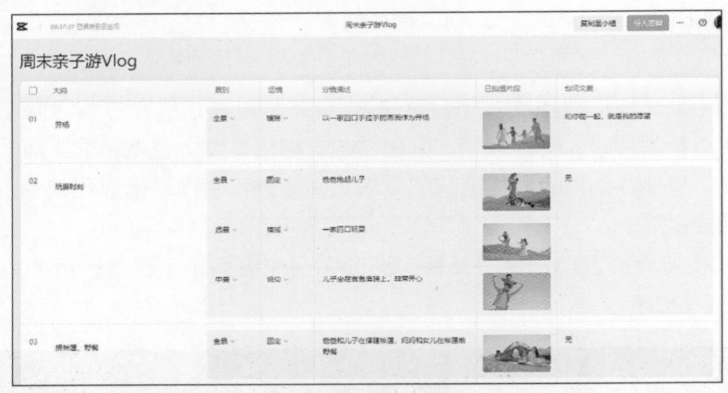

图2-22 创作脚本

2.3.3 图文成片

创作者只需输入一段文字，剪映专业版的“图文成片”功能就会智能地为其匹配相关的素材、字幕、旁白和背景音乐。这一功能极大地简化了视频创作的流程，降低了视频创作的门槛，具体操作方法如下。

（1）在初始界面中单击“图文成片”按钮，打开“图文成片”窗口。在左侧选择“智能写文案”的类型，并输入相关主题或描述，然后单击“生成文案”按钮，AI就开始自动生成文案，如图2-23所示。也可以选择“自由编辑文案”选项，手动输入文案。

（2）在文案结果文本框中对生成的文案进行编辑，在右下方选择所需的朗读音色，在此选择“阳光男生”，单击“生成视频”按钮，在弹出的列表中选择“智能匹配素材”选项，如图2-24所示。

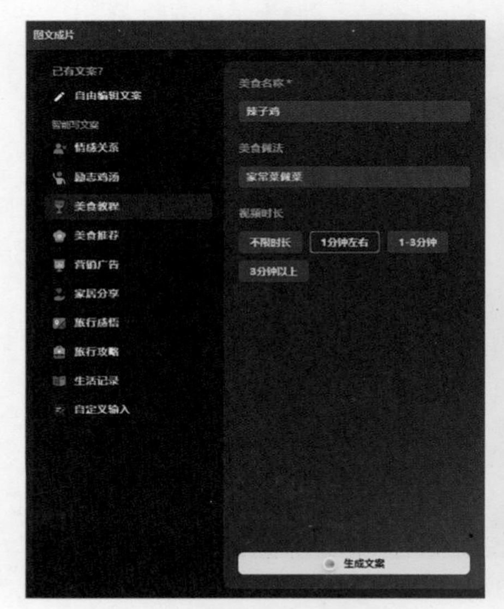

图2-23 输入相关主题或描述

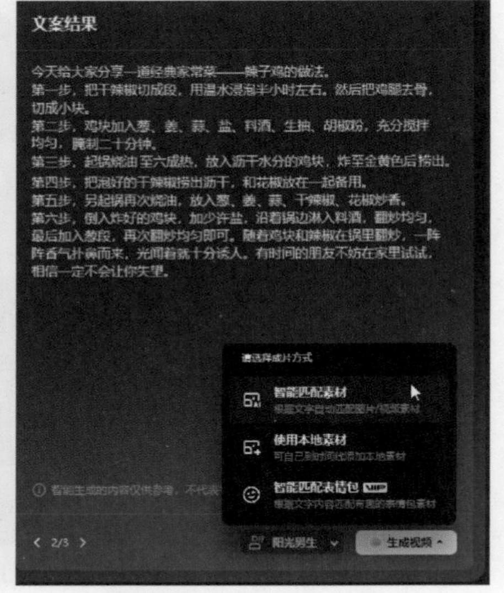

图2-24 选择成片方式

（3）开始智能生成视频。完成后进入视频剪辑界面，可以看到剪映专业版自动为文案添加了图片素材、背景音乐、旁白和字幕，如图2-25所示。根据需要调整视频效果，如替换视频素材、添加转场效果、设置字幕文本格式等，然后导出视频即可。

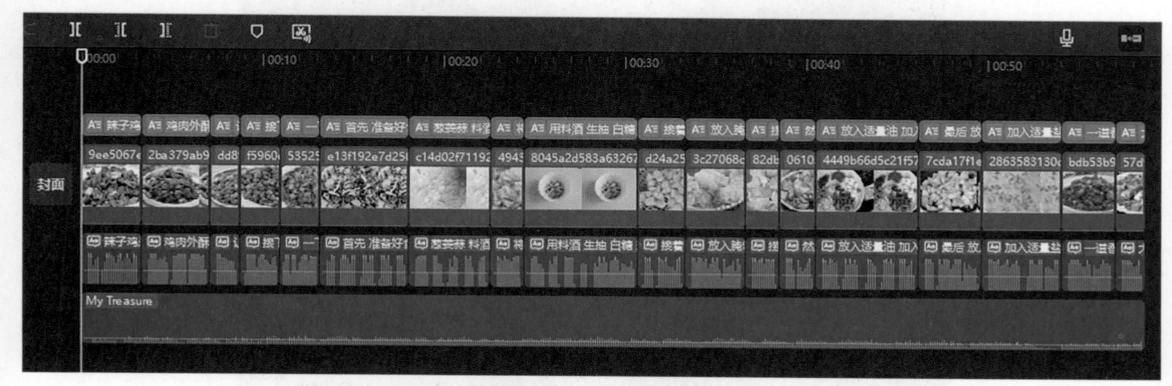

图2-25　生成视频

2.3.4　一起拍

创作者可以利用剪映专业版的“一起拍”功能与好友共同观看视频、讨论并进行合拍创作。这种全新的协作式视频创作与分享方式不仅提高了视频创作的趣味性和互动性，也进一步丰富了创作者的社交体验。

在剪映专业版的初始界面中单击“一起拍”按钮，打开“一起拍”窗口，单击“邀请”按钮，在弹出的“邀请一起拍成员”对话框中单击“复制口令”按钮，将生成的链接发送给好友，如图2-26所示。

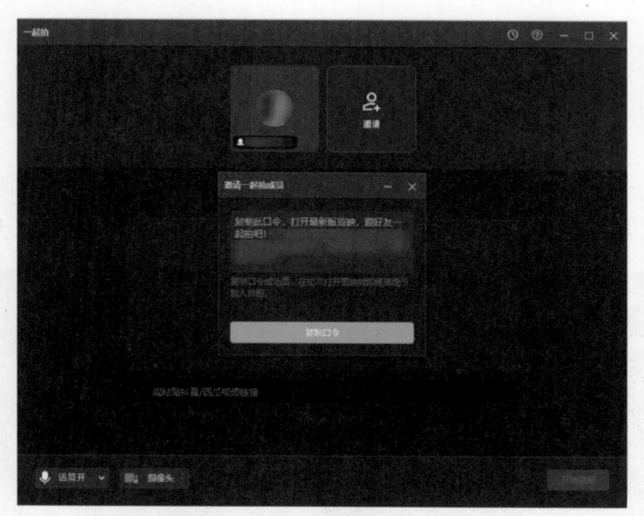

图2-26　单击“复制口令”按钮

好友确认加入后，将自动进入“一起拍”窗口。在“一起拍”窗口的左下方可以设置开启或关闭话筒和摄像头，以便在录制过程中进行语音交流和视频互动。准备好合拍后，单击窗口右下方的“开始录制”按钮，即可进行视频录制，如图2-27所示。录制完成后，剪映专业版自动将合拍视频保存到草稿箱中。

图2-27 “一起拍”窗口

效果展示

使用剪映专业版快剪短视频

2.4 使用剪映专业版快剪短视频

下面以剪辑“美好夏日”短视频为例，详细介绍如何使用剪映专业版的基础功能快剪短视频。

2.4.1 导入并剪辑素材

操作教学

导入并剪辑素材

打开“素材文件\第2章\美好夏日”文件夹，将文件夹中的素材导入“媒体”面板中，并按照顺序将素材添加到时间线上，然后根据背景音乐的节奏对素材进行裁剪，具体操作方法如下。

（1）在剪映专业版的初始界面中单击“开始创作”按钮，进入视频剪辑界面，在“媒体”面板中单击“导入”按钮，导入需要的视频素材和音频素材，如图2-28所示。

图2-28 导入素材

（2）在“草稿参数”面板中单击“修改”按钮，在弹出的“草稿设置”对话框中设置“草稿名称”“比例”“分辨率”“草稿帧率”等，然后单击“保存”按钮，如图2-29所示。

（3）将“视频1”素材和音频素材添加到时间线上，拖动时间线指针到“视频1”片段左侧要裁剪的位置，在工具栏中单击“向左裁剪”按钮或按【Q】键，即可对“视频1”片段的左端进行裁剪，如图2-30所示。

图2-29 “草稿设置”对话框

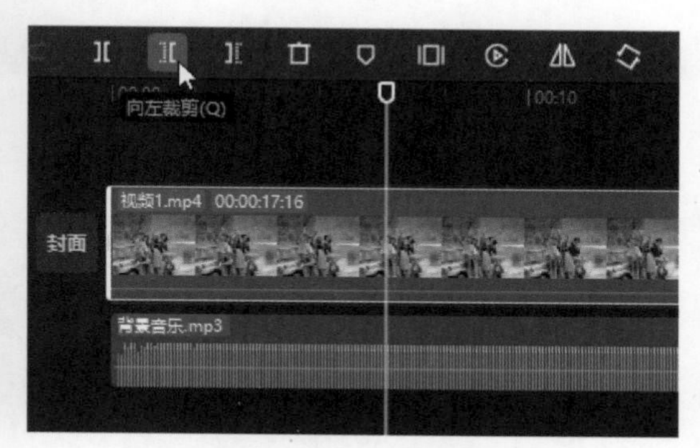

图2-30 单击“向左裁剪”按钮

（4）选中音频素材，在工具栏中单击“添加音乐节拍标记”按钮，选择“踩节拍Ⅱ”选项，如图2-31所示。

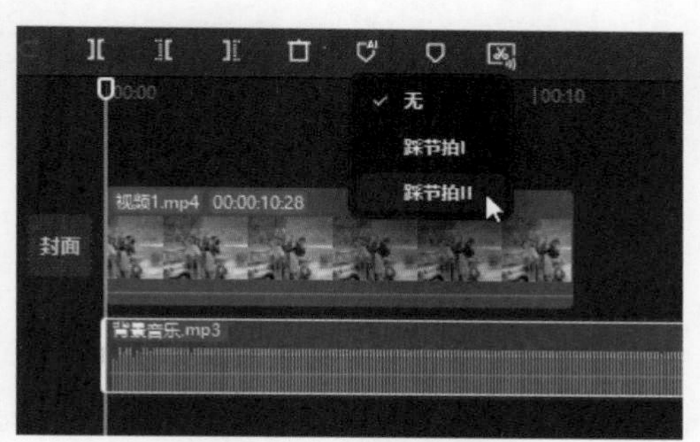

图2-31 添加节拍点

（5）拖动时间线指针至第3个节拍点位置，选中“视频1”片段，单击“向右裁剪”按钮或按【W】键，对“视频1”片段的右端进行裁剪，如图2-32所示。

（6）在“媒体”面板中，选中“视频2”素材，拖动素材左端和右端的裁剪框裁剪视频素材，然后单击“添加到轨道”按钮，将其添加到时间线上，如图2-33所示。

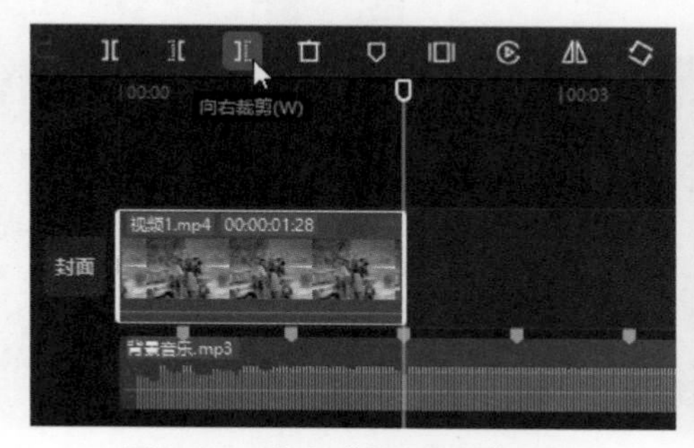

图2-32 单击“向右裁剪”按钮

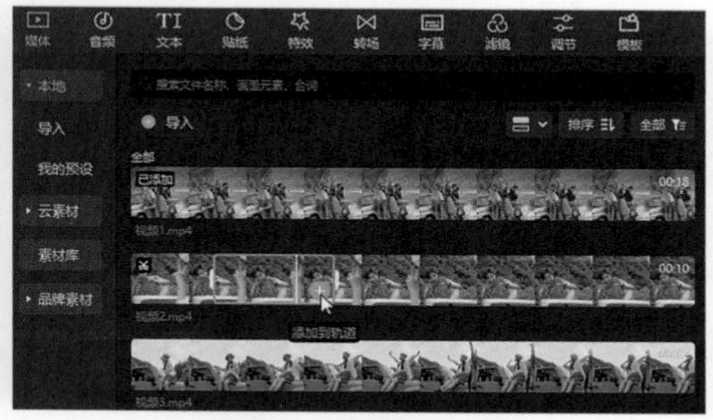

图2-33 裁剪视频素材

（7）采用同样的方法，将其他视频素材添加到时间线上，然后根据音乐节拍点的位置对视频素材进行裁剪，如图2-34所示。

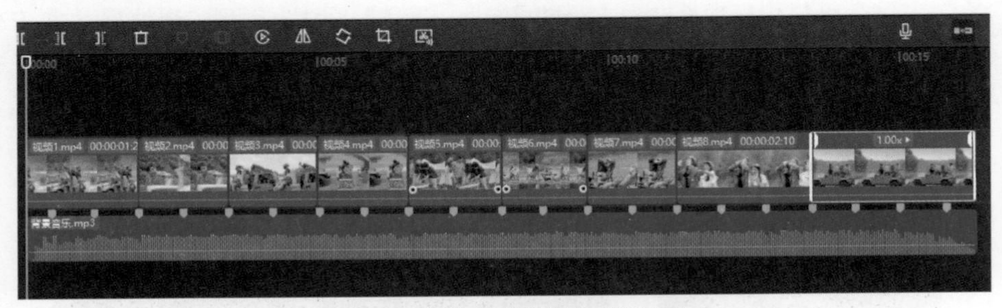

图2-34　添加并裁剪其他视频素材

（8）在“播放器”面板中预览视频剪辑效果，以下是部分镜头画面，如图2-35所示。

图2-35　预览视频剪辑效果

2.4.2　调整画面比例

操作教学

调整画面比例

在视频拍摄过程中，由于设备、环境或技术等方面的原因，可能会产生一些画面上的缺陷或不足。在后期处理时，可以通过调整画面比例进行二次构图，以弥补这些缺陷，使画面看上去更加完美，具体操作方法如下。

（1）在时间线面板中选中所有视频片段，然后在“画面”面板中设置“缩放”为108%，如图2-36所示。

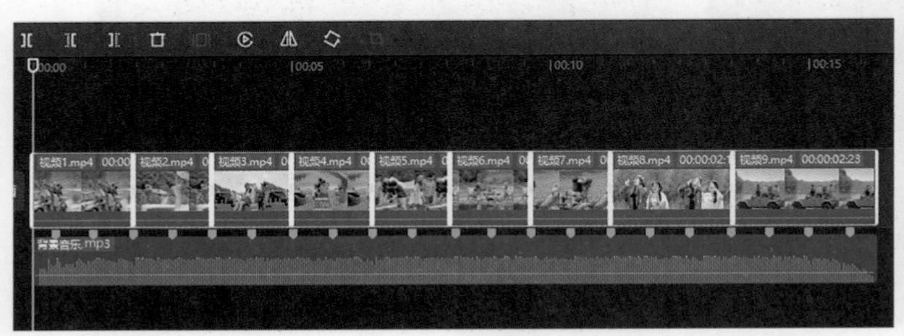

图2-36　设置“缩放”参数

（2）选中“视频4”片段，在工具栏中单击“调整大小”按钮，弹出“调整大小”对话框，在“裁剪比例”下拉列表框中选择“16：9”，然后拖动裁剪框到合适的位置，单击“确定”按钮，如图2-37所示。

图2-37　裁剪视频比例

（3）选中“视频5”片段，在“画面”面板中单击“基础”选项卡，选中“视频防抖”复选框，在“防抖等级”下拉列表框中选择“最稳定”选项，如图2-38所示。

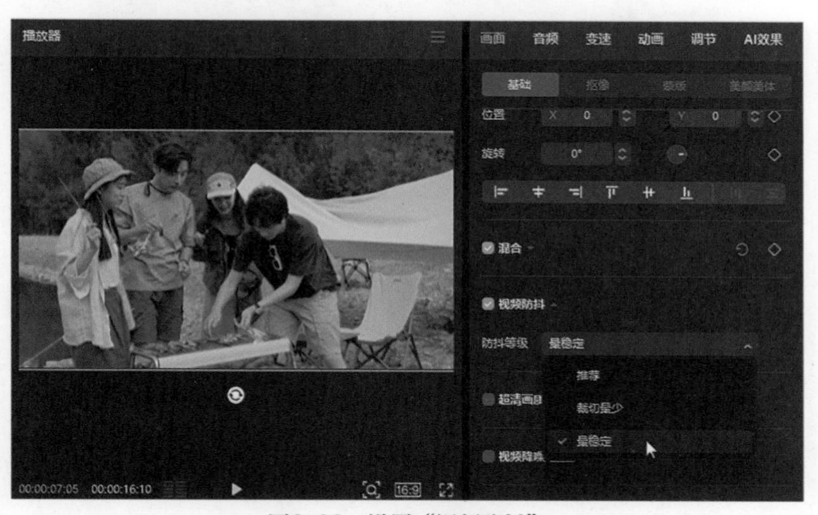

图2-38　设置“视频防抖”

2.4.3　调整播放速度

操作教学

调整播放速度

下面使用剪映专业版中的“常规变速”和“曲线变速”功能调整视频素材的播放速度，具体操作方法如下。

（1）选中“背景音乐”片段，在“基础”面板中设置“音量”为-5.0dB，“淡出时长”为2.0s，如图2-39所示。

（2）选中“视频4”片段，在“变速”面板中设置“倍数”为1.4x，如图2-40所示。采用同样的方法，调整“视频8”片段的视频播放速度。

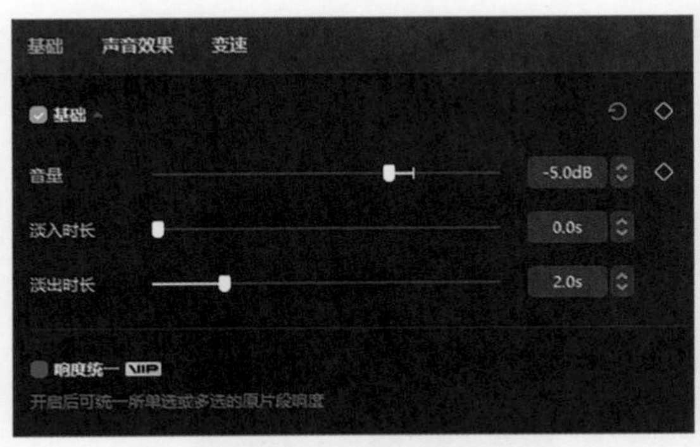

图2-39　调整音量

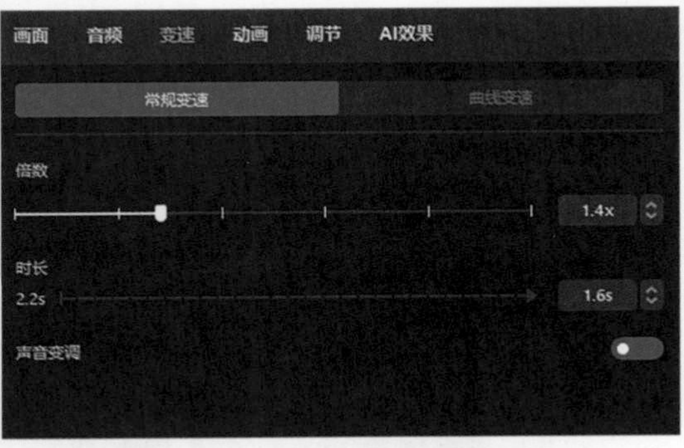

图2-40　调整视频片段的播放速度

（3）选中“视频9”片段，在“变速”面板中单击“曲线变速”选项卡，选择“蒙太奇”曲线变速，然后选中“智能补帧”复选框，如图2-41所示。

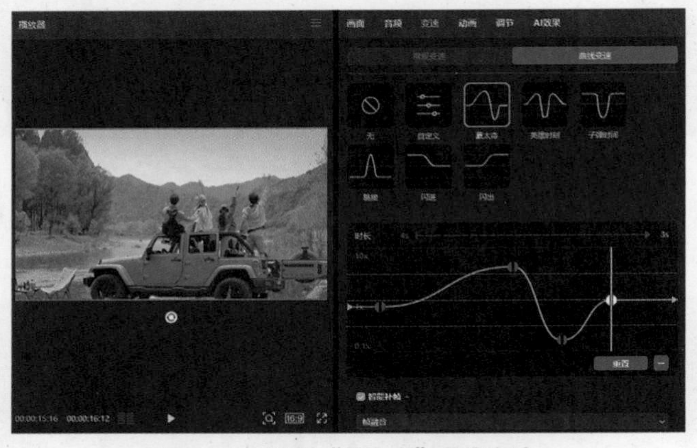

图2-41　选择“蒙太奇”曲线变速

（4）在时间线面板中调整各视频片段的长度，使其与音乐节拍点的位置对齐，如图2-42所示。

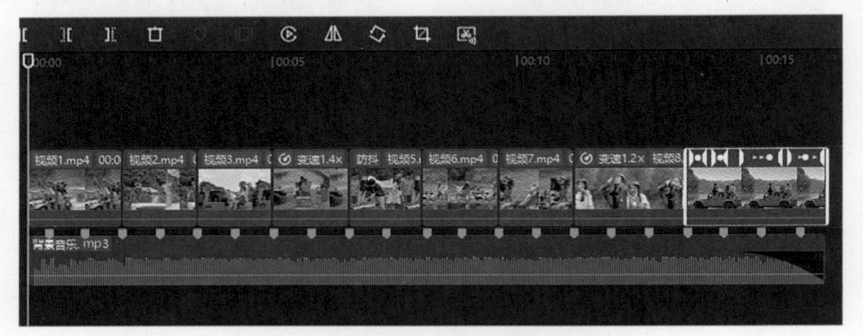

图2-42　调整各视频片段的长度

2.4.4　添加视频效果

下面使用剪映专业版中的“转场”和“色度抠像”功能添加视频效果，具体操作方法如下。

（1）在素材面板上方单击“媒体”按钮，在“素材库”类别中搜索“圆形扫描开场”素材，将其拖至画中画轨道，单击“关闭原声”按钮，然后在“变速”面板中设置“倍数”为5.0x，如图2-43所示。

（2）在“画面”面板中单击“抠像”选项卡，选中“色度抠图”复选框，选择“取色器”工具，在“播放器”面板中拖动圆环取色器，在绿色区域单击，设置“强度”为20、“阴影”为60，此时画面中的绿色已被抠除，如图2-44所示。

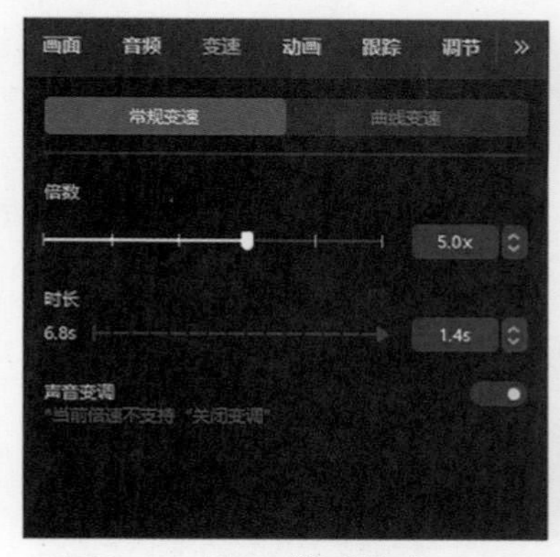

图2-43　设置“倍数”为5.0x

图2-44　抠除绿色

（3）将时间线指针定位到要添加转场的位置，在素材面板上方单击“转场”按钮，在左侧选择“运镜”类别，在右侧选择“推近”转场，然后单击“添加到轨道”按钮，如图2-45所示。

（4）此时，即可在时间线指针附近的视频片段之间添加“推近”转场效果，拖动转场效果的左端或右端，调整转场时长，如图2-46所示。

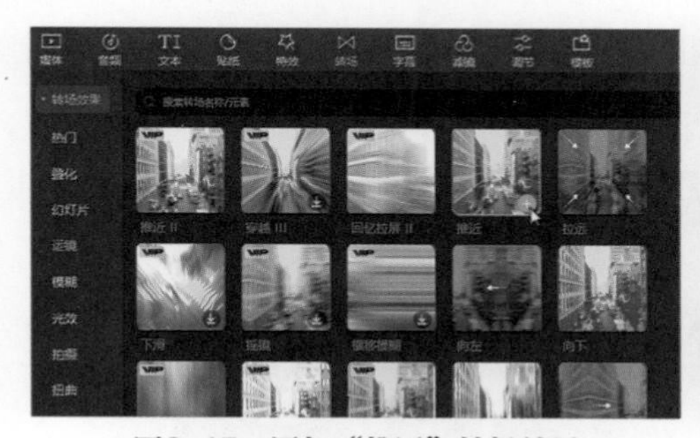

图2-45　添加“推近”转场效果

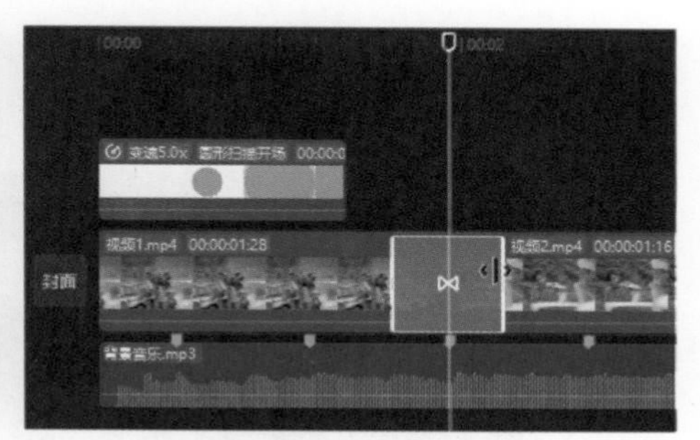

图2-46　调整转场时长

（5）采用同样的方法，在其他视频片段之间添加合适的转场效果，如“拉远”“吸入”“云朵”“叠化”“回忆下滑”等，如图2-47所示。

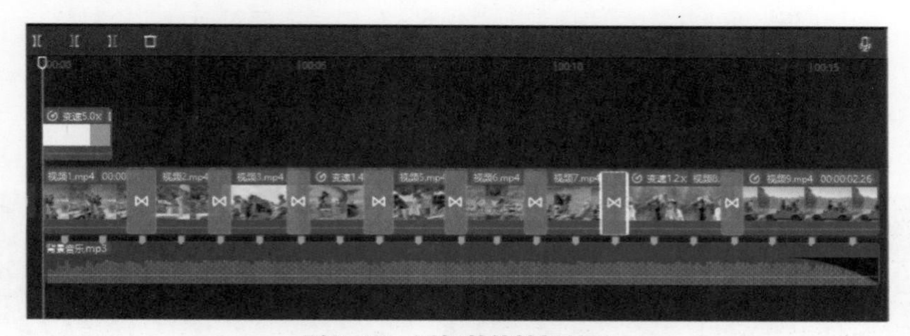

图2-47　添加其他转场效果

知识链接

在“转场”面板中单击右下方的“应用全部”按钮，即可将当前转场应用到其他视频片段之间。

2.4.5 视频调色

操作教学

视频调色

下面使用剪映专业版中的“滤镜”和“基础调节”功能对视频画面进行调色，使画面更加清晰、生动，具体操作方法如下。

（1）在素材面板上方单击“滤镜”按钮，选择“风景”类别中的“花园”滤镜，单击“添加到轨道”按钮，如图2-48所示。

（2）此时，即可在所有视频片段上方的滤镜轨道中添加“花园”滤镜，在“滤镜”面板中调整“强度”为50，如图2-49所示。

图2-48 添加“花园”滤镜

图2-49 调整滤镜强度

（3）采用同样的方法，在滤镜轨道中添加“清晰”滤镜，并设置滤镜“强度”为80，分别调整滤镜片段的长度，使其覆盖整个短视频，如图2-50所示。

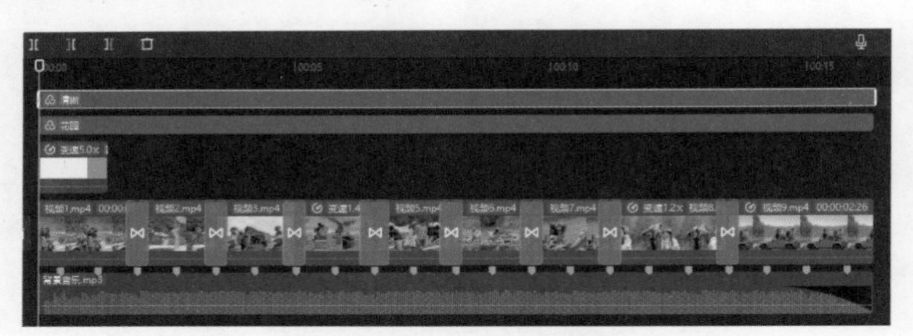

图2-50 添加“清晰”滤镜

（4）按住【Ctrl】键的同时选中“视频2”“视频6”和“视频7”片段，按【Ctrl+G】键创建组合，如图2-51所示。

（5）在“调节”面板中调整“色温”“亮度”“对比度”等参数，即可同时对组合中的视频片段调色，如图2-52所示。采用同样的方法，根据需要对其他视频片段单独调色。

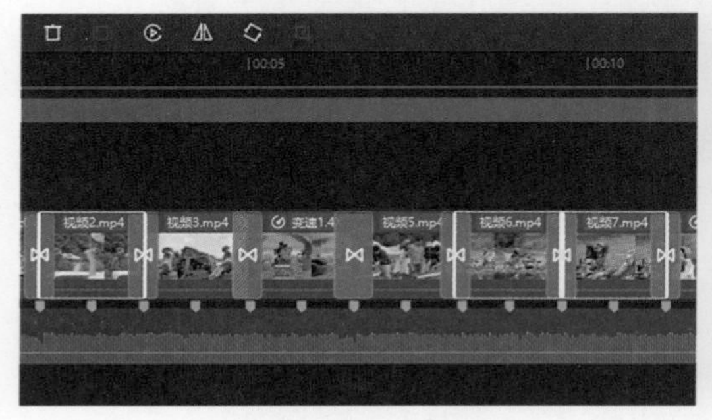

图2-51 创建组合

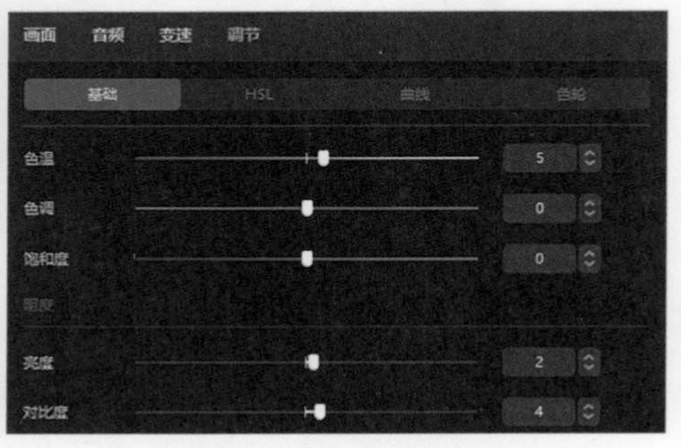

图2-52 调整参数

素养课堂

在调色过程中，需要细致入微地不断进行尝试，这无不体现着工匠精神。对于个人来说，工匠精神是干一行、爱一行、专一行、精一行、务实肯干、坚持不懈、精雕细琢的敬业精神。正是由于这种精神的驱动，我们才能在看似枯燥的工作中创作出令人称赞的精彩作品。

2.4.6　添加字幕

剪映专业版提供了多种文字模板，包括旅行、3D、港风、简约、美妆、知识等，以满足不同视频内容和风格的需求。下面将介绍如何使用文字模板为短视频快速添加字幕，具体操作方法如下。

（1）在素材面板上方单击“文本”按钮TI，在左侧“文字模板”中选择“夏日”，在右侧选择合适的文字模板，然后单击“添加到轨道”按钮⊕，如图2-53所示。

（2）此时，即可在滤镜片段上方的文本轨道中添加文本片段，调整文本片段的长度和位置，如图2-54所示。

图2-53　添加文字模板

图2-54　调整文本片段的长度和位置

（3）在“播放器”面板中调整文字模板的大小和位置，在“文本”面板中修改第1段文本内容，如图2-55所示。若要修改文本的格式，可以单击文本右侧的“展开”按钮▾展开格式选项，在此保持默认格式。

图2-55　修改文本内容

2.5 导出并发布短视频

短视频剪辑完成后，导出短视频是展现创作成果的关键步骤。创作者可以通过优化标题和标签的设置，选择与视频内容相关的热门词汇，以提高短视频的曝光率。在发布前，务必要检查视频内容，确保符合短视频平台的审核标准，避免包含任何违规、敏感或不适宜的内容。

2.5.1 导出短视频

操作教学

导出短视频

在导出短视频前，可以从短视频中挑选一帧最具代表性或最吸引人的画面作为短视频的封面。下面将介绍短视频的封面设置及导出设置，具体操作方法如下。

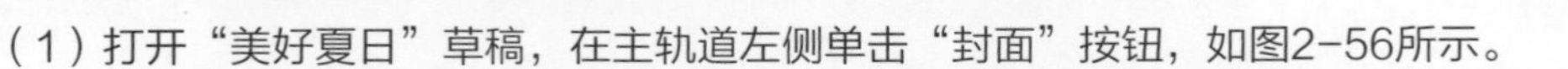

（1）打开“美好夏日”草稿，在主轨道左侧单击“封面”按钮，如图2-56所示。

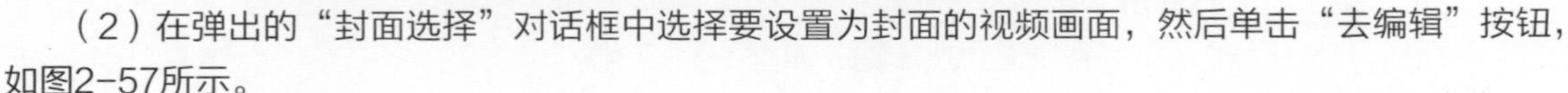

（2）在弹出的“封面选择”对话框中选择要设置为封面的视频画面，然后单击“去编辑”按钮，如图2-57所示。

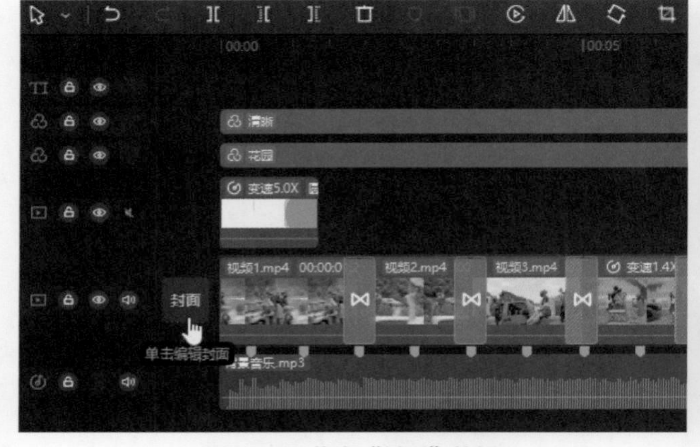

图2-56 单击“封面”按钮

图2-57 “封面选择”对话框

（3）在“封面设计”对话框中选择合适的封面模板，在此保持默认设置，单击“完成设置”按钮即可，如图2-58所示。

图2-58 “封面设计”对话框

（4）封面设置完成后，单击视频剪辑界面右上角的“导出”按钮，弹出“导出”对话框，在左侧选中“封面添加至视频片头”复选框，在右侧设置标题、分辨率、编码、格式等，然后单击“导出”按钮，如图2-59所示。

（5）导出完成后，可以直接将短视频发布至抖音或西瓜视频，如图2-60所示。

图2-59　“导出”对话框1

图2-60　“导出”对话框2

2.5.2　发布短视频

在发布短视频时，标题和描述要有吸引力、准确且简短，还可以选择一个吸引人的封面，让更多人愿意点击、观看视频。下面以抖音为例介绍如何发布短视频，具体操作方法如下。

（1）打开“抖音创作者中心”网页并登录抖音账号，然后单击“发布视频”按钮，如图2-61所示。

（2）在打开的“发布视频”页面中单击“上传”按钮，在弹出的“打开”对话框中选择要发布的短视频，然后单击“打开”按钮，如图2-62所示。

图2-61　单击“发布视频”按钮

图2-62　选择短视频

（3）进入“发布视频”页面，输入作品描述，并添加相关话题，然后单击“选择封面”按钮，如图2-63所示。

（4）在弹出的“选取封面”对话框中选择要设置为封面的视频画面，拖动裁剪框裁剪画面，然后单击“完成”按钮，如图2-64所示。

图2-63　单击“选择封面”按钮

图2-64　设置封面

（5）根据需要设置“添加标签”“添加挑战贴纸”“申请关联热点”“添加到”等发布选项，如图2-65所示。

（6）设置“同步到其他平台”“允许他人保存视频”“谁可以看”“发布时间”等分享权限，然后单击“发布”按钮，即可发布短视频，如图2-66所示。

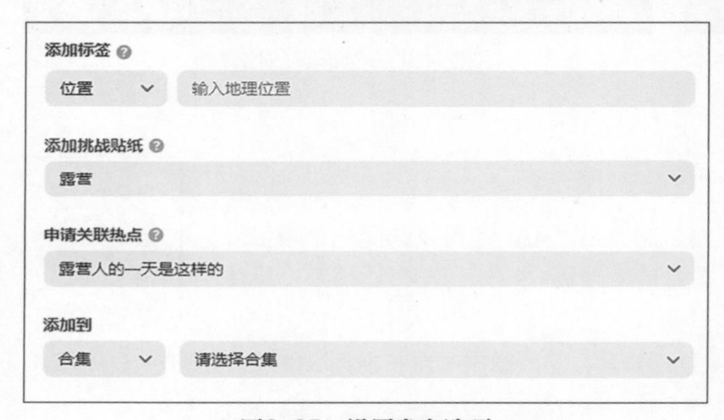

图2-65　设置发布选项

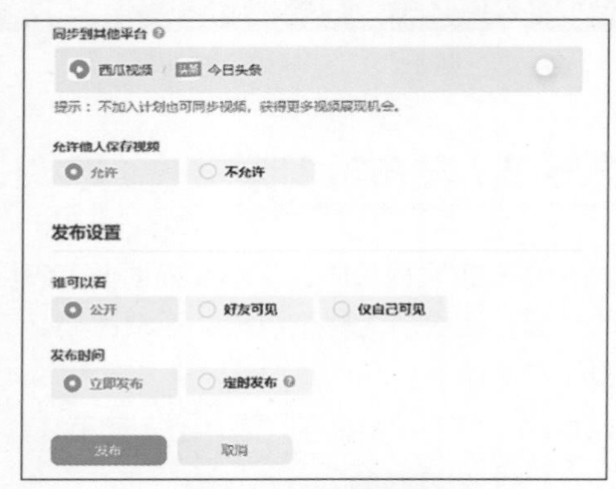

图2-66　发布短视频

课堂实训

效果展示

休闲时光短视频

操作教学

制作休闲时光短视频

打开“素材文件\第2章\课堂实训\咖啡厅”文件夹，使用剪映专业版制作一条休闲时光短视频，效果如图2-67所示。

图2-67　休闲时光短视频

图2-67　休闲时光短视频（续）

本实训的操作思路如下。

（1）新建剪辑项目，将用到的素材导入“媒体”面板。在“媒体”面板中对视频素材进行裁剪，然后将视频和音频素材依次添加到时间线面板中。

（2）对背景音乐进行踩点，根据音乐节拍点对视频片段进行更加精确的裁剪，然后调整背景音乐的音量和淡出时长。

（3）在视频片段的组接位置添加合适的转场效果，让镜头切换更加自然、流畅。

（4）为短视频添加滤镜进行风格化调色，根据需要在“调节”面板中对各视频片段进行单独调色。

（5）使用“特效”和“关键帧”功能为短视频添加“模糊开幕”效果。使用文字模板在短视频片头添加字幕。

（6）为短视频设置一个封面，并导出短视频。

课后练习

1. 简述剪映专业版常用的基础功能。

2. 简述剪映专业版的特色功能。

3. 打开“素材文件\第2章\课后练习\卡点”文件夹，将视频和音频素材导入剪映专业版，制作一条动感卡点短视频。

效果展示

动感卡点短视频

第3章

剪映专业版进阶功能

学习目标

- 掌握为短视频调色的方法。
- 掌握为短视频制作创意合成效果的方法。
- 掌握为短视频添加转场和特效的方法。
- 掌握为短视频添加音频和字幕的方法。
- 掌握制作片头和片尾的方法。

素养目标

- 树立精品意识，在短视频创作中务实肯干、精雕细琢。
- 传承中华文化，利用短视频讲好中国故事。

在对视频素材完成基础剪辑操作之后，为了提升短视频的质量和观感，就需要使用剪映专业版的一系列进阶功能，如滤镜与调色、抠图与关键帧、蒙版与混合模式、转场与特效、音频与字幕等。这些功能不仅能够帮助我们打造出更加丰富的画面效果，还能让短视频在视觉上更具冲击力。

3.1 滤镜与调色

滤镜与调色不仅是对单个素材的调整，更是对整个短视频色彩风格的统一和协调。通过滤镜与调色处理，可以使不同场景、不同拍摄条件下的素材在色彩上保持一致，从而增强短视频的整体观感和连贯性。

3.1.1 短视频调色原理

短视频调色原理主要包括一级调色和二级调色两个层面。一级调色和二级调色在短视频调色中各有侧重，又相互补充。一级调色注重整体色彩调整和校正，为画面奠定基调；而二级调色则更注重局部调整和精细处理，让画面更加生动和出彩。

1. 一级调色

一级调色是短视频剪辑过程中至关重要的环节，其核心在于优化画面的整体色调、对比度和色彩平衡，从而修正拍摄过程中可能出现的诸如偏色、曝光不足等缺陷，使画面回归至肉眼观察下的自然状态。

在调色过程中，可以根据影片的情节和场景需求灵活调整色调，以达到增强画面情感表现力的目的。例如，暖色调（如红色、橙色、黄色）通常能够传达出温暖、活泼、热烈或浪漫的情感，如图3-1所示；冷色调（如蓝色、紫色、绿色）则往往能够传达出冷静、忧郁、神秘或沉稳的情感，如图3-2所示。

图3-1 暖色调

图3-2 冷色调

2. 二级调色

二级调色则是在一级调色的基础上，对短视频的局部进行更精细的调整。它可以在保留画面细节和质感的同时，对特定区域进行色彩饱和度的增强或减弱，或者对亮度进行局部调整。通过二级调色，可以突出或改变画面的特定部分，实现更丰富的色彩表现和光影效果。

3.1.2 认识滤镜

滤镜作为一种预设的调色方案，可以快速应用到素材上，为短视频赋予特定的色彩风格，增强画面氛围，使短视频呈现出独特的视觉效果。

在素材面板上方单击“滤镜”按钮，可以看到一个丰富的滤镜库，包含精选、风景、人像、美食、风格化、影视级、基础及户外等十几类不同风格的滤镜组，如图3-3所示。

图3-3 “滤镜”面板

在剪映专业版中，用户可以根据创作需求精准地将所需滤镜直接拖至滤镜轨道，其效果将作用于滤镜轨道下方的所有素材片段，如图3-4所示。用户也可以将滤镜拖至特定的素材片段上，其效果将仅针对被选中的素材片段产生作用，并且不会出现滤镜轨道，如图3-5所示。

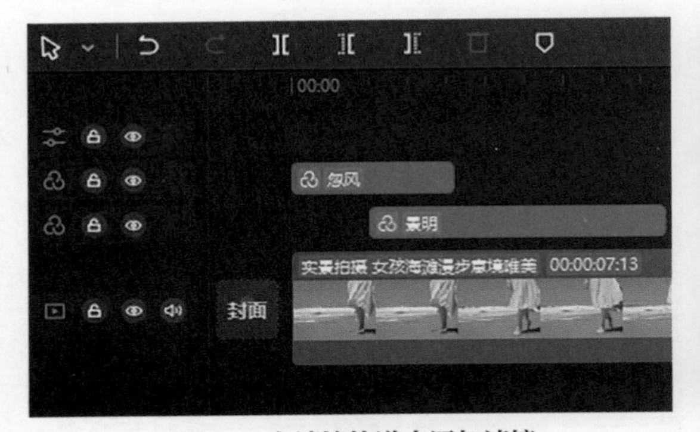

图3-4 在滤镜轨道中添加滤镜

图3-5 将滤镜应用于特定的素材片段

3.1.3 常用的滤镜

剪映提供的滤镜种类繁多，每种滤镜都能为视频素材带来独特的视觉效果，让用户能够轻松地对素材进行调色处理。下面将介绍一些常用的滤镜。

1. 影视级滤镜

当需要为视频画面增添浓厚的影视氛围时，可以选择“影视级”类别中的滤镜对视频素材进行调色。这些滤镜能够增强画面的明暗对比，营造出电影中的光影效果，使视频层次丰富、立体感强。图3-6所示为添加“蓝橙Ⅱ”滤镜前后的画面效果。

图3-6　添加“蓝橙Ⅱ”滤镜前后的画面效果

2. 美食滤镜

在制作以美食为主题的视频时，可以选择“美食”类别中的滤镜来调整光影效果，增强食物的立体感，使其看起来更加美味可口。图3-7所示为添加“鲜美”滤镜前后的画面效果。

图3-7　添加“鲜美”滤镜前后的画面效果

3. 人像滤镜

在制作以人物为核心内容的视频时，可以选择“人像”类别中的滤镜。这些滤镜能够精细调整人物的肤色，修饰面部细微的瑕疵，增强和优化视频画面中人物的整体形象和表现力。图3-8所示为添加“春澄”滤镜前后的画面效果。

图3-8　添加“春澄”滤镜前后的画面效果

4. 风景滤镜

在制作以旅游风景为主要内容的视频时，可以选择“风景”类别中的滤镜，一键调整画面的“色彩”“亮度”“对比度”等参数，弥补前期拍摄过程中可能存在的光线不足、色彩失真或对比度失衡等缺陷，使风景画面更加生动、鲜艳。图3-9所示为添加“余晖”滤镜前后的画面效果。

图3-9　添加“余晖”滤镜前后的画面效果

3.1.4　认识调节

在短视频剪辑过程中，由于拍摄条件、设备性能等因素的限制，原始素材的色彩表现往往难以达到理想的效果。利用剪映专业版的“调节”功能可以对素材的“色温”“色调”“饱和度”等参数进行调整，从而达到所需的色彩效果。

1. 基础

剪映专业版中的“基础”功能为视频编辑提供了强大的调整和优化能力。在时间线面板中选中素材，然后在“调节”面板中单击“基础”选项卡，即可调整素材的“色温”“色调”“饱和度”“亮度”“对比度”“高光”“阴影”“锐化”等关键参数，如图3-10所示。

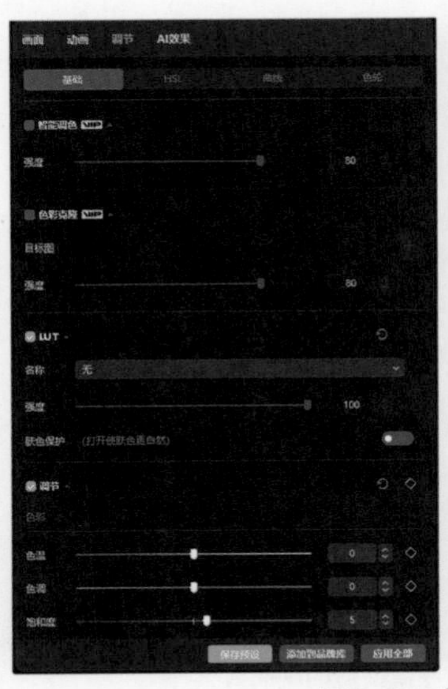

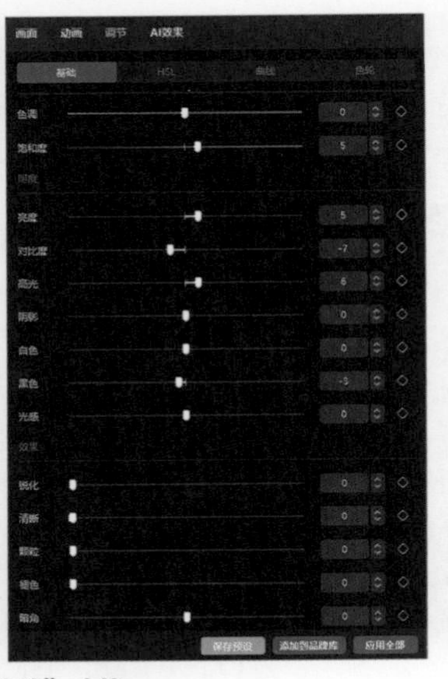

图3-10　“基础”功能

除了传统的参数调整方式，剪映专业版还提供了“自定义调节”功能。在素材面板上方单击“调节”按钮，然后单击“自定义调节”选项右下角的“添加到轨道”按钮，即可将“自定义调节”添加到调节轨道上，如图3-11所示。通过这种方式可以为同一段视频素材添加多个自定义调节，这些调节效果会相互叠加，从而创造出更为丰富和独特的视觉效果。

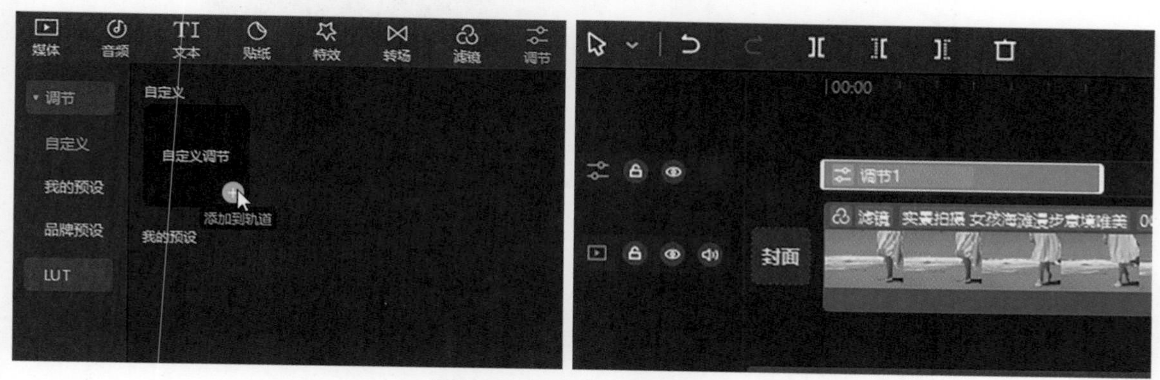

图3-11　添加“自定义调节”

2. HSL

“HSL”功能是一种高级的颜色校正工具，通常以一个直观的颜色选择器呈现，它允许用户分别调整视频画面的“色相”（Hue）、“饱和度”（Saturation）和“亮度”（Lightness）等参数，如图3-12所示。

通过调整这些参数，用户可以针对视频中的不同颜色进行细致的调整。例如，改变某种颜色的色相，使其呈现出不同的色调；增加或减少某种颜色的饱和度，使其更加鲜艳或柔和；调整某种颜色的亮度，以改善画面的明暗对比。

图3-12　“HSL”功能

在调色前，画面中麦田的色彩显得较为黯淡，带有明显的灰色调。在“HSL”选项卡中单击“橙色”按钮，设置“饱和度”为100，麦田的色彩立刻变得饱满而鲜艳，如图3-13所示。

图3-13　增加橙色的饱和度

单击“蓝色”按钮，设置“饱和度”为60，天空的色彩变得更加深邃且明亮，与金色的麦田形成了鲜明的对比，如图3-14所示。

图3-14　增加蓝色的饱和度

3. 曲线

在剪映专业版中，用户可以通过调整亮度曲线或单独的红色、绿色、蓝色通道曲线来精确控制视频素材的明度、对比度及色彩平衡。

（1）亮度曲线

通过调整亮度曲线，可以改变视频画面的整体明暗程度，以及局部区域的明暗关系。选中视频素材，在“调节”面板中单击“曲线”选项卡，在曲线上单击即可添加一个锚点，如图3-15所示；选中锚点并向上拖动，可以增加画面的整体亮度，如图3-16所示。

图3-15　添加锚点

图3-16　增加画面的整体亮度

选中锚点并向下拖动，可以降低画面的整体亮度，如图3-17所示；对于对比度不明显的画面，可以调整曲线为S形，使画面高光区更亮、阴影区更暗，从而增加画面的对比度，如图3-18所示。

图3-17　降低画面的整体亮度

图3-18　增加画面的对比度

（2）颜色通道曲线

颜色通道曲线主要用于调整视频画面的色彩平衡。例如，在红色通道曲线上单击添加锚点并向上拖动，画面就会偏红，如图3-19所示；在蓝色通道曲线上单击添加锚点并向上拖动，画面就会偏蓝，如图3-20所示。

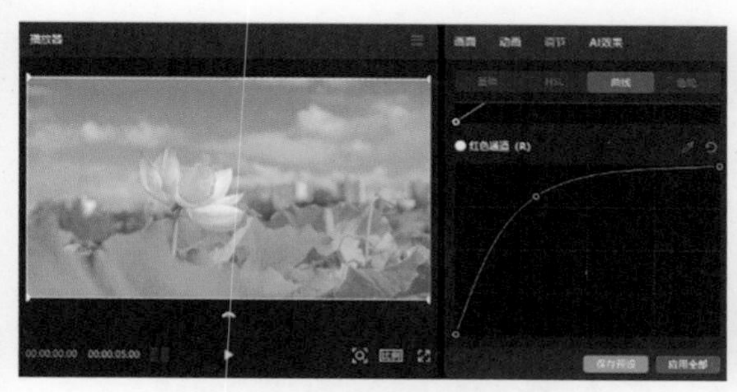

图3-19　增加画面中的红色

图3-20　增加画面中的蓝色

4. 色轮

“色轮”是剪映专业版独有的调色功能，该功能包含暗部、中灰、亮部和偏移4个独立色轮控件，利用这些控件能够精准地调整画面中的不同色彩区域。选中视频素材，在“调节”面板中单击“色轮”按钮，如图3-21所示。每个色轮均具备对色相、亮度和饱和度的全面调控能力，可通过色轮实现对画面色彩的精细调整。

色轮分为一级色轮和log色轮，两者在影响范围上有所区别。一级色轮对画面色彩的影响更为广泛，而log色轮则更侧重于对光线分区的细微调整，其影响范围相对较小。

图3-21　色轮调色

在调整颜色时，用户可以通过拖动“色倾”按钮来实现色彩的偏移。将“色倾”按钮往某种颜色方向拖动，画面色彩就会往该颜色方向偏移，同时色轮下方的数值也会相应地发生改变，如图3-22所示。

图3-22　调整色倾

此外，还可以通过上下拖动色轮左侧的三角滑块来调整区域颜色的饱和度，如图3-23所示；上下拖动色轮右侧的三角滑块，则可以调整区域颜色的亮度，如图3-24所示。

图3-23　调整饱和度

图3-24　调整亮度

3.1.5　调出唯美晚霞色调

效果展示

调出唯美晚霞色调

操作教学

调出唯美晚霞色调

下面将介绍如何使用剪映专业版中的“滤镜”“基础”和“HSL”等功能调出唯美晚霞色调，具体操作方法如下。

（1）将视频和音频素材拖至时间线上，拖动时间线指针至音频素材的尾端，选中视频素材，在工具栏中单击“向右裁剪”按钮进行裁剪，如图3-25所示。

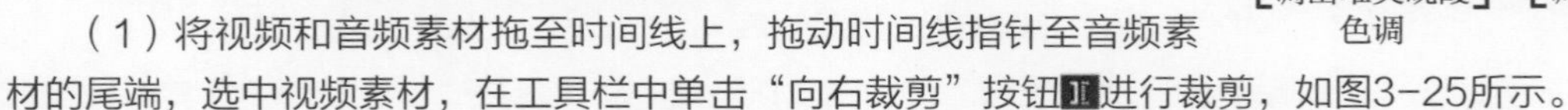

（2）在素材面板上方单击“滤镜”按钮，在搜索框中输入“晚霞”，找到合适的滤镜，在此选择“海军蓝”滤镜，将其拖至“晚霞”视频素材上，如图3-26所示。

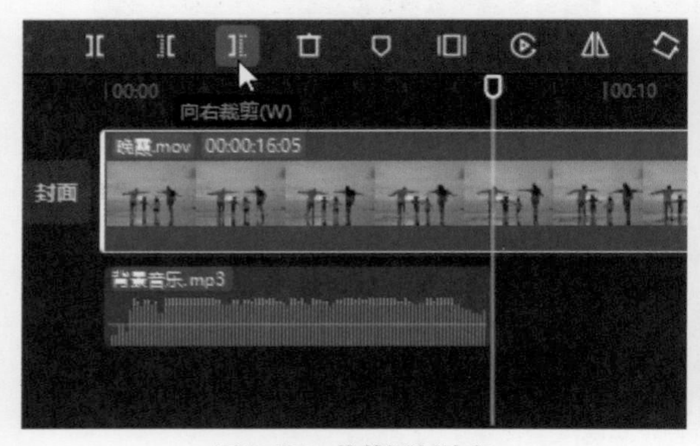

图3-25　裁剪视频片段

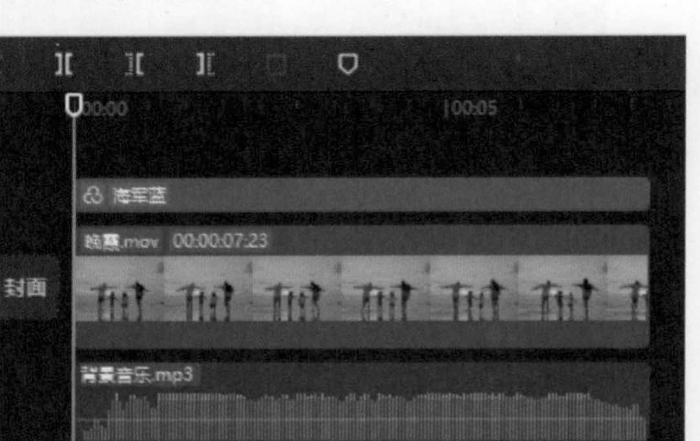

图3-26　选择“海军蓝”滤镜

（3）在素材面板上方单击“调节”按钮，选择“自定义调节”，然后单击“添加到轨道”按钮，在“调节”面板中调整“色温”“色调”“饱和度”“亮度”“对比度”等参数，如图3-27所示。

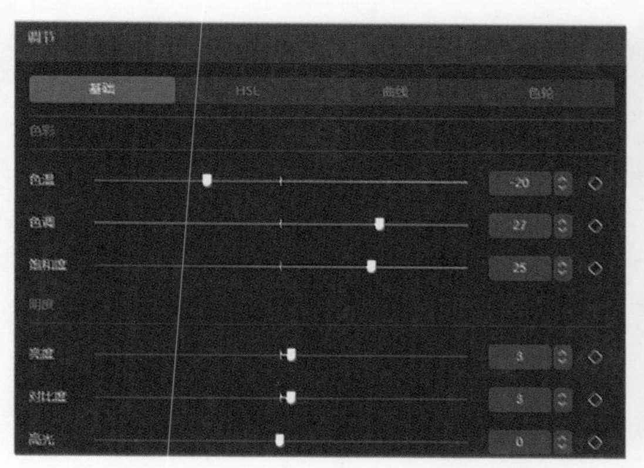

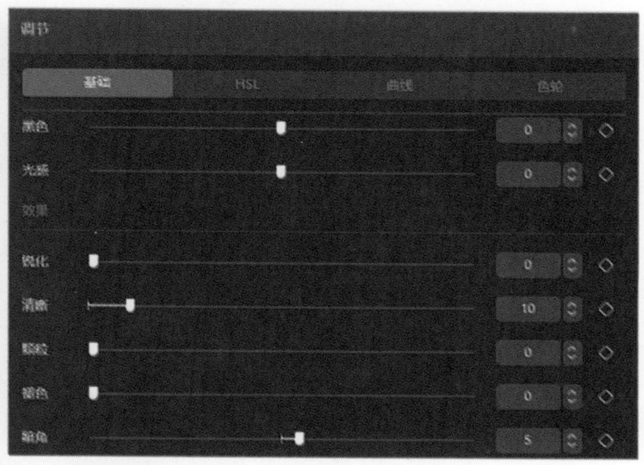

图3-27　视频画面基础调色

（4）在“HSL”调节中单击“橙色”按钮，设置“饱和度”为10，增加画面中黄色的饱和度，如图3-28所示。

（5）单击“蓝色”按钮，设置“色相”为3，“饱和度”为20，增加画面中蓝色的饱和度，如图3-29所示。

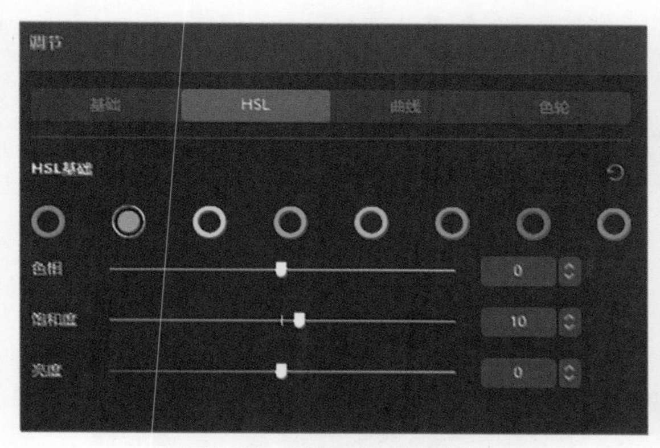

图3-28　调整画面中的橙色

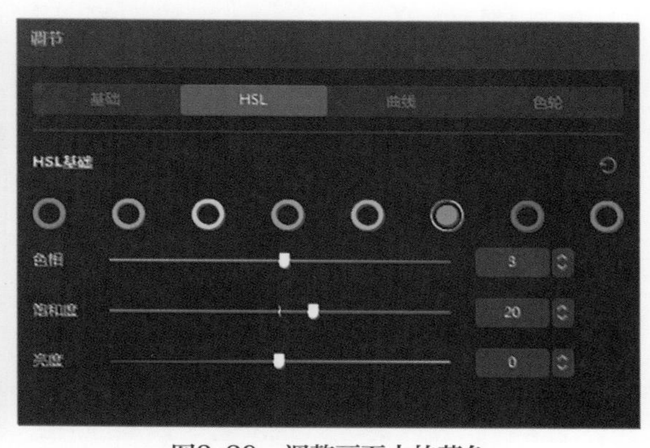

图3-29　调整画面中的蓝色

（6）至此，唯美晚霞色调制作完成，预览调色前后的视频效果，如图3-30所示。调色前，画面明暗对比不够鲜明，缺乏活力和层次感；调色后，海面和天空的颜色变得更加饱满，明暗对比更加明显，人物轮廓也更加清晰。

图3-30　预览调色效果

素养课堂

一家人在海滩漫步，的确是十分浪漫且温馨的事情。这幅画面很好地诠释了古人所说的“天人合一”，而若要以一种更具现代性和探索性的表达方式来说，即“人与自然和谐共生”。“绿水青山就是金山银山”，这要求所有人一起努力，共建绿色家园，抵制污染和环境破坏，更好地推动“美丽中国”建设。

3.2 抠图与关键帧

利用剪映专业版中的“抠图”和“关键帧”功能可以将不同来源的素材融合在一起，创作出许多富有创意和动态效果的短视频作品，为短视频创作增添更多的可能性。

3.2.1 认识抠图

“抠图”功能允许用户精确地从短视频或图片中分离出特定的对象或人物，同时去除其他背景内容。剪映专业版提供了以下3种抠图方式，以满足不同场景和创作需求。

1. 智能抠像

“智能抠像”是指通过系统算法自动识别并去除素材中的背景，从而抠取出人物。在“画面”面板中单击“抠像”选项卡，选中“智能抠像”复选框，便能自动分析并处理，将人物与背景进行分离，如图3-31所示。

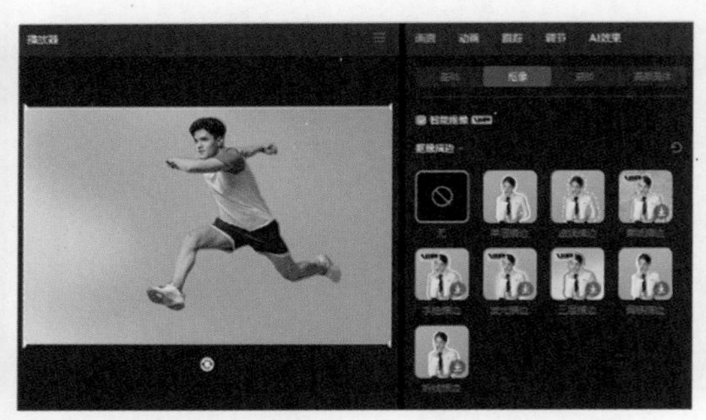

图3-31 使用“智能抠像”功能抠取人像

2. 自定义抠像

“自定义抠像”提供了更为精细的抠图工具，包括“智能画笔”“智能橡皮”“橡皮擦”等工具。用户可以利用这些工具手动绘制或擦除不需要的部分，从而实现更精确的抠图效果，如图3-32所示。

图3-32 使用“自定义抠像”功能抠取指定区域

3. 色度抠图

“色度抠图”主要用于去除纯色背景，如绿幕抠图，适用于特定的拍摄环境和场景。在“画面”面板中单击“抠像”选项卡，选中“色度抠像”复选框，选择“取色器”工具，选取需要去除的纯色区域，然后设置“强度”和“阴影”参数，优化抠图后边缘的过渡效果，减少硬边缘和锯齿状痕迹，如图3-33所示。

图3-33　使用“色度抠图”功能抠除绿色区域

3.2.2　认识关键帧

在剪映专业版中，用户可以对视频、图片和文字等多种素材的缩放、位置、旋转和不透明度等属性进行关键帧设置，从而赋予素材生动的动画效果。

将时间线指针拖至所需的位置，在功能面板中调整相应的参数，然后单击“添加关键帧”按钮，即可在该位置添加一个关键帧，如图3-34所示。

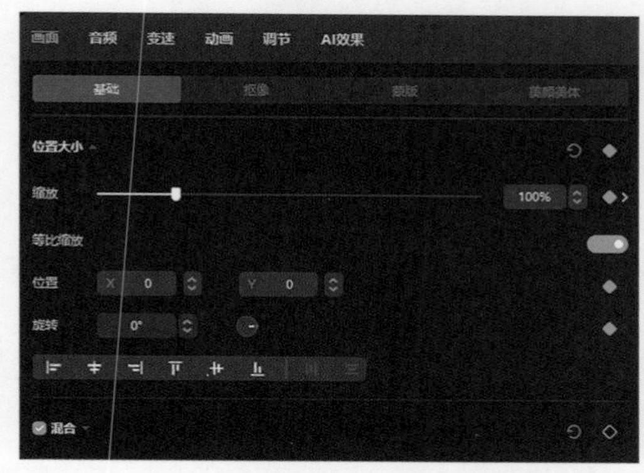

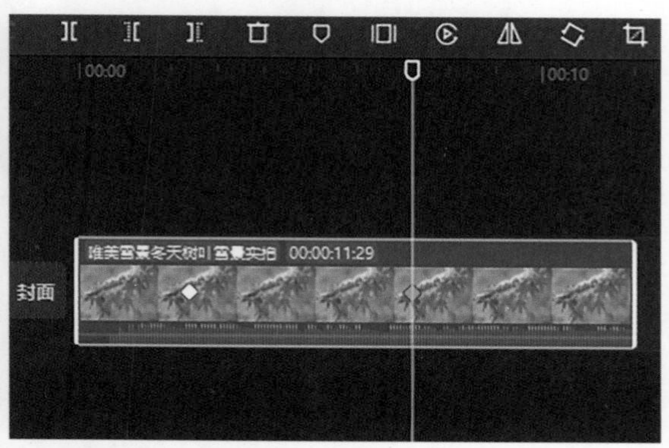

图3-34　添加关键帧

知识链接

关键帧可以理解为运动的起始点或者转折点，通常至少需要两个关键帧来创建一个动画效果。第1个关键帧的参数会平滑过渡到第2个关键帧的参数，从而实现流畅的运动效果。

3.2.3　制作枫叶旋转开场效果

效果展示

制作枫叶旋转开场效果

操作教学

制作枫叶旋转开场效果

下面将介绍如何使用剪映专业版中的“色度抠像”“添加关键

帧”“贴纸”和“动画”等功能制作枫叶旋转开场效果，具体操作方法如下。

（1）将“视频1”和音频素材拖至时间线上，选中音频素材，在工具栏中单击“添加音乐节拍标记”按钮，选择“踩节拍Ⅰ”选项，如图3-35所示。

（2）选中“视频1”素材，拖动时间线指针至第3个节拍点位置，按【W】键向右裁剪，如图3-36所示。

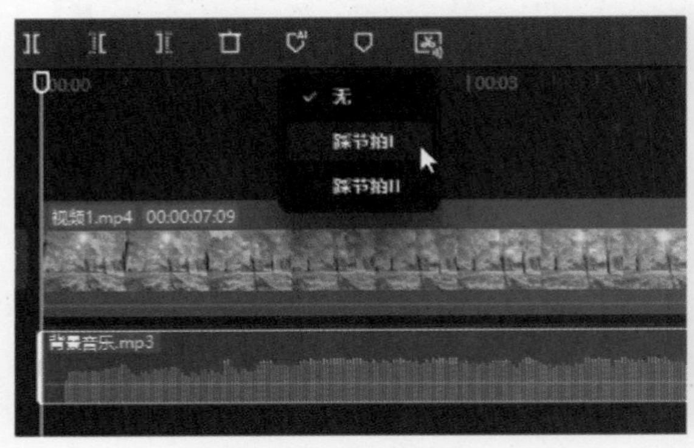

图3-35 添加节拍点

图3-36 裁剪视频片段

（3）采用同样的方法，添加其他视频素材，然后根据音乐节拍点的位置对其进行裁剪，如图3-37所示。

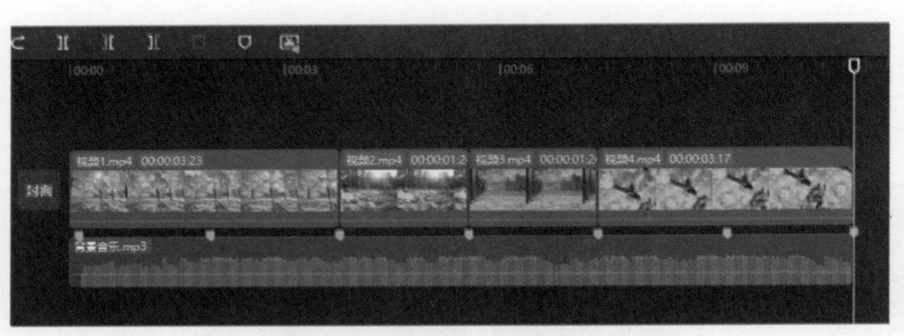

图3-37 添加并裁剪其他视频素材

（4）将“素材库”中的“白场”素材添加到画中画轨道中，在素材面板中单击“贴纸”按钮，在搜索框中输入“枫叶”，然后选择合适的贴纸，如图3-38所示。

（5）将贴纸拖至时间线上，采用同样的方法继续添加一个“秋之韵”贴纸，在时间线面板中调整每个贴纸片段的长度，使其与背景音乐的第2个节拍点位置对齐，如图3-39所示。

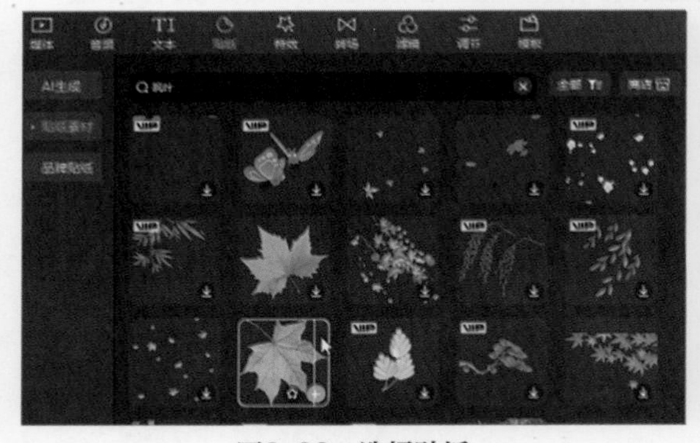
图3-38 选择贴纸

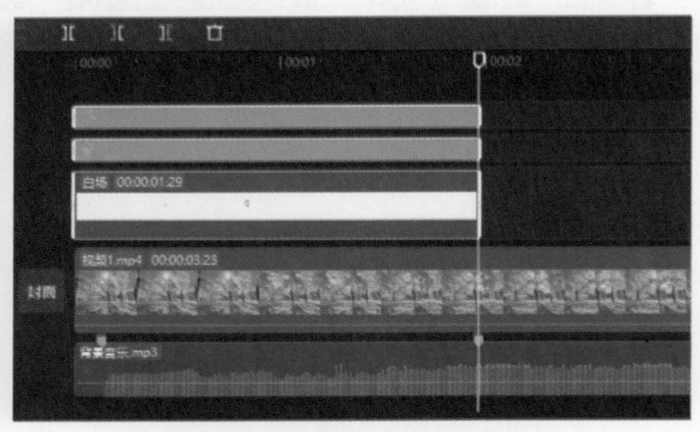

图3-39 调整贴纸片段的长度

（6）选中“枫叶”贴纸片段，在“动画”面板中单击“循环”选项卡，选择“旋转”动画，在下方设置“动画快慢”为2.0s，如图3-40所示。

（7）将时间线指针定位到视频的开始位置，在“贴纸”面板中单击“位置大小”右侧的“添加关键帧”按钮◆，然后在“播放器”面板中将贴纸缩小并拖至画面的上方，如图3-41所示。

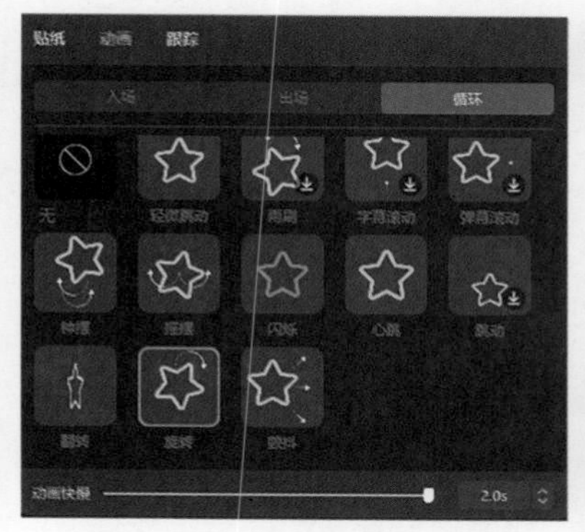

图3-40　选择“旋转”动画

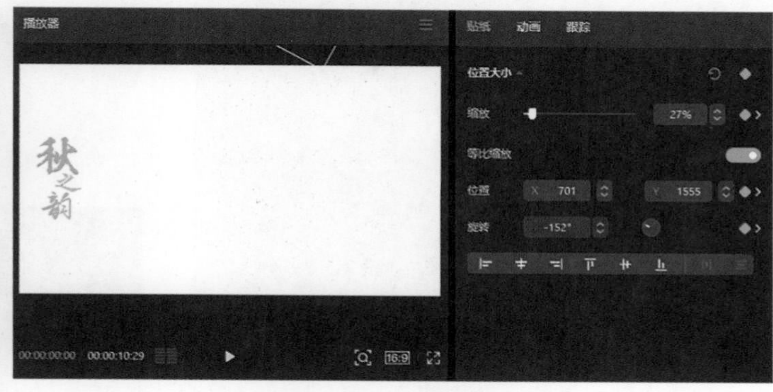

图3-41　添加关键帧

（8）将时间线指针定位到第1秒的位置，在“播放器”面板中将贴纸放大并拖至画面的中央，如图3-42所示。

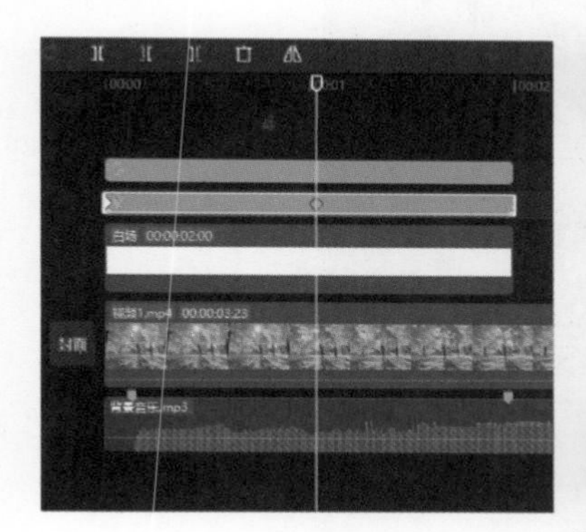

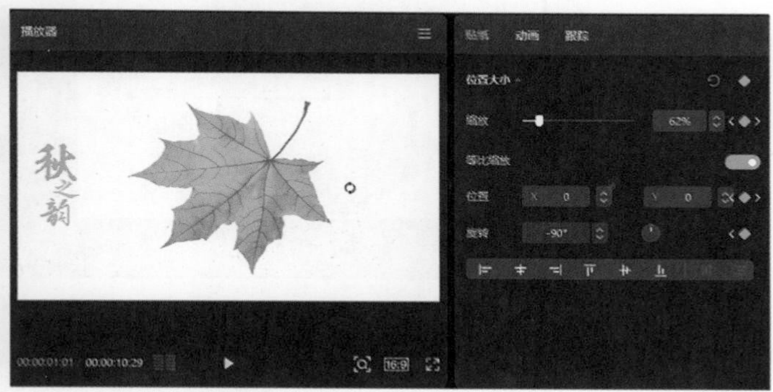

图3-42　调整贴纸大小和位置

（9）采用同样的方法，继续添加两个关键帧，将枫叶放大，直至画面被枫叶覆盖，如图3-43所示。

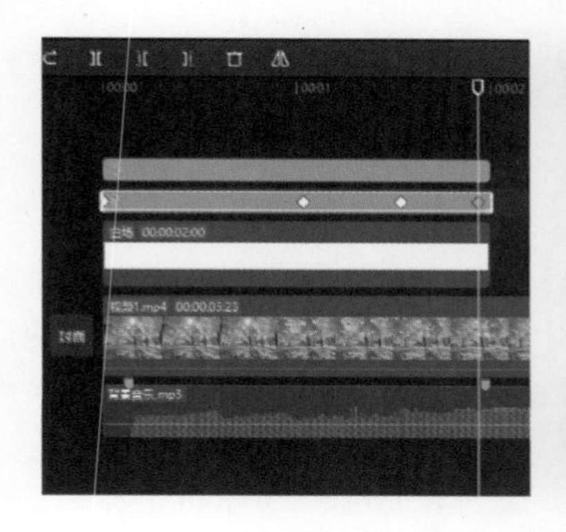

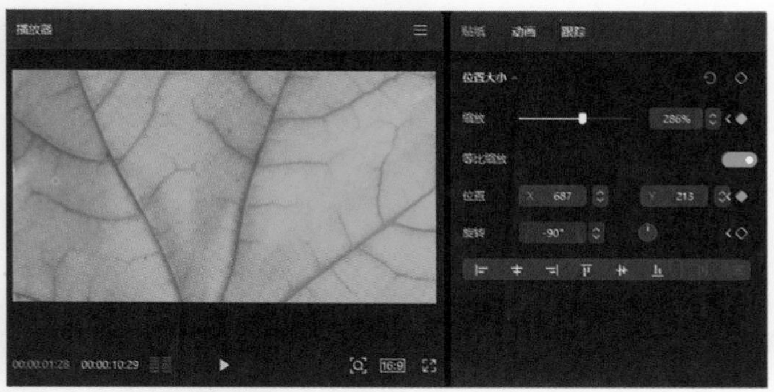

图3-43　继续添加关键帧

（10）同时选中两个贴纸和“白场”片段并单击鼠标右键，在弹出的快捷菜单中选择“新建复合片段”命令，如图3-44所示。

（11）在“画面”面板中单击“抠像”选项卡，选中“色度抠图”复选框，选择“取色器”工具，在“播放器”面板中拖动圆环取色器，在黄色枫叶上单击，如图3-45所示。

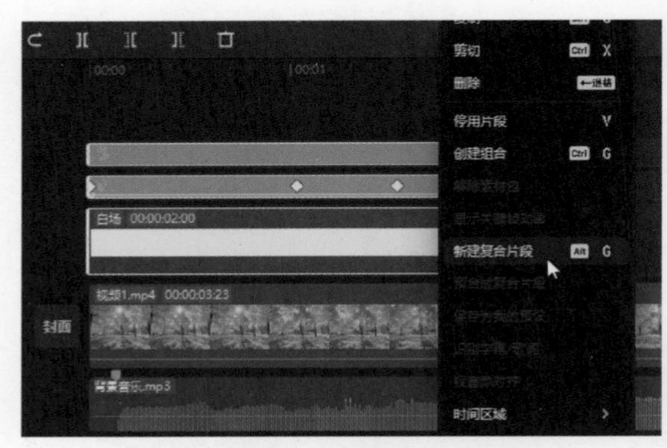

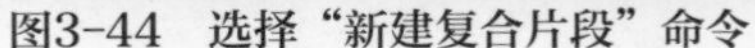
图3-44 选择“新建复合片段”命令

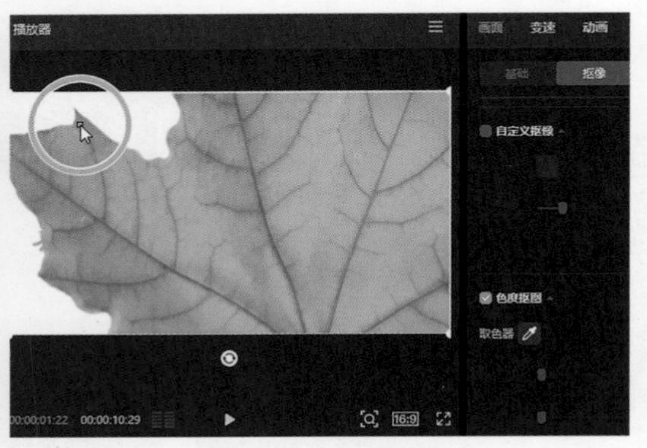

图3-45 选取黄色

（12）在“画面”面板中设置“强度”为10、“阴影”为50，此时复合片段中的黄色就会被抠除，如图3-46所示。至此，枫叶旋转开场效果制作完成。

图3-46 设置黄色的强度和阴影

3.3 蒙版与混合模式

在短视频剪辑过程中，“蒙版”和“混合模式”是两个强大的功能，它们可以帮助用户制作出富有创意的合成特效，使视频画面表现更具张力。下面将详细介绍如何在剪映专业版中使用这两个功能。

3.3.1 添加蒙版

蒙版在视频剪辑中扮演着重要的角色，主要用于精确控制素材的可视范围。利用“蒙版”功能可以轻松实现转场、分屏、遮罩和创意文字等效果，增强视频的吸引力和观赏性。目前，剪映专业版提供了6种蒙版类型，分别是“线性”“镜面”“圆形”“矩形”“爱心”“星形”，每种蒙版都有其特点和适用场景，如图3-47所示。

选择“矩形”蒙版后，在“播放器”面板中可以看到蒙版变为矩形，而矩形之外的部分则会被遮挡，如图3-48所示。拖动蒙版，即可调整蒙版在画面中的位置；拖动蒙版中的控制柄，即可将蒙版放大或缩小，如图3-49所示；拖动蒙版上方的“羽化”按钮，即可对蒙版进行羽化处理，如图3-50所示；拖动左上角的“圆角”按钮，即可使矩形蒙版圆角化，如图3-51所示。

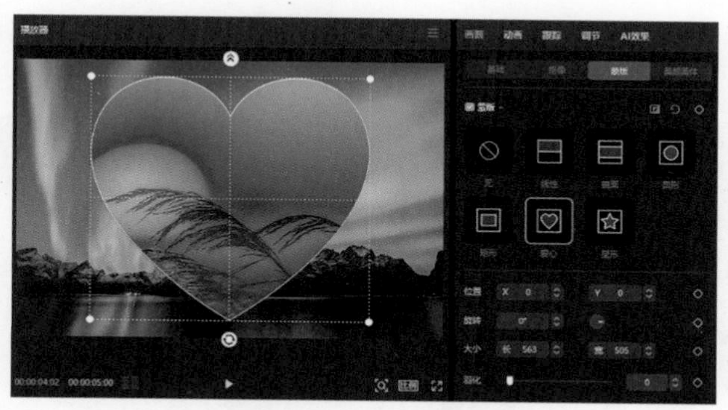

图3-47　6种蒙版类型

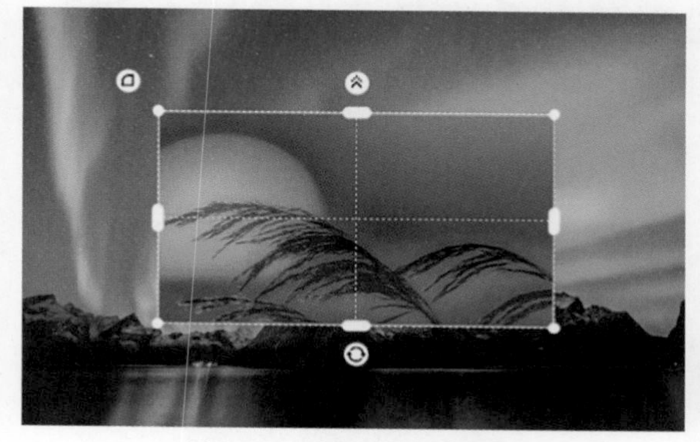

图3-48　选择"矩形"蒙版

图3-49　缩放蒙版

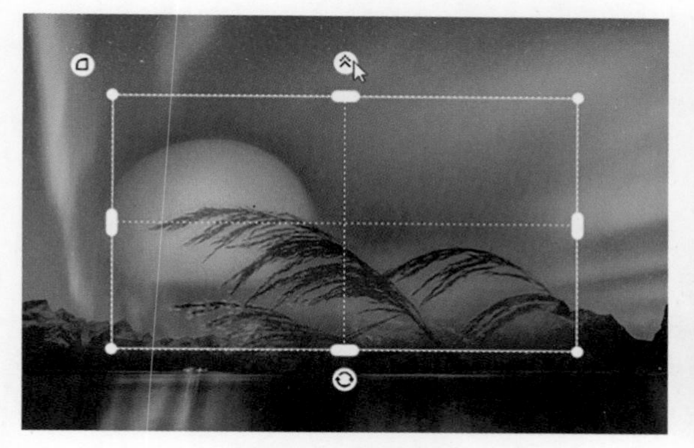

图3-50　羽化蒙版

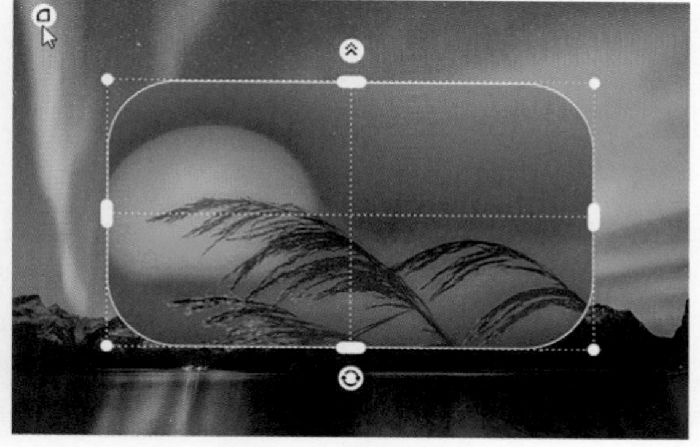

图3-51　圆角化蒙版

3.3.2　设置混合模式

利用"混合模式"功能可以将同一时间点不同轨道上的两个或多个素材进行混合，从而创造出独特且富有创意的画面特效。目前，剪映专业版提供了10种混合模式，包括"变亮""滤色""变暗""叠加""强光""柔光""颜色加深""线性加深""颜色减淡""正片叠底"，如图3-52所示。

每种模式都有其独特的效果和适用场景，用户可以根据创作需求进行选择。例如，"叠加"混合模式可以使底层素材的颜色与上层素材的颜色相互融合，创造出一种色彩叠加的效果，如图3-53所示；"滤色"混合模式则可以使上层素材的亮部与底层素材的暗部相结合，产生出明亮的色彩效果，如图3-54所示。

需要注意的是，“混合模式”功能仅适用于画中画轨道上的素材，而主轨道上的素材并不支持这一功能。

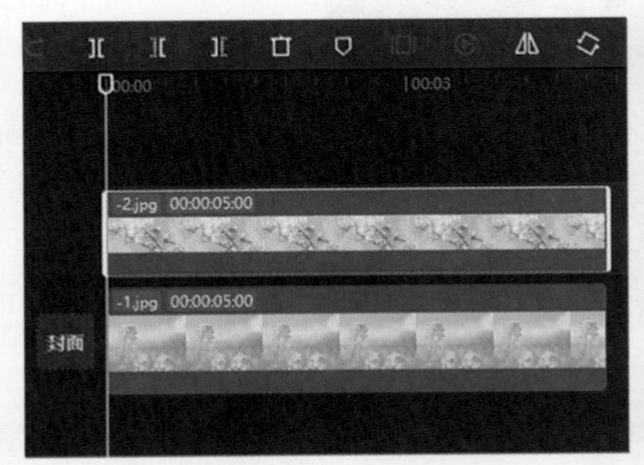

图3-52　混合模式

图3-53　“叠加”混合模式

图3-54　“滤色”混合模式

3.3.3 制作曲面滚动效果

效果展示　制作曲面滚动效果

操作教学　制作曲面滚动效果

下面将介绍如何使用剪映专业版中的“添加关键帧”“蒙版”和“混合模式”等功能制作曲面滚动效果，具体操作方法如下。

（1）将视频素材拖至时间线上，将时间线指针定位到4秒的位置，按【W】键向右裁剪，然后将时间线指针定位到2秒的位置，单击“基础”选项卡，再单击“位置”右侧的“添加关键帧”按钮◆，如图3-55所示。

（2）将时间线指针定位到视频的开始位置，在“播放器”面板中将素材向右拖动移出画面，如图3-56所示。

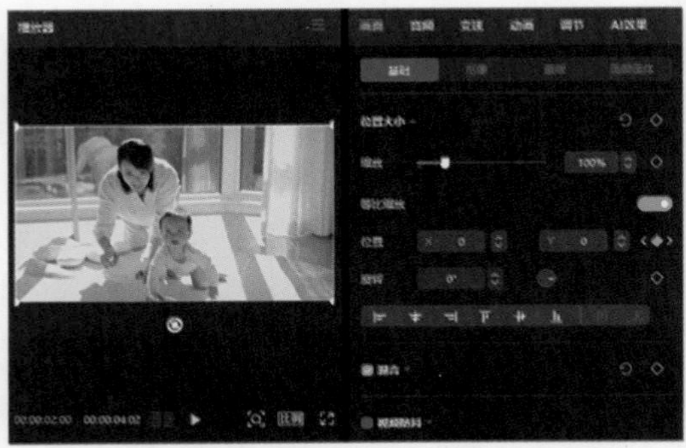

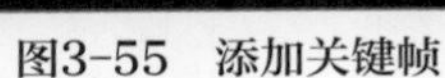

图3-55　添加关键帧

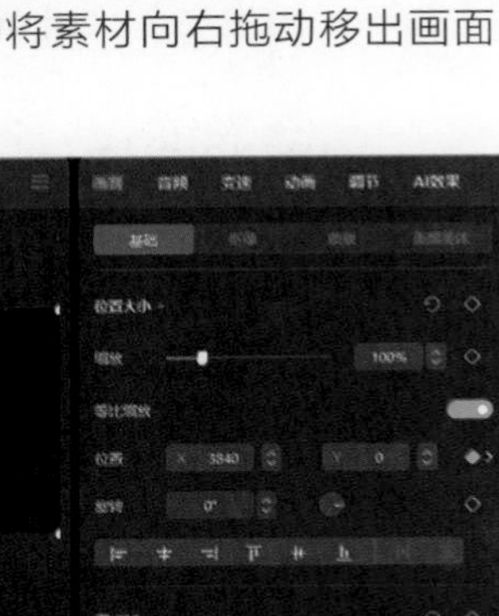

图3-56　向右拖动素材

（3）将时间线指针定位到视频快要结束的位置，在“播放器”面板中将视频素材向左拖动移出画面，如图3-57所示。

（4）将时间线指针定位到第2秒的位置，按【Ctrl+C】键复制视频素材，按【Ctrl+V】键粘贴视频素材，将“视频2”素材拖至画中画轨道中的视频片段上进行替换，如图3-58所示。

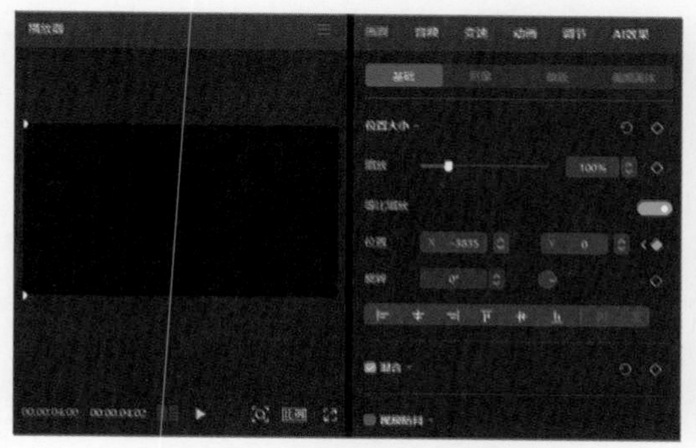

图3-57　向左拖动视频素材

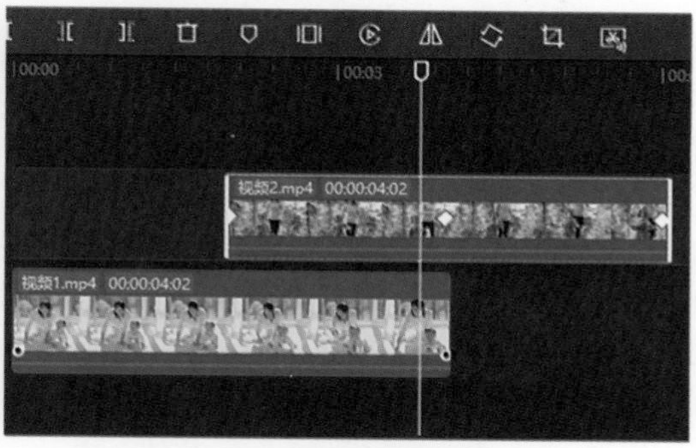

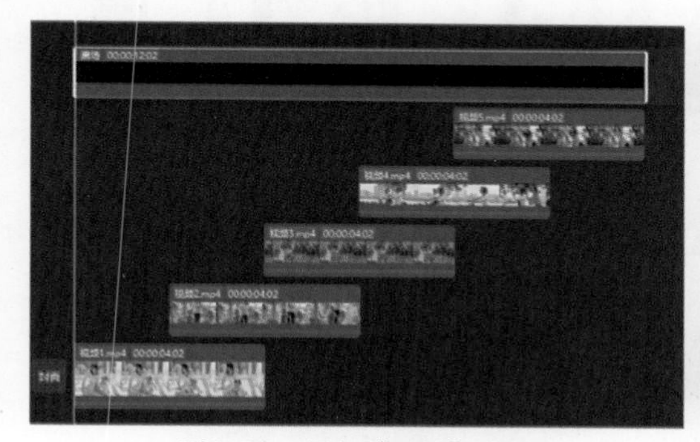

图3-58　替换视频素材

（5）采用同样的方法，复制并替换其他视频素材，然后将“素材库”中的“黑场”素材添加到画中画轨道中，如图3-59所示。

（6）在“画面”面板中单击“蒙版”选项卡，选择“圆形”蒙版，设置“位置”和“大小”各项参数，如图3-60所示。

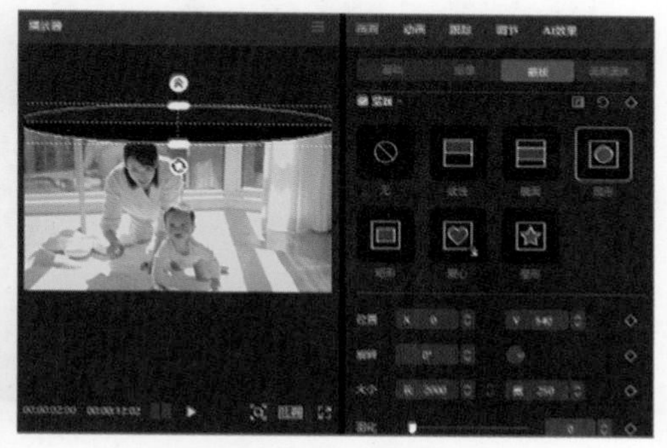

图3-59　添加“黑场”素材

图3-60　选择“圆形”蒙版

（7）按【Ctrl+C】键复制“黑场”素材，按【Ctrl+V】键粘贴素材，在“播放器”面板中将其拖至画面下方，如图3-61所示。

（8）将“文字”素材拖至时间线上，在“画面”面板中单击“基础”选项卡，在“混合模式”下拉列表框中选择“滤色”混合模式，如图3-62所示。在时间线面板中根据需要调整视频片段的长度，然后单击“导出”按钮，即可导出短视频。

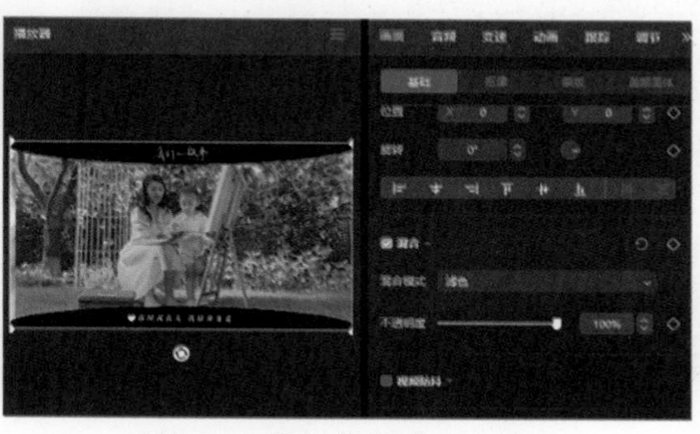

图3-61　调整蒙版位置

图3-62　选择“滤色”混合模式

3.4 转场与特效

优质的短视频不仅需要在内容上力求丰富与创新，还需要在后期剪辑上精益求精。为了进一步提升作品的吸引力，创作者可以尝试在剪辑项目中添加转场或特效，以增强短视频的视觉冲击力。

3.4.1 认识转场

转场，又称视频过渡或视频切换，是短视频创作中常用的一个技术手段，它标志着一个片段的结束和下一个片段的开始。当两个不同场景或氛围的片段直接拼接时，可能会给人们带来视觉上的不适或跳跃感，而通过添加合适的转场效果，可以使这种切换变得平滑、自然，增强短视频的整体连贯性和观感。剪映专业版“转场”面板中内置了大量的预设转场效果，不但丰富多样，而且操作简单，如图3-63所示。

图3-63 “转场”面板

为短视频添加转场效果时，首先要确保剪辑项目中的同一轨道上至少存在两个视频素材。在素材面板上方单击“转场”按钮，根据需要选择合适的转场效果，单击“添加到轨道”按钮，即可将该转场效果添加到两个片段之间，如图3-64所示。拖动转场效果左端或右端的裁剪框，可以对转场时长进行调整，如图3-65所示。

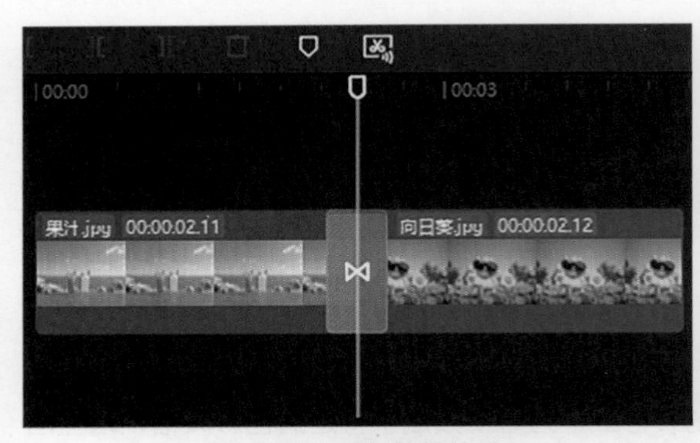

图3-64 添加转场效果

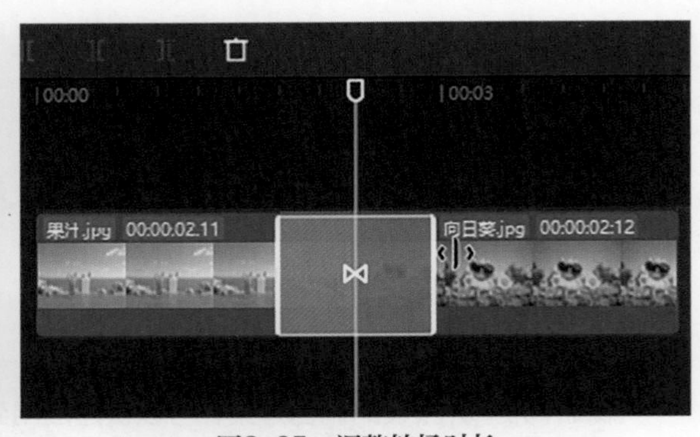

图3-65 调整转场时长

3.4.2 常用的转场效果

在剪辑短视频时，并非每两个相邻的片段之间都需要添加转场效果，而应根据视频内容、节奏和风格等实际情况进行恰当的选择。若过度使用转场效果，反而可能导致作品杂乱无章，甚至会破坏原有的节奏和氛围。下面将简要介绍剪映专业版中一些常用的转场效果。

1. 叠化转场

“叠化”类别中的转场效果主要用于时间的转换，表示时间的消逝，为观众营造出一种时间流逝的感觉。图3-66所示为添加“画笔擦除”转场的画面效果。

图3-66　添加“画笔擦除”转场的画面效果

2. 幻灯片转场

“幻灯片”类别中的转场效果主要是通过一系列简单的画面运动和图形变化来实现不同画面之间的流畅切换。图3-67所示为添加“倒影”转场的画面效果。

图3-67　添加“倒影”转场的画面效果

3. 运镜转场

“运镜”类别中的转场效果能够模拟实际拍摄时的运镜效果，如推进、拉远、摇镜、抖动等，从而为视频素材间的过渡增添动态感和视觉冲击力。图3-68所示为添加“摇镜”转场的画面效果。

图3-68　添加“摇镜”转场的画面效果

4. 光效转场

“光效”类别中的转场效果能够创造出各种炫目的光影效果，如霓虹闪光、流光、电光等，从而营造出不同的情感氛围和视觉效果。图3-69所示为添加“流光”转场的画面效果。

图3-69　添加“流光”转场的画面效果

3.4.3 认识特效

剪映专业版中预设了“画面特效”与“人物特效”两种分类，以满足不同的创作需求，如图3-70所示。每个特效都有其特定的参数设置，如不透明度、速度、强度、氛围等。用户可以根据视频的主题、情感及内容需求，合理设置这些参数，让画面视觉效果达到最佳状态。若特效使用过度或不恰当，可能会导致画面失真或显得过于夸张。

在剪映专业版中，有两种添加特效的方式：一种是将所需特效直接拖至时间线上，添加的特效将作用于其下方所有轨道的素材，如图3-71所示；另一种则是直接将特效拖至特定素材上，添加的特效仅会对该素材产生作用，如图3-72所示。两者的区别在于，前者适用于需要对多个素材进行统一处理的场景，后者则更适合对特定素材进行精细化处理的场景。

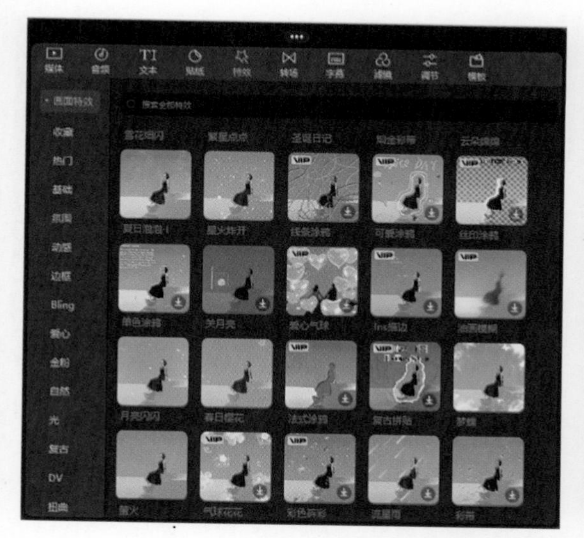

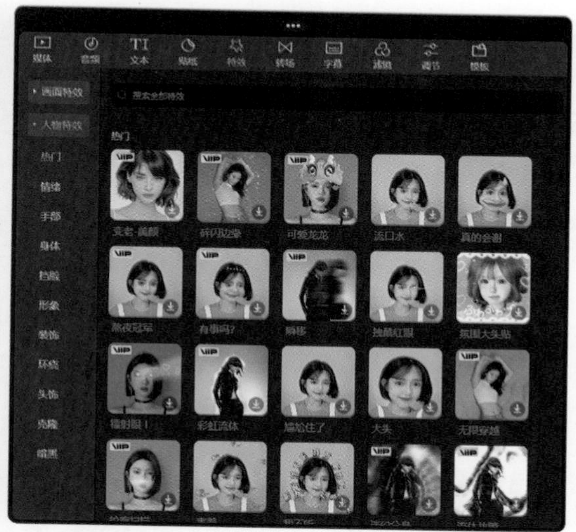

图3-70　“特效”面板

图3-71　将所需特效直接拖至时间线上

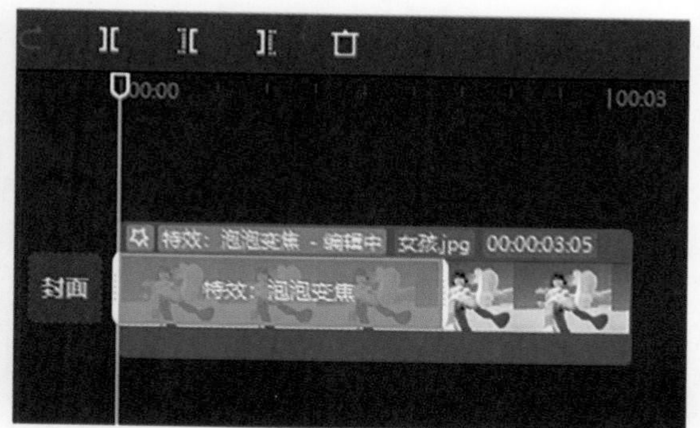

图3-72　将特效应用于特定素材

3.4.4　常用的画面特效

在短视频剪辑过程中，特效的应用不仅可以丰富画面元素，还可以营造视频整体氛围感与节奏感。下面简要介绍几种常用的画面特效。

1．基础特效

“基础”类别特效涵盖了“变焦推镜”“色差开幕”“拉镜开幕”“光斑虚化”“渐显开幕”“星星变焦”“闭幕”等数十种常用的基础视觉效果，主要用于帮助用户优化视频的开场和结尾的视觉效果。图3-73所示为添加“星星变焦”特效的画面效果。

2．氛围特效

对于需要强调情绪表达的视频而言，与情感相契合的画面氛围至关重要。为此，用户可以利用“氛围”类别中的特效来营造与视频情感相匹配的特定氛围。图3-74所示为添加“关月亮”特效的画面效果。

图3-73 添加“星星变焦”特效的画面效果

图3-74 添加“关月亮”特效的画面效果

3. 光特效

“光”类别中的特效可以模拟出自然光、灯光等不同的光源效果。例如，“胶片漏光”特效能够模拟老式胶片相机拍摄时可能出现的漏光效果，让视频画面带有一种复古而艺术的气息，如图3-75所示。

4. 分屏特效

利用“分屏”类别中的特效，能够快速地将单一画面分割为多个画面，并使多个画面在同一时间段同步播放。图3-76所示为添加“四屏”特效的画面效果。

图3-75 添加“胶片漏光”特效的画面效果

图3-76 添加“四屏”特效的画面效果

3.4.5 制作春节氛围感短视频

效果展示

制作春节氛围感短视频

操作教学

制作春节氛围感短视频

下面将介绍如何使用剪映专业版中的“色度抠像”“变速”“转场”和“特效”等功能制作春节氛围感短视频，具体操作方法如下。

（1）将图片、视频和音频素材拖至时间线上，选中音频片段，在工具栏中单击“添加音乐节拍标记”按钮，选择“踩节拍Ⅰ”选项，如图3-77所示。

（2）拖动时间线指针至第1个节拍点位置，选中“图片”片段，按【W】键向右裁剪。采用同样的方法，根据音乐节拍点的位置裁剪其他视频片段，如图3-78所示。

（3）将“绿幕”素材拖至画中画轨道，在“画面”面板中单击“抠像”选项卡，选中“色度抠图”复选框，选择“取色器”工具，在绿色背景上单击，设置“强度”为50，“阴影”为100，如图3-79所示。

（4）按【Ctrl+R】键唤起“变速”面板，设置“倍数”为0.8x，如图3-80所示，对“绿幕”视频片段进行降速调整。

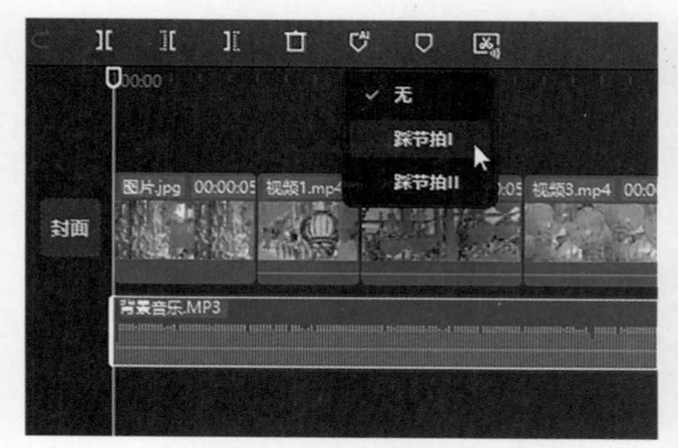

图3-77　添加节拍点

图3-78　裁剪视频片段

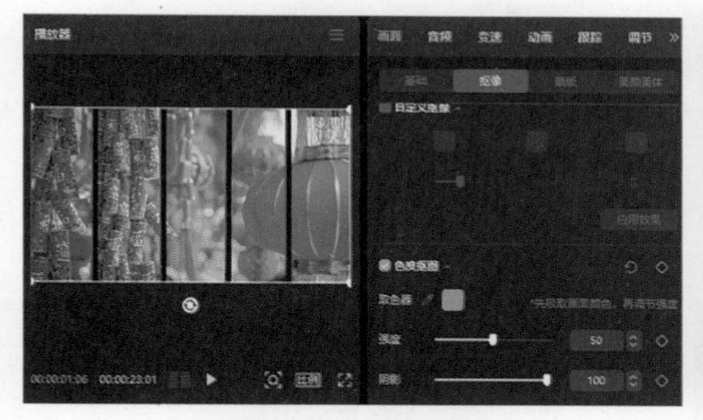

图3-79　抠除绿色

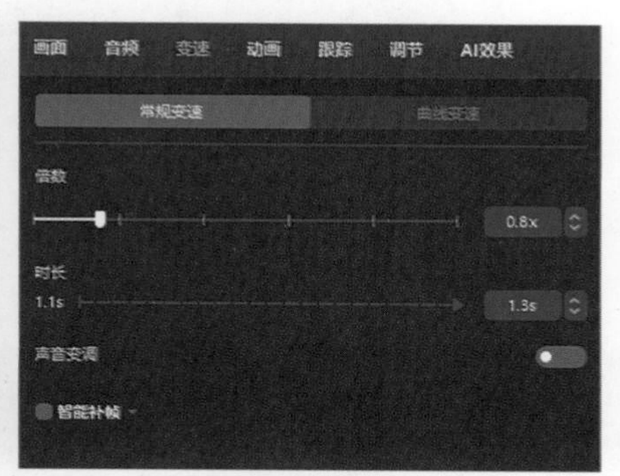

图3-80　调整视频片段速度

（5）在素材面板上方单击“转场”按钮，选择“光效”类别中的“泛光”转场，将其拖至“视频1”和“视频2”片段的组接位置，如图3-81所示。

（6）将时间线指针拖至“视频2”和“视频3”片段的组接位置，在素材面板上方单击“转场”按钮，选择“运镜”类别中的“吸入”转场，然后单击“添加到轨道”按钮，如图3-82所示。

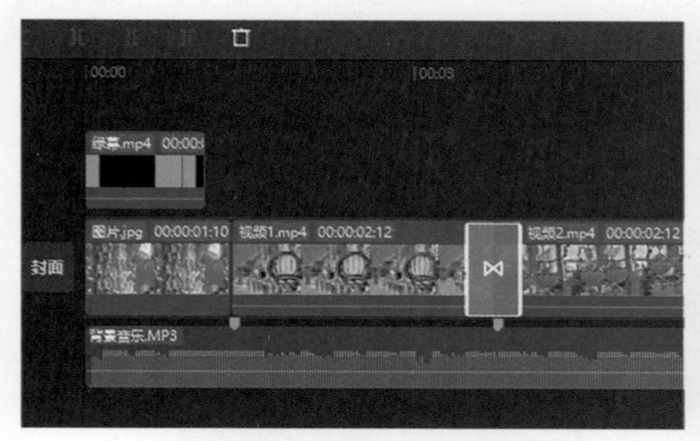

图3-81　添加“泛光”转场

图3-82　添加“吸入”转场

（7）采用同样的方法，为其他视频片段分别添加“运镜”类别中的“推近”“拉远”和“叠化”类别中的“云朵”转场，如图3-83所示。

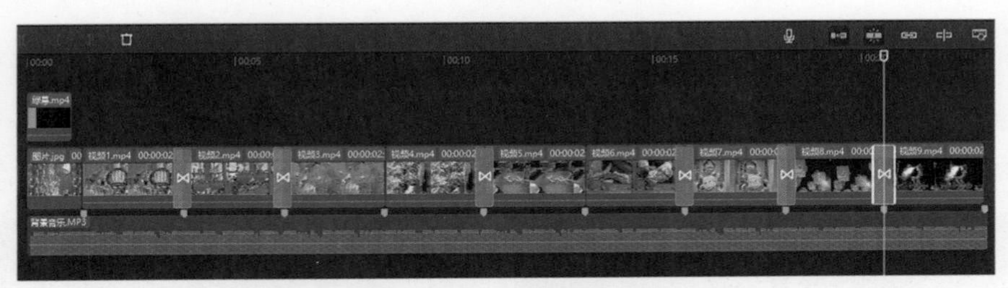

图3-83　添加其他转场

（8）在素材面板上方单击“特效”按钮，选择“光”类别中的“胶片漏光Ⅱ”特效，将其添加到“视频1”片段的上方，并调整特效的长度，使其与“视频8”片段的右端对齐，如图3-84所示。

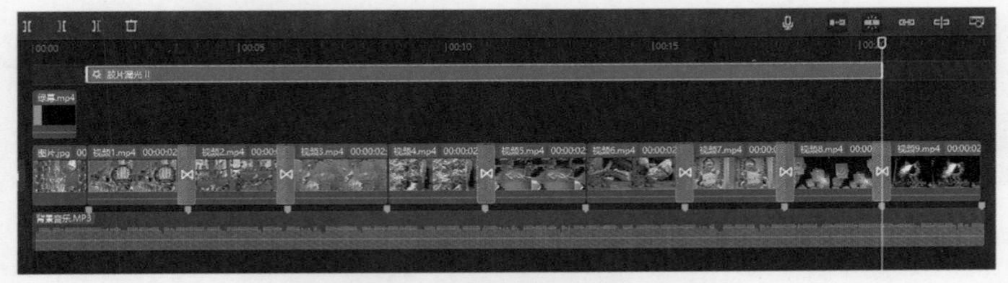

图3-84　添加“胶片漏光Ⅱ”特效

（9）继续添加“氛围”类别中的“烟花”特效，并调整特效的长度，使其与“视频9”片段的右端对齐，如图3-85所示。

（10）拖动时间线指针至第4个节拍点位置，添加“光”类别中的“闪动光斑”特效，在“特效”面板中设置“氛围”为100，“速度”为100，如图3-86所示。

图3-85　添加“烟花”特效

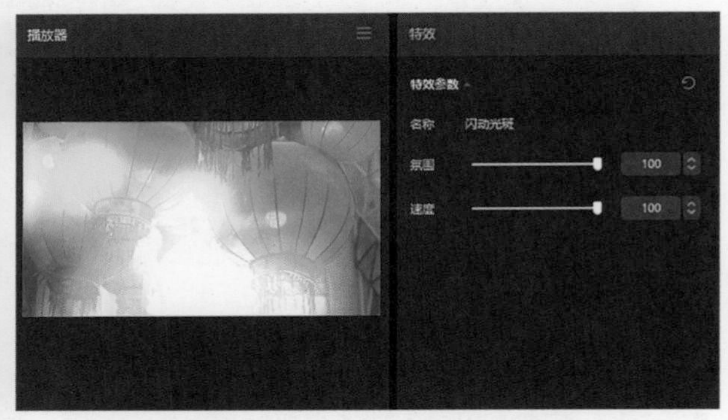

图3-86　添加“闪动光斑”特效

（11）按【Ctrl+C】键复制“闪动光斑”特效，按【Ctrl+V】键粘贴特效，将其拖至第6个节拍点位置，如图3-87所示。单击“导出”按钮，即可导出短视频。

图3-87　复制并粘贴“闪动光斑”特效

素养课堂

春节作为中国最重要的传统节日之一，承载着丰富的传统文化和习俗，也是中华传统文化的重要组成部分。短视频有责任弘扬优秀的中华传统文化，让人们体悟中华民族优秀价值观念中蕴含的思想力量、道德力量、精神力量，在文化传承发展中谱写新时代华章。

3.5 音频与字幕

音频和字幕作为短视频的重要组成部分，它们不仅承载着传递信息和表达情感的功能，还能相互协作，共同增强短视频的表现力和感染力。

3.5.1 添加音频

合适的音频不仅能为短视频增添节奏感和韵律感，还能提供背景信息和氛围铺垫。下面将详细介绍添加与编辑音频、使用文本朗读配音，以及添加音效的方法。

1. 添加与编辑音频

剪映专业版提供了大量的音乐素材，在素材面板上方单击“音频”按钮，然后在“音乐素材”类别中按照分类选择需要的音乐进行试听，如图3-88所示。单击素材右下角的“收藏”按钮或“添加到轨道”按钮，可以收藏音乐或者将其添加到时间线上。

图3-88 选择音乐

在剪映专业版中，调整音频音量的方法主要有两种：一种是在“基础”面板中通过左右拖动“音量”滑块进行调整，如图3-89所示；另一种则是将鼠标指针放到音频波形上，按住鼠标左键上下拖动调整音量，如图3-90所示。

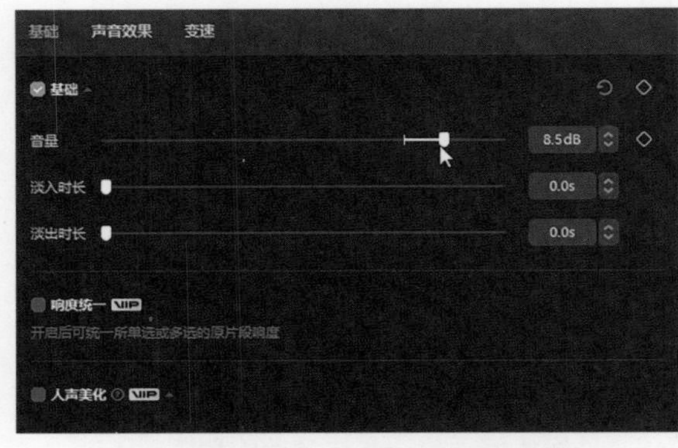

图3-89　通过“基础”面板调整音量

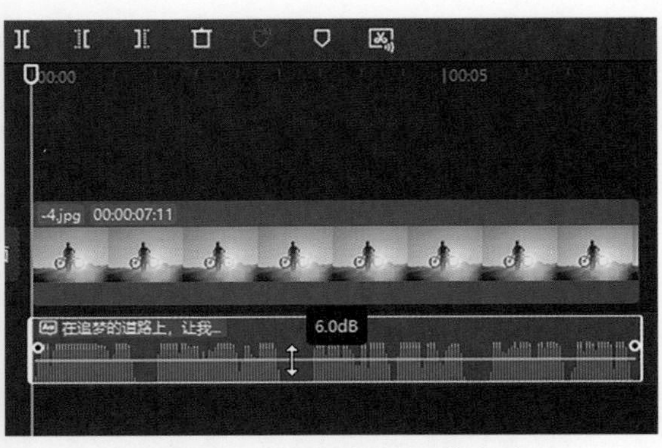

图3-90　在音频波形上调整音量

在音频编辑过程中，有时会发现经过调整后的音频，其起始和结束部分的音量变化显得较为生硬和突兀。为了提升音频的听觉体验，可以在“基础”面板中设置“淡入时长”和“淡出时长”参数。精确控制淡入淡出的时长，使音频在起始时音量逐渐上升，在结束时音量逐渐下降，从而实现平滑的过渡效果，如图3-91所示。

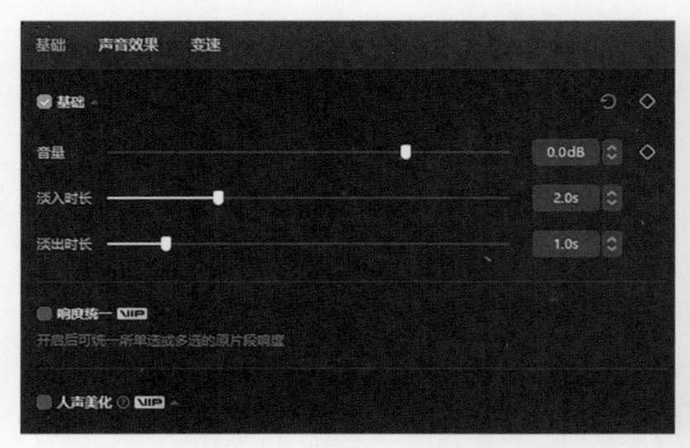

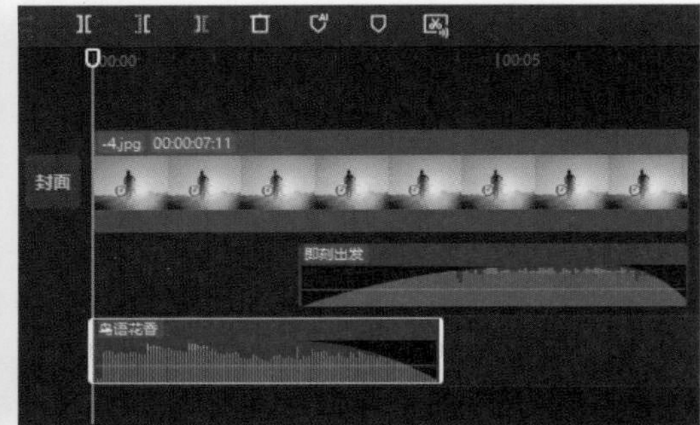

图3-91　调整音频的淡入时长和淡出时长

2．使用文本朗读配音

利用剪映专业版的“文本朗读”功能，用户能够直接将文本内容转化为音频，为视频提供配音，无须借助外部配音或音频编辑工具，大大提升了视频创作的便捷性。剪映专业版提供了丰富多样的音色供用户选择，以满足不同风格和需求的视频内容。

选中时间线面板中的文本，在“朗读”面板中选择所需的音色，单击“开始朗读”按钮，便会自动朗读输入的文字信息，并将其转换为音频，如图3-92所示。

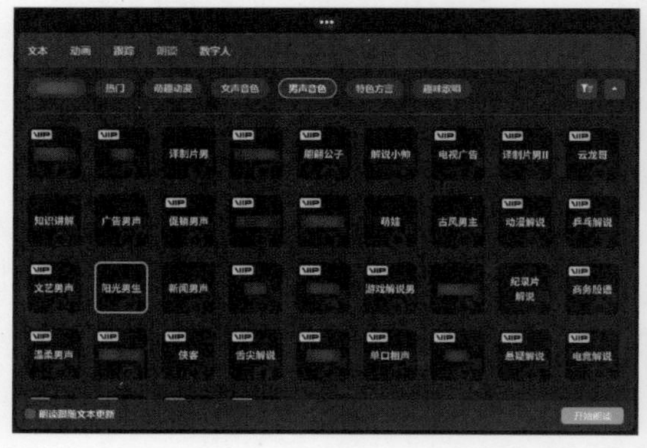

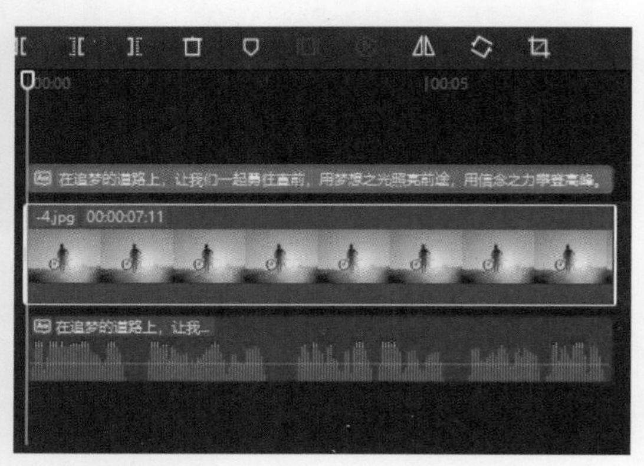

图3-92　将文本转换为音频

3. 添加音效

在剪辑视频时，为场景画面添加合适的音效可以增强画面的感染力，使用户更容易沉浸于视频所营造的氛围之中。例如，在展现自然风光的画面中加入鸟鸣、水流等自然音效，能够使视频画面更加生动。而在展现紧张刺激的场景时，通过加入心跳声、急促的脚步声等音效，能够营造出一种紧张的氛围，使观众感同身受。

在素材面板上方单击“音频”按钮，在“音效素材”类别中选择相应的音效类型，然后在打开的音效列表中选择合适的音效，将其拖至时间线上即可，如图3-93所示。

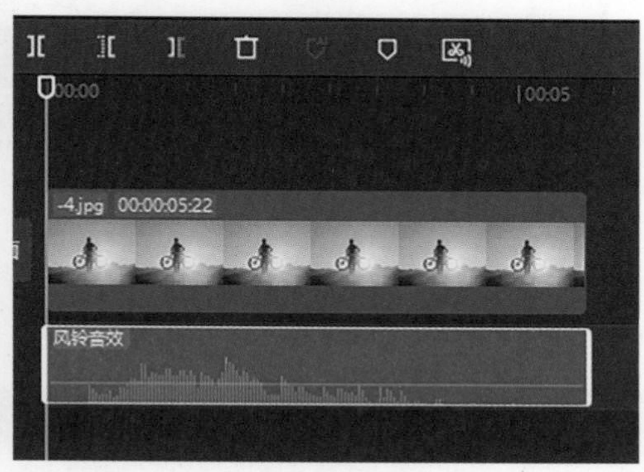

图3-93　添加音效

3.5.2 创建字幕

字幕不仅能使视频的视觉效果更加饱满，还能帮助用户更好地理解创作者的意图，进而增强整体的观看体验。下面将详细介绍为短视频添加与编辑字幕，以及识别字幕的方法。

1. 添加与编辑字幕

在素材面板上方单击“文本”按钮，选择“新建文本”类别中的“默认文本”，单击“添加到轨道”按钮，即可在时间线面板中的文本轨道上添加一个文本片段，如图3-94所示。

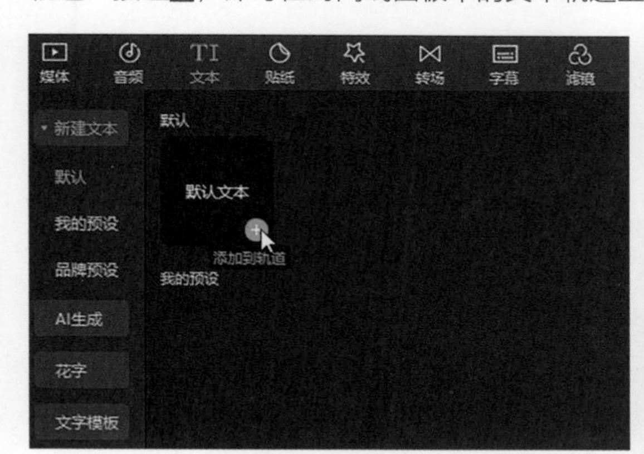

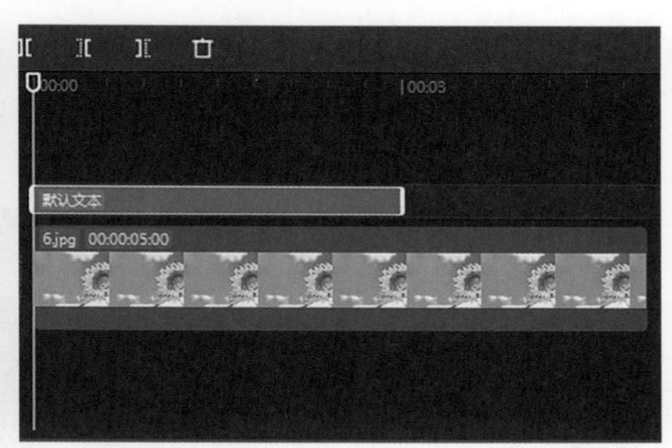

图3-94　添加文本片段

在“文本”面板中，不仅可以直接在文本框内输入文本内容，还可以对文本的字体、字号、样式、颜色、字间距、对齐方式、不透明度、发光、阴影等格式进行个性化设置，确保文本与视频整体风格相协调，如图3-95所示。

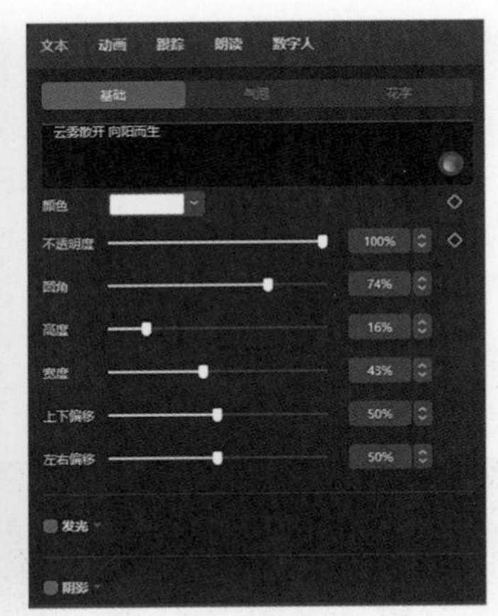

图3-95　设置文本格式

为了满足不同的创作需求，剪映专业版还提供了丰富多样的花字和文字模板，如图3-96所示。这些模板不但设计精美，而且风格多样，创作者可以根据自己的需求选择合适的模板，快速生成具有个性的视频字幕。

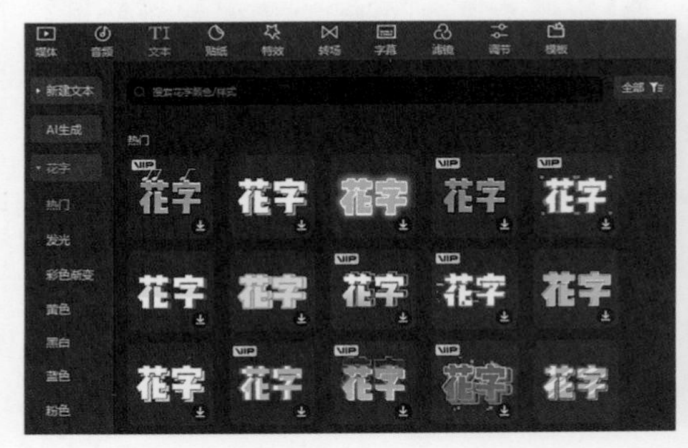
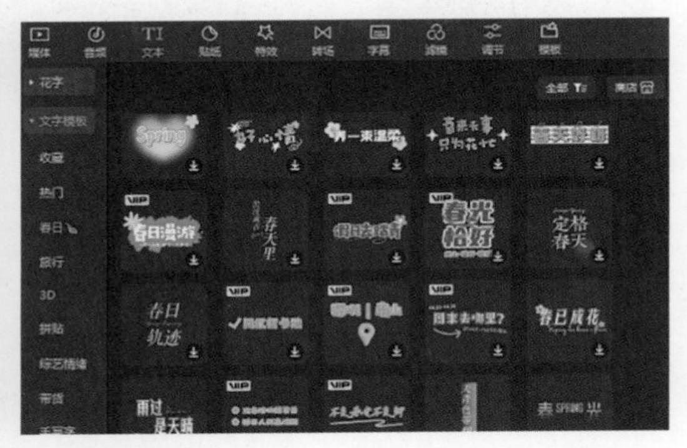

图3-96　花字和文字模板

2. 识别字幕

在剪映专业版中，除了常规的添加与编辑字幕功能，还可以利用“识别字幕”功能快速识别视频中的人声，并将其同步转化为字幕，极大地提升了视频创作的效率。

将需要添加字幕的视频素材拖至时间线上，在素材面板上方单击“字幕”按钮，然后在“识别字幕”类别中单击“开始识别”按钮，开始将视频中的人声内容转化为字幕文本。识别完成后，字幕会自动添加到时间线上的对应位置，如图3-97所示。

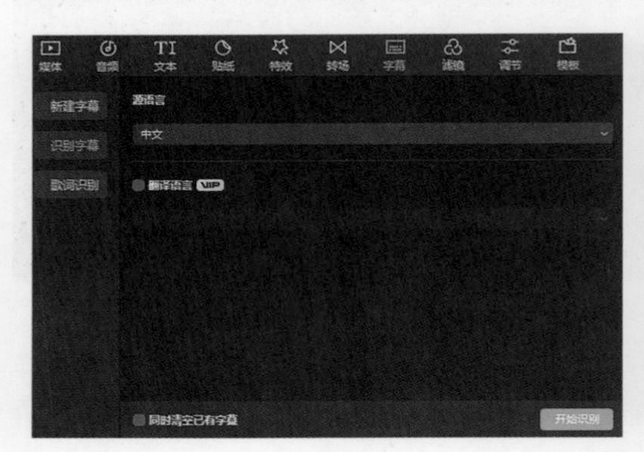
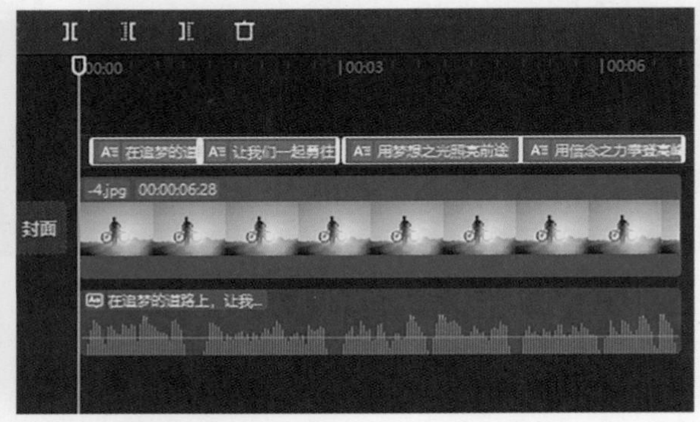

图3-97　识别字幕

知识链接

识别歌词的方法与识别字幕的方法类似，将带有背景音乐的视频素材拖至时间线上，然后单击“歌词识别”类别右侧的“开始识别”按钮，即可开始分析视频中的音频内容，并识别其中的歌词。

3.5.3　制作高级感文字拉幕效果

效果展示

制作高级感文字拉幕效果

操作教学

制作高级感文字拉幕效果

文字拉幕效果是指让文字从屏幕的一侧像窗帘一样缓缓拉开，逐渐显露出下一个画面内容。这种效果不仅增强了视觉上的层次感和深度，还让文字信息的呈现变得更加有趣，具体操作方法如下。

（1）将“视频1”素材拖至时间线上，在素材面板上方单击“文本”按钮TI，选择“新建文本”类别中的“默认文本”，将其拖至时间线上，然后调整文本片段的长度，如图3-98所示。

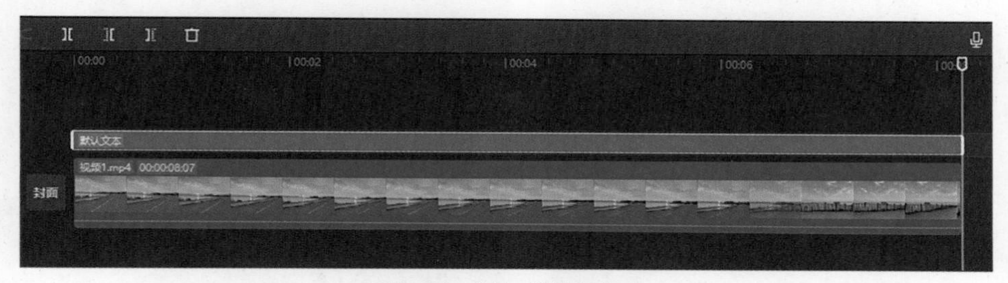

图3-98　添加素材和文本

（2）在“文本”面板中输入“ENJOY LIFE”，并设置字体、字号、颜色、阴影等格式，如图3-99所示。

图3-99　设置文本格式

（3）将时间线指针定位到视频的开始位置，在“文本”面板中单击“位置”右侧的“添加关键帧”按钮◈，并在“播放器”面板中将文本向右拖动移出画面，如图3-100所示。

（4）将时间线指针定位到第3秒的位置，在“播放器”面板中将文本拖至画面的正中央，如图3-101所示。

（5）将时间线指针定位到第6秒的位置，在“播放器”面板中将素材向左拖动移出画面，然后将“绿屏，绿色背景，绿屏影视素材视频”素材添加到画中画轨道，如图3-102所示。

（6）将时间线指针定位到第3秒的位置，单击“蒙版”选项卡，选择“线性”蒙版，设置“旋转”为110°，单击“位置”右侧的“添加关键帧”按钮◈，在“播放器”面板中将蒙版向右拖动移出画面，如图3-103所示。

图3-100　添加关键帧

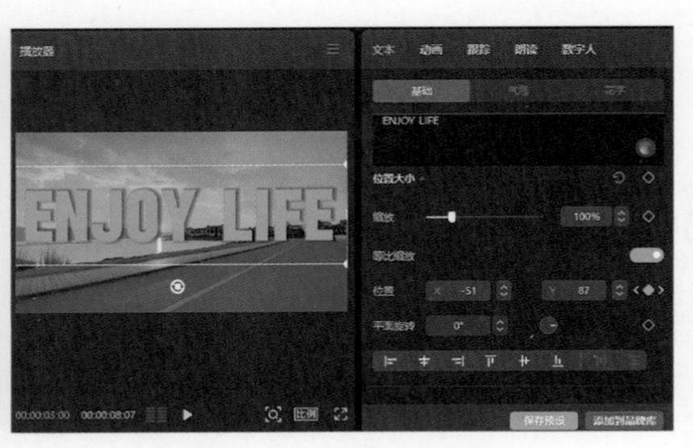

图3-101　调整文本位置

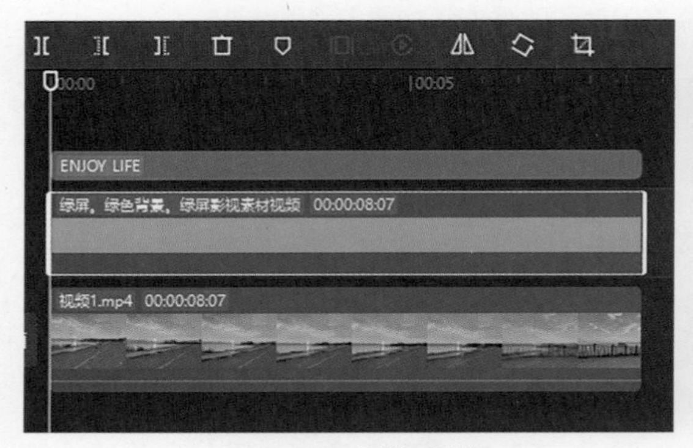

图3-102　添加素材

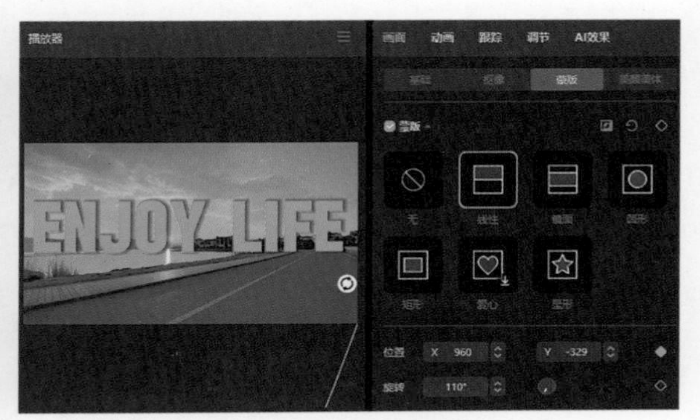

图3-103　添加关键帧

（7）将时间线指针定位到文字移出画面的位置，在“播放器”面板中将蒙版向左拖动移出画面，如图3-104所示。

（8）同时选中所有的素材并单击鼠标右键，在弹出的快捷菜单中选择“新建复合片段”命令，将其拖至画中画轨道，然后将“视频2”素材拖至主轨道，如图3-105所示。

图3-104　调整蒙版位置

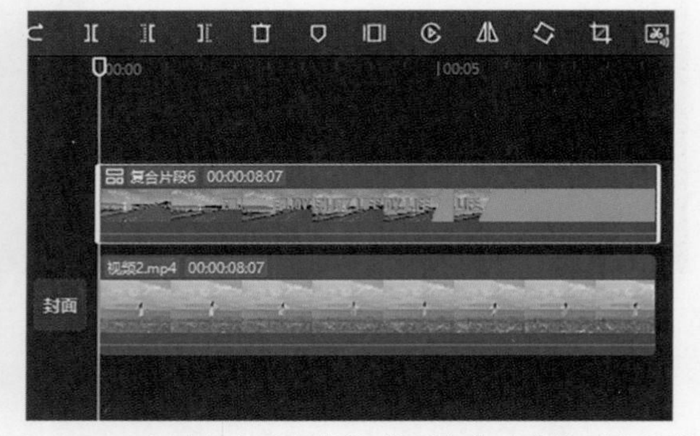

图3-105　新建复合片段并将“视频2”素材拖至主轨道

（9）在“画面”面板中单击“抠像”选项卡，选中“色度抠图”复选框，选择“取色器”工具，在绿色背景上单击，然后设置“强度”为50、“阴影”为100，如图3-106所示。

（10）将时间线指针定位到第3秒的位置，在素材面板上方单击“文本”按钮，在“简约”类别中选择合适的文字模板，将其拖至时间线上。在“基础”选项卡中设置“缩放”为40%，如图3-107所示。

图3-106　选取绿色

图3-107　添加文字模板

（11）选中文字模板片段并单击鼠标右键，在弹出的快捷菜单中选择“新建复合片段”命令。采用同样的方法，为文字模板添加关键帧，制作从右往左移动的动画效果，如图3-108所示。

（12）将音频素材拖至时间线上，在素材面板上方单击“音频”按钮，在“音效素材”类别的搜索框中输入“田野间风声鸟鸣不断”，找到需要的音效后将其拖至时间线上，然后在“基础”面板中设置“音量”为5.0dB、“淡入时长”为4.0s，如图3-109所示。单击“导出”按钮，即可导出短视频。

图3-108　制作关键帧动画

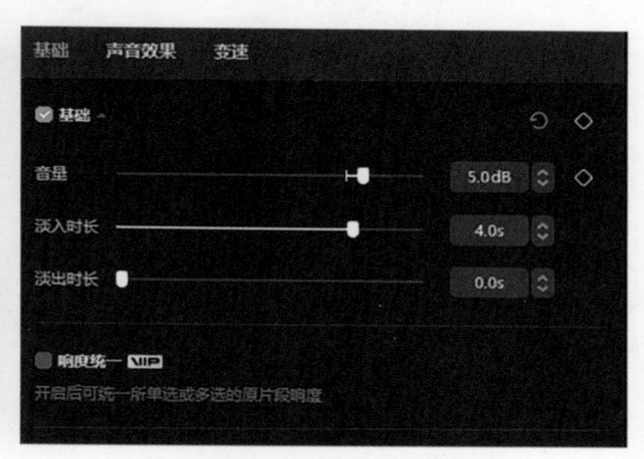

图3-109　添加音效并设置参数

3.6　片头与片尾

作为短视频的重要组成部分，片头与片尾都扮演着不可或缺的角色。下面将详细介绍如何制作企业年会开场片头，以及如何使用素材包制作片尾。

3.6.1　制作企业年会开场片头

效果展示

制作企业年会开场片头

操作教学

制作企业年会开场片头

制作企业年会开场片头时，应紧扣年会主题，并通过醒目的字幕或光效等元素突出年会的主题和亮点。本节将使用剪映专业版的“混合模式”“默认文本”“动画”等功能来制作企业年会开场片头，具体操作方法如下。

（1）将视频和音频素材拖至时间线上，选中“粒子”片段，在“画面”面板中单击“基础”选项卡，在“混合模式”下拉列表框中选择“滤色”模式，如图3-110所示。

（2）将时间线指针定位到第1秒的位置，在素材面板上方单击“文本”按钮，选择“新建文本”类别中的“默认文本”，将其拖至时间线上，然后调整文本片段的长度，如图3-111所示。

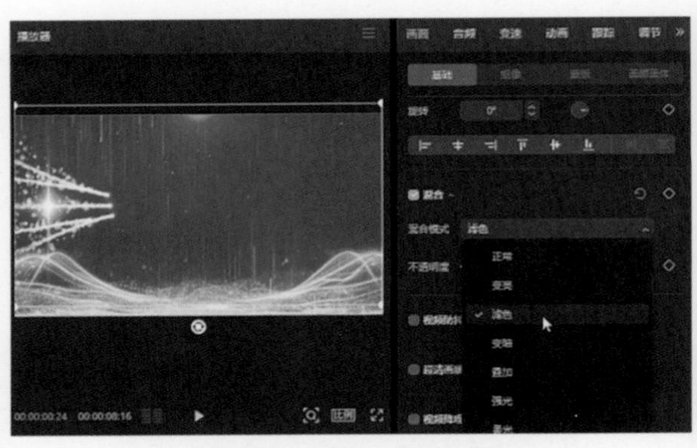
图3-110　选择“滤色”模式

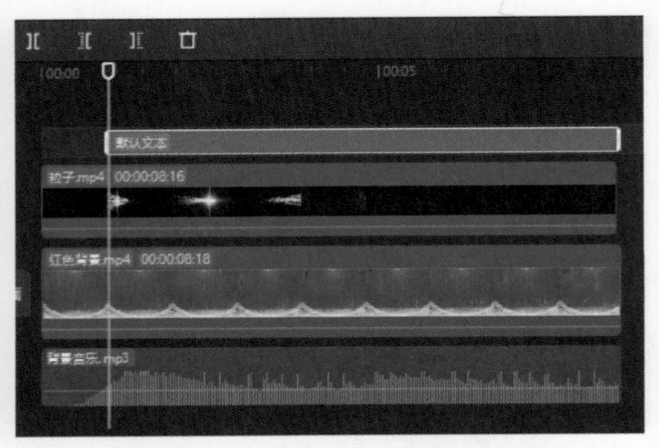
图3-111　添加文本片段并调整长度

（3）在“文本”面板中输入“凝心聚力　共铸辉煌”，设置“字体”为“惊鸿体”、“字号”为16，然后单击“粗体”按钮B，如图3-112所示。

（4）在“文本”面板中单击“花字”选项卡，选择所需的花字样式，如图3-113所示。

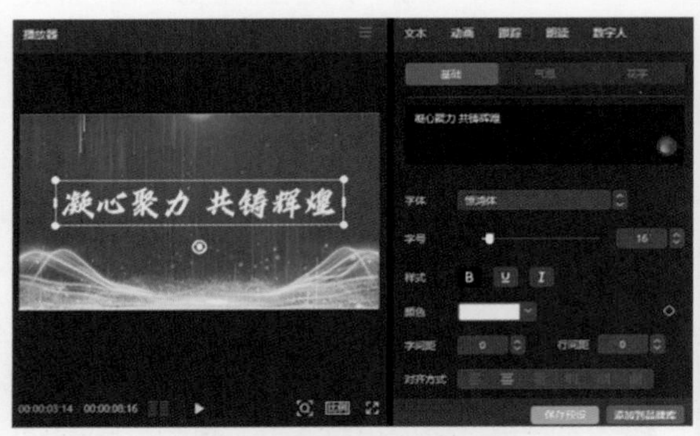

图3-112　设置文本格式

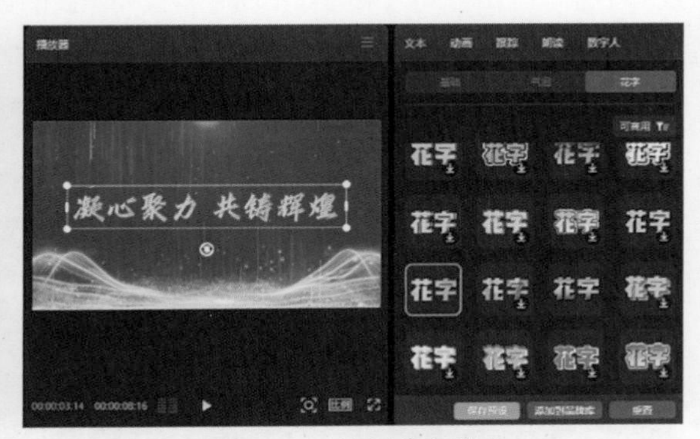

图3-113　选择花字样式

（5）在“动画”面板中单击“入场”选项卡，选择“羽化向右擦开”动画，在下方设置“动画时长”为3.0s，如图3-114所示。

（6）单击“循环”选项卡，选择“扫光”动画，在下方设置“动画时长”为2.0s，如图3-115所示。

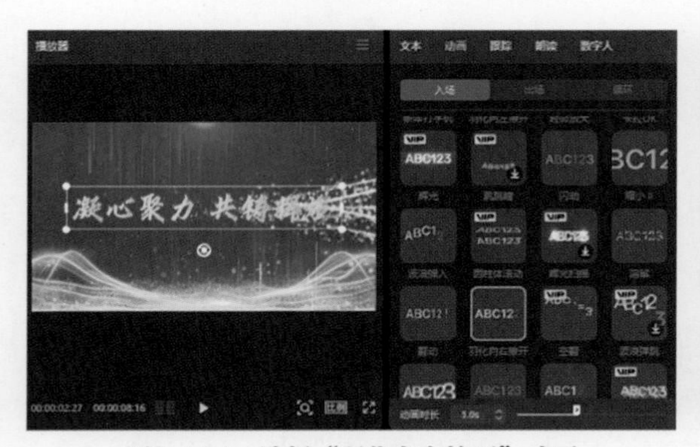
图3-114　选择“羽化向右擦开”动画

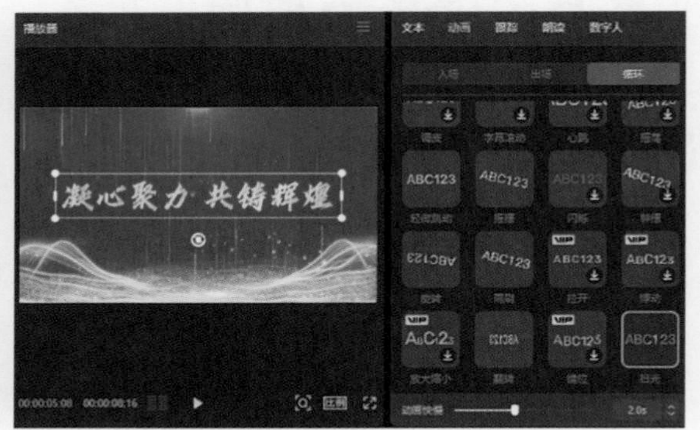

图3-115　选择“扫光”动画

（7）采用同样的方法，继续添加两个标题文本，并分别为其添加“放大”和“收拢”入场动画效果，如图3-116所示。至此，企业年会开场片头制作完成。

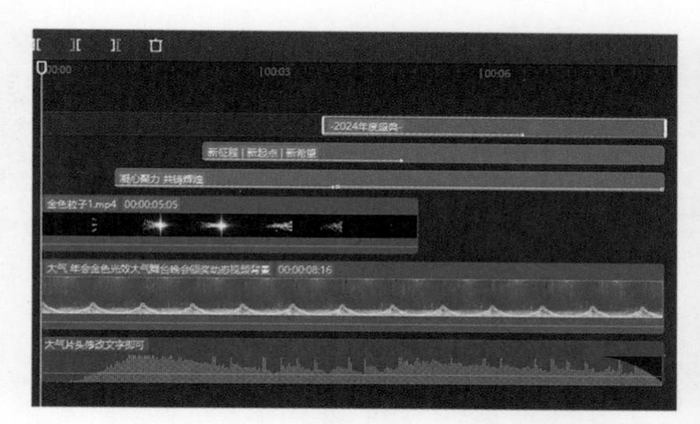

图3-116　添加其他文本

3.6.2　使用素材包制作片尾

效果展示

使用素材包制作片尾

操作教学

使用素材包制作片尾

片头作为开场，能够迅速吸引观众的注意力，为整个视频奠定基调；而片尾则用于总结视频内容，给观众留下深刻的印象。本节将介绍如何使用素材包中的模板快速制作片尾，具体操作方法如下。

（1）新建草稿，在素材面板上方单击“模板”按钮，在“素材包”类别中选择“片尾”，然后在右侧选择合适的模板，如图3-117所示。

（2）将模板拖至时间线上并单击鼠标右键，在弹出的快捷菜单中选择“解除素材包”命令，如图3-118所示。

图3-117　选择模板

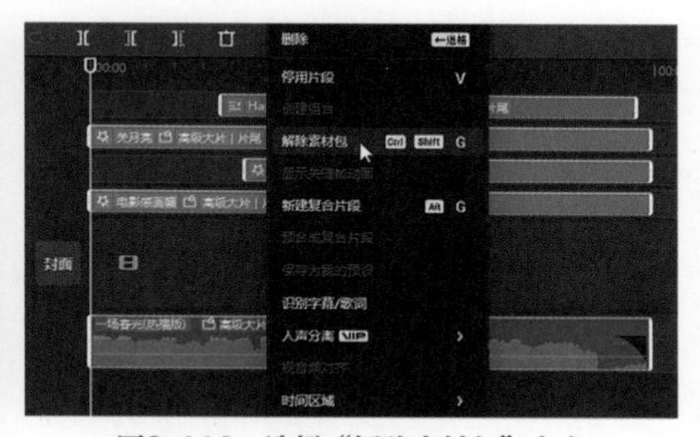

图3-118　选择“解除素材包”命令

（3）将视频素材拖至时间线上，在“变速”面板中设置“倍数”为0.8x，如图3-119所示，然后根据需要对视频片段进行裁剪。

（4）选中需要修改的文本，在“文本”面板中重新输入文本内容，如“See you next time”和“谢谢观看”，如图3-120所示。单击“导出”按钮，即可导出短视频。

图3-119　调整视频素材的播放速度

图3-120　编辑文本

课堂实训

1．打开“素材文件\第3章\课堂实训\灰片”文件夹，将视频和音频素材导入剪映专业版中，对视频素材进行小清新风格色调调色，前后对比效果如图3-121所示。

图3-121　调出小清新风格色调的画面效果

本实训的操作思路如下。

（1）将视频和音频素材拖至时间线上，调整背景音乐的音量。

（2）将“自定义调节”添加至调节轨道，在“调节”面板中调整“色温”“色调”“饱和度”“亮度”“对比度”“黑色”“清晰”等参数。

（3）为视频素材添加“风景”类别中的“椿和”滤镜。

2．打开“素材文件\第3章\课堂实训\水墨开场”文件夹，将视频和音频素材导入剪映专业版中，制作水墨开场片头，效果如图3-122所示。

图3-122　水墨开场片头

本实训的操作思路如下。

（1）添加水墨和古风山水素材，将水墨素材拖至画中画轨道。

（2）使用“混合模式”和“关键帧”功能，为水墨素材制作开场动画效果。

（3）选择合适的贴纸并为其添加“缩小”入场动画和“渐隐”出场动画。

（4）将背景音乐和音效素材库中的“一滴水滴声”音效添加至音频轨道。

课后练习

1．打开“素材文件\第3章\课后练习\电影感色调”文件夹，将视频素材导入剪映专业版中，对视频素材进行调色。

2．打开“素材文件\第3章\课后练习\合成云朵”文件夹，使用“自定义抠像”和“蒙版”功能制作合成云朵效果。

第 4 章

创作图文类短视频

学习目标

- 了解图文类短视频的剪辑要点和思路。
- 掌握处理图文类短视频素材的方法。
- 掌握为图文类短视频添加边框和动画特效的方法。
- 掌握编辑图文类短视频音频的方法。
- 掌握为图文类短视频添加视频效果和字幕的方法。
- 掌握制作图文类短视频片尾的方法。

素养目标

- 通过短视频弘扬社会主义家庭文明新风尚。
- 提升创意思维和创意能力，让自己的短视频独一无二。

图文类短视频是指以图片和文字为素材生成的短视频。这种短视频通过图片和文字的相互补充和配合，以动态、直观的方式传递信息或讲述故事。通过本章的学习，读者应熟练掌握图文类短视频的剪辑思路和制作方法。

4.1 图文类短视频的剪辑要点和思路

图文类短视频的创作空间非常广阔，可以通过不同的图片选择、排版布局和文字风格展现创作者的个性和创意。相较于静态的文字或图片，图文类短视频通过快速切换的图片和简短的文字描述，可以在短时间内传递大量信息，提高了信息的传播效率。下面将介绍图文类短视频的剪辑要点和思路。

1. 明确主题

在开始剪辑之前，首先要明确图文类短视频的主题。这个主题可能是一个故事、一个观点、一个教程，或者是一个产品的介绍。创作者可以根据主题来规划视频的内容结构，确定每个部分的内容、顺序和时长，以确保视频内容的连贯性和完整性。

2. 排列图片和文字

将图片和文字按照一定的逻辑顺序进行排列和组合，形成一个完整的故事或情节。这种叙述方式不但能使视频内容更加连贯，而且通过故事情节的展开，能够有效吸引观众的注意力，使其与视频内容产生深刻的情感联系。

通常情况下，建议将每张图片的停留时间控制在2～3秒，以便观众有足够的时间理解图片内容。

3. 添加转场效果

在图片之间添加转场效果，如淡入淡出、缩放、旋转等，可以显著提升视频的流畅性和自然度。转场效果的选择应根据视频的主题和风格来决定。例如，淡入淡出效果适用于柔和、抒情的主题，而旋转或缩放效果则更适用于动感、活力的视频。

4. 把控节奏

在剪辑过程中，创作者要注意视频的节奏把控，包括图片切换的速度、音频的节奏等。合理的节奏把控，能使视频更加紧凑且具有张力。对于视频中的关键信息或亮点内容，可以通过放大图片或文字的方式来突出展示，这有助于观众看到和理解这些信息。

5. 添加旁白和配音

旁白和配音都是故事叙述的重要组成部分，它们应相互补充、相互衬托，共同推动故事的发展。在剪辑过程中，创作者需要根据故事情节和角色情感的变化，灵活调整旁白与配音的交替频率和方式，确保故事叙述的连贯性和完整性。

4.2 图文类短视频素材的选取

在选取图文类短视频素材时，应首要选取与主题紧密相关的高质量图片。这些图片要能清晰地展现故事情节和氛围，为观众提供直观的视觉体验。同时，图片的色调、构图和细节处理都要与视频的整体风格保持一致。背景图片应简洁明了，避免出现复杂的背景来分散观众注意力的情况，同时背景颜色也要与图片内容相协调。

通常情况下，建议选择的图片数量不要超过40张，过多的图片可能导致观众出现视觉疲劳，影响观看体验；而过少的图片则可能无法完整地表达视频内容。因此，在选取图片时，应根据视频内容的需要合理控制图片的数量。

以本章要制作的“父爱如山”图文短视频为例，在选取图片素材时可以围绕开头、中间和结尾3个部分来进行挑选，以确保整个视频内容的连贯性。

1. 开头部分

展示父亲陪伴孩子成长的点点滴滴，如教孩子学步、辅导孩子学习、带孩子游玩等场景，让观众感受到父亲在孩子成长过程中的辛勤付出和无私奉献，如图4-1所示。

图4-1　开头部分

2. 中间部分

在视频的中间部分，通过对比的手法展示孩子逐渐长大，开始忙碌于工作和社交，与父亲的交流逐渐减少的场景。此时，可以选用一些空荡的房间、孤独的背影等图片素材，营造出一种寂寞与失落的氛围，让观众感受到父亲在孩子成长过程中的失落与无奈，如图4-2所示。

图4-2　中间部分

3. 结尾部分

在结尾部分，可以选取一些展现孩子意识到对父亲的疏忽，决定回家看望父亲的图片素材，让观众感受到亲情的力量和温暖，如图4-3所示。

图4-3　结尾部分

素养课堂

党的二十大报告强调："加强家庭家教家风建设。"在新征程上，我们要不断从中华优秀传统文化中汲取道德滋养，推动社会主义核心价值观在家庭落地生根，推动社会主义家庭文明新风尚的形成。

4.3 图文类短视频创作实战

效果展示

图文类短视频创作实战

故事化的叙述方式在图文类短视频中扮演着至关重要的角色。这种方式能够将零散的图片和文字串联起来，形成一个具有连贯性和吸引力的整体。本实战将制作以父爱为主题的图文短视频，生动地展示父亲在孩子成长过程中的无私付出和默默陪伴。

在剪辑过程中，通过旁白和配音的交替出现，加强对角色性格的塑造和情感的表达，让观众在声音的变化中更加深入地了解角色和故事，体会到父爱的伟大与珍贵，从而更加珍惜与父亲相处的宝贵时光。

本实战的素材存储位置："素材文件\第4章\图文类短视频"文件夹。

4.3.1 处理图片素材

操作教学

处理图片素材

在剪辑旁白与配音交替出现的视频时，应确保切换自然流畅，避免突兀感。把握节奏和韵律，使旁白与配音的交替和谐，具体操作方法如下。

（1）将"背景""配音"和"背景音乐"素材拖至时间线上，在素材面板上方单击"滤镜"按钮，选择"复古胶片"类别中的"冷气机"滤镜，将其拖至"背景"图片片段上，在"画面"面板中设置"强度"为30，如图4-4所示。

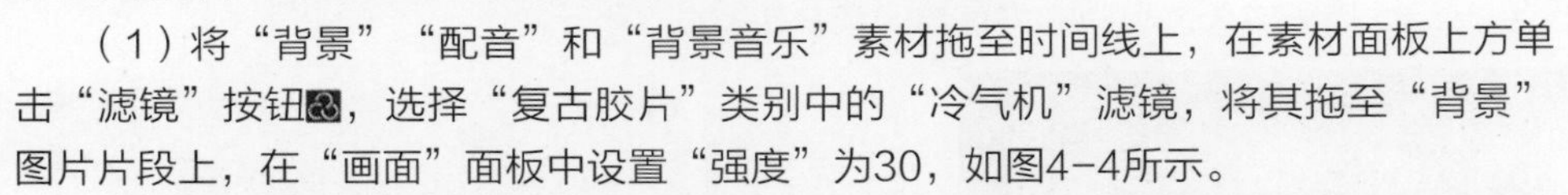

（2）选中"背景"图片片段，在"调节"面板中单击"基础"选项卡，设置"暗角"为15，如图4-5所示。

图4-4 选择"冷气机"滤镜

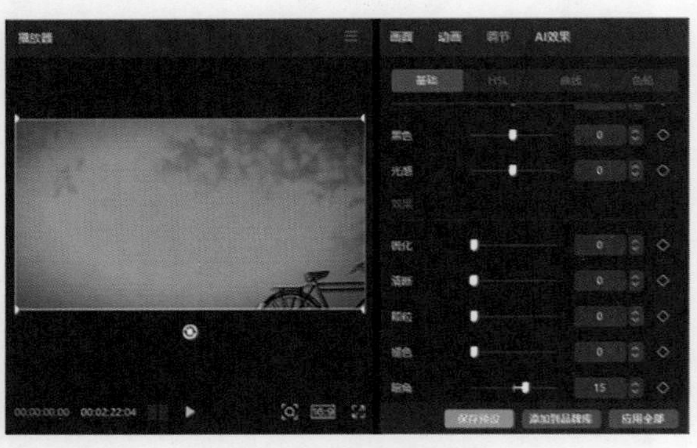

图4-5 添加暗角效果

（3）新建文本并输入旁白文本，在"朗读"面板中单击"女声"按钮，选择"心灵鸡汤"音色，然后单击"开始朗读"按钮，如图4-6所示。

（4）删除旁白文本，根据视频内容和情节对"配音"和"旁白"音频进行裁剪，旁白的内容应与配音内容相互呼应，如图4-7所示。例如，在介绍背景或场景时可以使用旁白，而在角色对话或特定情节中可以使用配音。

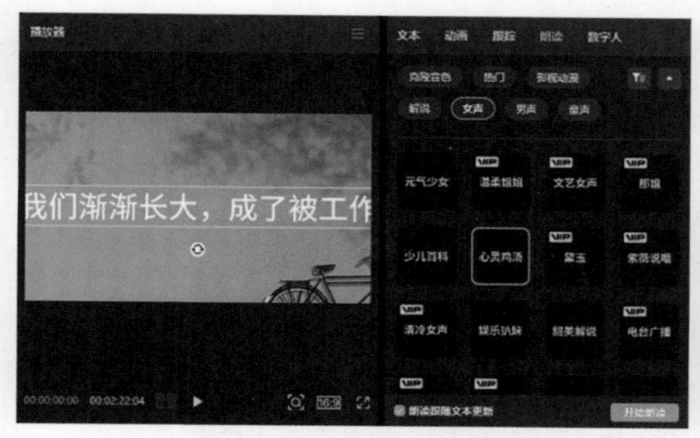

图4-6　选择“心灵鸡汤”音色

图4-7　裁剪音频素材

（5）根据“配音”和“旁白”音频中的人声，依次在画中画轨道中添加图片素材，让视频画面呈现的场景与人声相吻合，如图4-8所示。

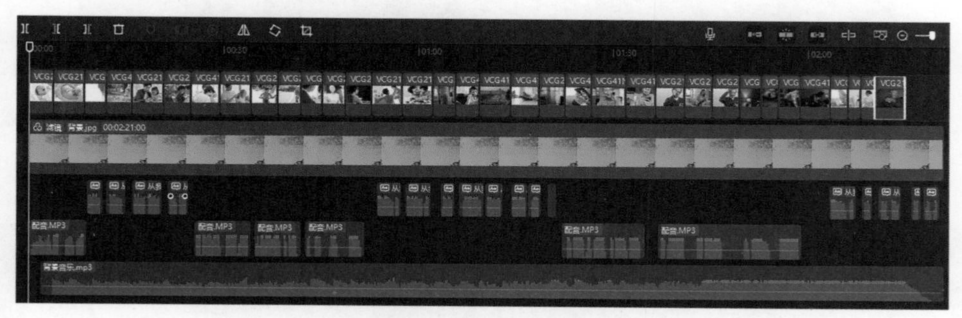

图4-8　添加图片素材

知识链接

使用剪映专业版的“朗读”功能，创作者可以轻松且快速地为视频中的文本添加配音。这一功能不仅操作简便，还提供了多样化的音色选择，满足了创作者在不同场景下的配音需求，使视频内容更加丰富和生动。

4.3.2　添加边框和动画特效

操作教学

添加边框和动画特效

下面根据视频的节奏对图片进行裁剪和调整，使其适应视频画面的尺寸，然后添加白色边框和动画特效，具体操作方法如下。

（1）在工具栏中单击“调整大小”按钮，弹出“裁剪比例”对话框，在“裁剪比例”下拉列表框中选择“16：9”，然后拖动裁剪框到合适的位置，单击“确定”按钮，如图4-9所示。

图4-9　裁剪图片

（2）在“画面”面板中单击“基础”选项卡，设置“缩放”为70%，将图片缩放至合适的大小。在“动画”面板中单击“组合”选项卡，选择“荡秋千Ⅱ”动画，如

图4-10所示。

（3）采用同样的方法，调整其他图片素材的画面比例，并为其添加合适的组合动画特效，如“缩放”“荡秋千”“形变缩小”“下降向左”“向右缩小”“左拉镜”“晃动旋出”“形变右缩”等，如图4-11所示。

图4-10　添加组合动画特效

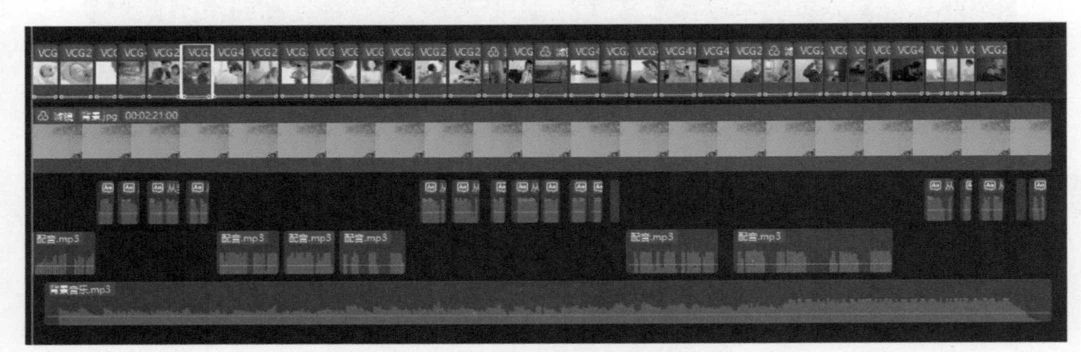
图4-11　为其他图片素材添加动画特效

（4）复制所有图片片段，选择“素材库”中的“白场”素材，将其拖至时间线上替换原图片素材，如图4-12所示。

（5）选中所有“白场”片段，在“画面”面板中关闭“等比缩放”功能，设置“缩放宽度”为73%，“缩放高度”为75%，为图片添加白色边框效果，如图4-13所示。

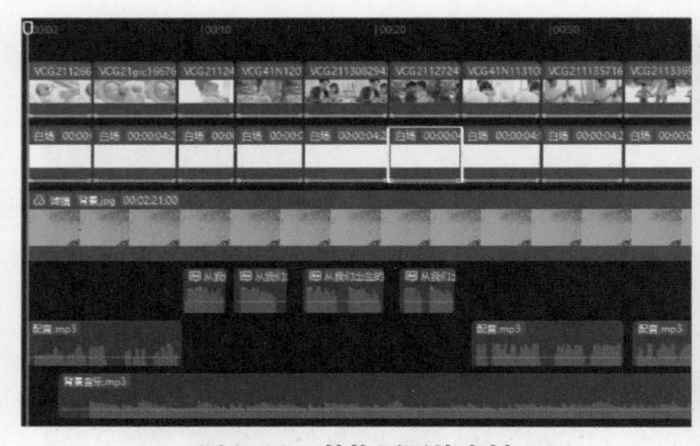
图4-12　替换原图片素材

图4-13　设置缩放参数

4.3.3　编辑音频

为了提升视频的表现力，让观众沉浸在故事情境中，下面根据视频内容添加合适的环境音效，具体操作方法如下。

（1）选中“背景音乐”片段，在“基础”面板中设置“音量”为-4.0dB；选中“配音”片段，在“基础”面板中设置“音量”为-5.0dB，如图4-14所示。

（2）选中“旁白”片段，在“声音效果”面板中单击“场景音”选项卡，选择“麦霸”效果，设置“空间大小”为10、“强弱”为35，如图4-15所示。

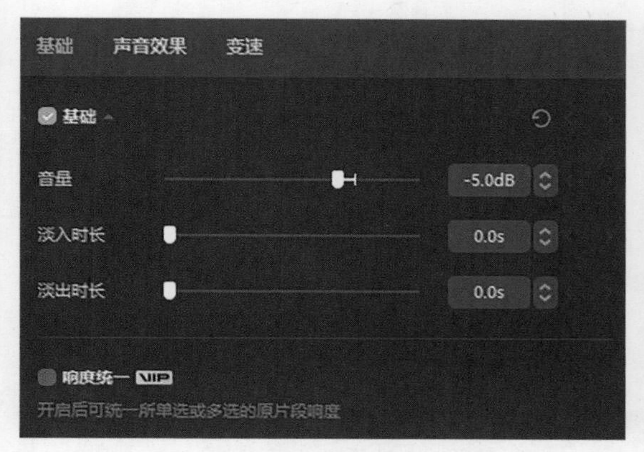

图4-14　调整音量

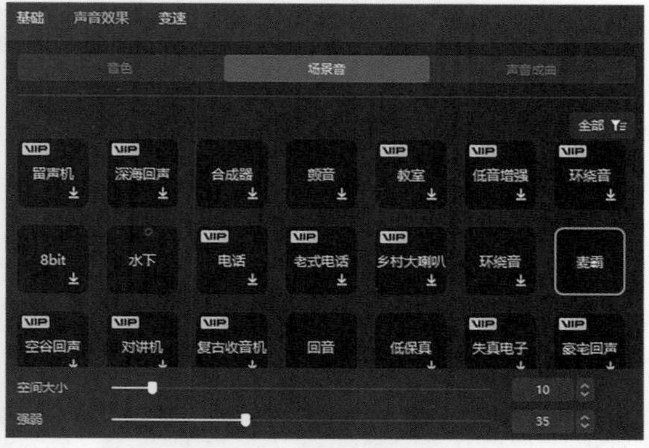

图4-15　选择“麦霸”效果

知识链接

使用“麦霸”场景音效果，可以通过模拟混响效果来让声音更湿润、更好听，同时制造空间感和回忆氛围。

（3）在素材面板上方单击“音频”按钮，然后在左侧单击“音效素材”按钮，在搜索框中搜索“小孩笑声”音效，将搜索结果列表中的“小孩欢快笑声音效”拖至时间线上，如图4-16所示。

（4）在“基础”面板中设置“淡入时长”为1.0s、“淡出时长”为1.0s，如图4-17所示。

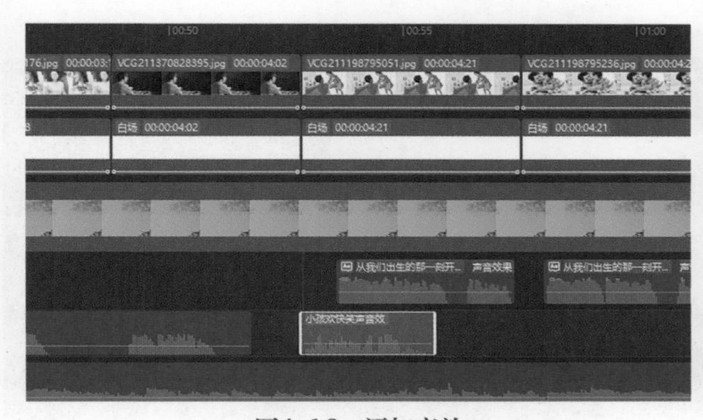

图4-16　添加音效

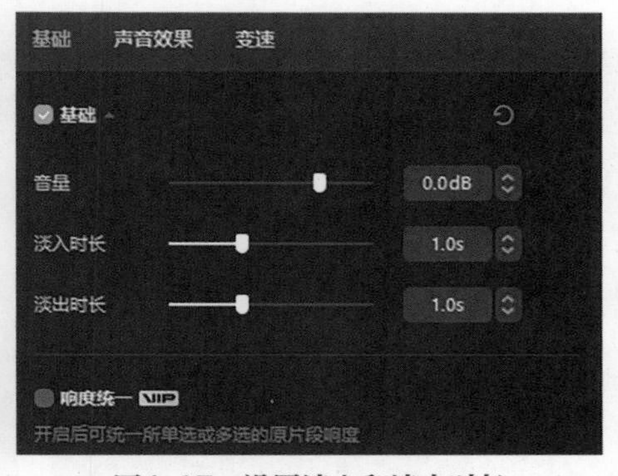

图4-17　设置淡入和淡出时长

（5）采用同样的方法，根据需要在时间线上添加所需的音效，如“地铁驶入隧道后轮子的音效”“堵车喇叭声”等，如图4-18所示。

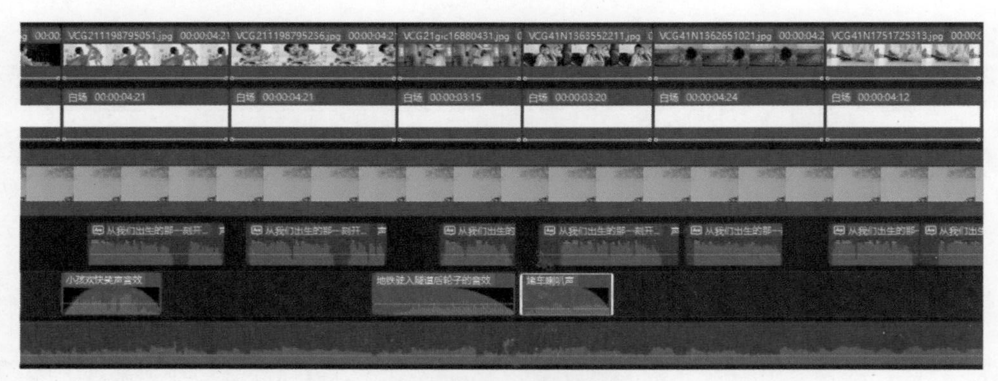

图4-18　添加其他音效

4.3.4　添加视频效果和字幕

操作教学

添加视频效果和字幕

暖色调的闪光和漏光光效不仅可以营造出温馨、柔和的氛围，还可以模拟时空的转换。下面使用“画面特效”功能为视频添加转场效果，具体操作方法如下。

（1）将时间线指针定位到视频的开始位置，在素材面板上方单击“特效”按钮，选择“基础”类别中的“渐显开幕”特效，将其拖至时间线上，在“特效”面板中设置“速度”为33，如图4-19所示。

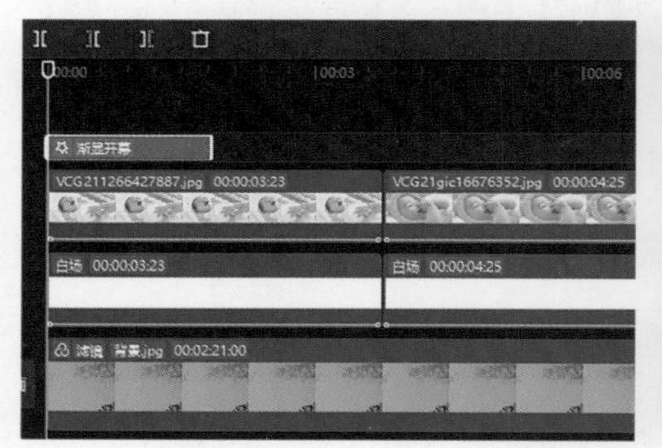

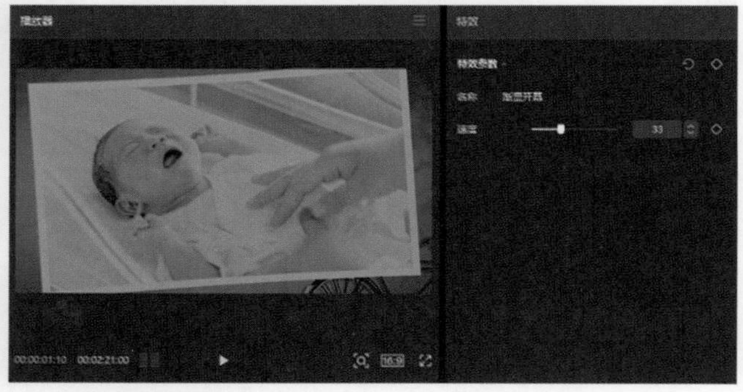

图4-19　添加“渐显开幕”特效

（2）选择“光”类别中的“闪动光斑”特效，将其拖至时间线上，在“特效”面板中设置“氛围”为100、“速度”为50，如图4-20所示。

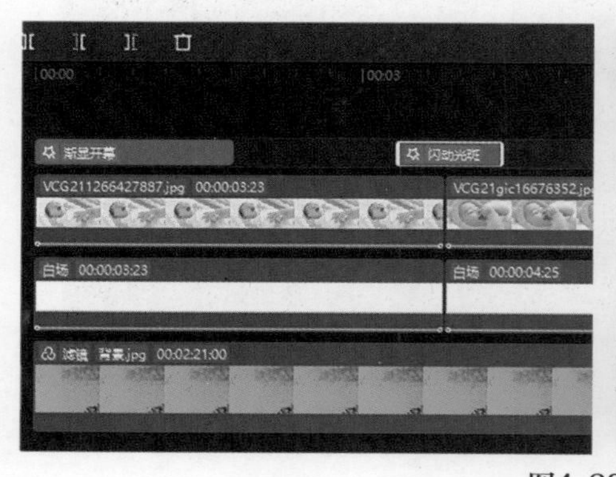

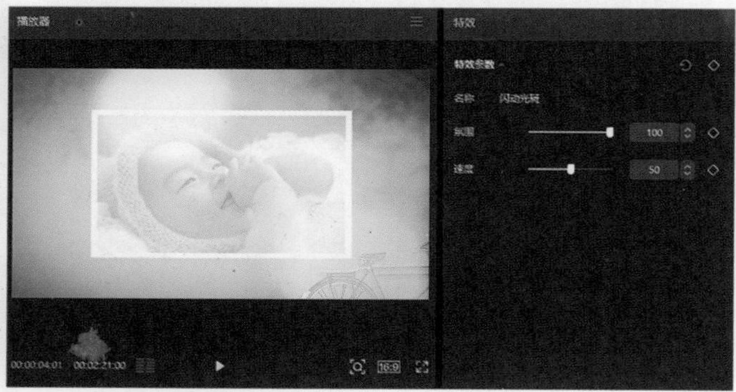

图4-20　添加“闪动光斑”特效

（3）将“素材库”中的“自然的金色耀斑漏光转场”素材拖至画中画轨道，在“画面”面板中单击“基础”选项卡，在“混合模式”下拉列表框中选择“滤色”模式，如图4-21所示。

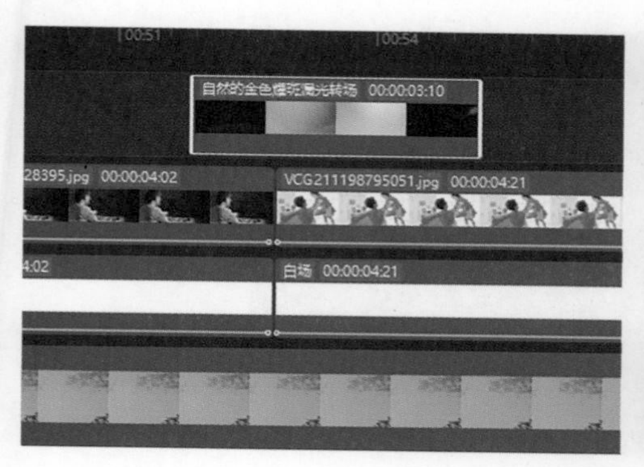

图4-21　选择“滤色”混合模式

（4）采用同样的方法，根据需要将“闪动光斑”“胶片漏光”特效和“自然的金色耀斑漏光转场”素材添加到图片片段的上方，如图4-22所示。

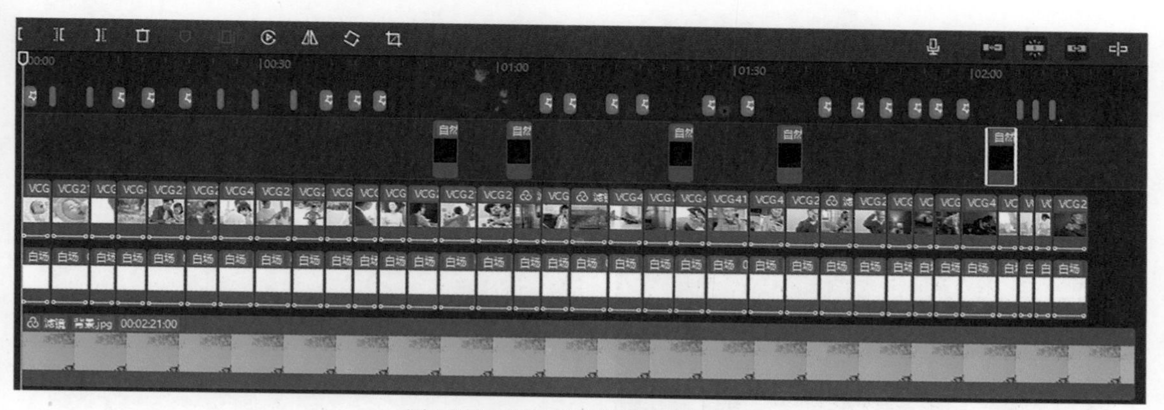

图4-22　添加其他特效和转场素材

（5）选中旁白和“配音”音频片段并单击鼠标右键，在弹出的快捷菜单中选择“识别字幕/歌词”命令，如图4-23所示。

（6）选中文本，在“文本”面板中设置“字号”为5、“缩放”为80%，如图4-24所示。

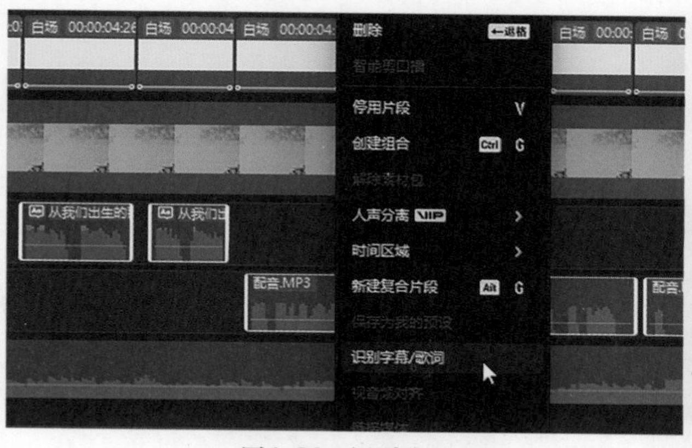

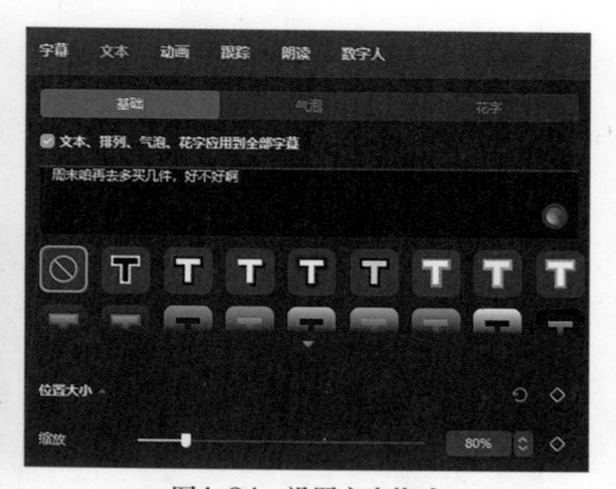

图4-23　识别歌词

图4-24　设置文本格式

（7）在“文本”面板中选中“阴影”复选框，设置“颜色”为黑色、“不透明度”为20%、“模糊度”为7%、“距离”为5、“角度”为-45°，如图4-25所示。

图4-25 设置阴影格式

4.3.5 制作片尾

在视频的片尾，通过旁白的方式传达“父爱如山，让爱有回响”的主题，配以悠扬的背景音乐，让观众在感动中结束观看，具体操作方法如下。

（1）删除不需要的文本片段，在素材面板中单击“贴纸”按钮，在搜索框中输入“父爱如山”，选择合适的贴纸，如图4-26所示。

（2）将贴纸拖至时间线上，在“贴纸”面板中设置“缩放”为81%，然后在“播放器”面板中调整贴纸的位置，如图4-27所示。

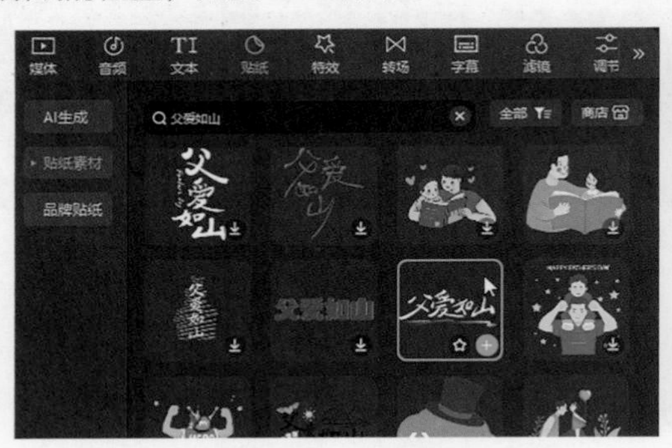

图4-26 选择贴纸

图4-27 设置贴纸位置

（3）在“动画”面板中单击“入场”选项卡，选择“缩小”动画，在下方设置“动画时长”为1.5s，如图4-28所示。

（4）单击“出场”选项卡，选择“渐隐”动画，在下方设置“动画时长”为0.5s，如图4-29所示。

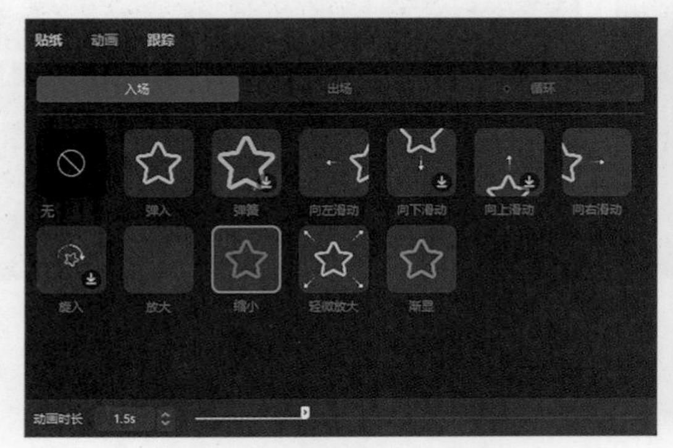

图4-28 设置“缩小”动画

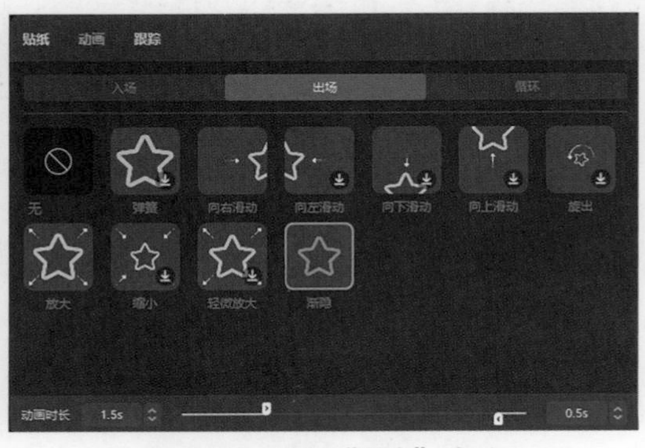

图4-29 设置“渐隐”动画

（5）新建文本并输入“致敬每一位伟大的父亲”，在“文本”面板中设置“字体”为宋体、“字号”为5、“颜色”为白色、“字间距”为16、“缩放”为86%，如图4-30所示。

图4-30　设置文本格式

（6）在“动画”面板中单击“入场”选项卡，选择“开幕”动画，在下方设置“动画时长”为1.0s；单击“出场”选项卡，选择“渐隐”动画，在下方设置“动画时长”为0.5s，如图4-31所示。

（7）将“素材库”中的“底部上升金色火焰粒子背景遮罩”素材拖至画中画轨道，在“画面”面板中设置“缩放”为111%，然后在“混合模式”下拉列表框中选择“滤色”混合模式，如图4-32所示。

图4-31　设置入场和出场动画

图4-32　选择“滤色”混合模式

（8）在“动画”面板中单击“出场”选项卡，选择“渐隐”动画，在下方设置“动画时长”为4.0s，如图4-33所示。

（9）采用同样的方法，为“背景”图片片段添加“渐隐”出场动画，然后复制“自然的金色耀斑漏光转场”片段，将其拖至合适的位置，如图4-34所示。最后单击“导出”按钮，即可导出短视频。

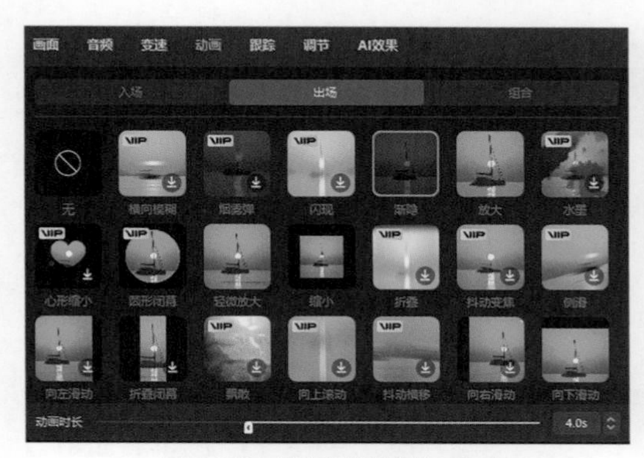

图4-33　选择“渐隐”动画

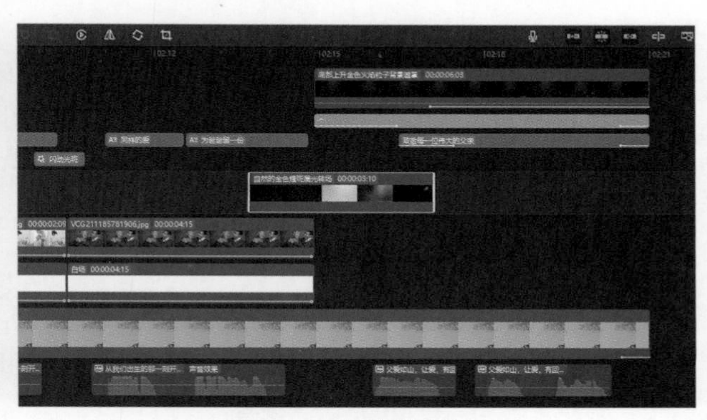

图4-34　复制转场片段

课堂实训

打开"素材文件\第4章\课堂实训\节约用电"文件夹，将图片和音频素材导入剪映专业版中，制作一条"节约用电"图文短视频，效果如图4-35所示。

图4-35 "节约用电"图文短视频

本实训的操作思路如下。

（1）新建项目，将图片和旁白音频素材添加到时间线面板中。

（2）根据旁白内容对图片素材进行裁剪，使用"调整大小"工具调整图片素材的画面比例，然后为图片素材添加"轻微放大"出场动画效果。

（3）为短视频添加滤镜进行风格化调色，根据需要在"调节"面板中对各图片片段进行单独调色。

（4）识别旁白音频中的字幕，并在"文本"面板中设置文本格式，然后在片段之间添加合适的转场效果。

（5）在短视频的开始位置，添加"渐显开幕"和"闪电"画面特效。

（6）将背景音乐素材添加至时间线面板中，根据图片素材内容添加合适的音效，然后调整音频的音量、淡入和淡出时长。

课后练习

打开"素材文件\第4章\课后练习\科普"文件夹，将图片和音频素材导入剪映专业版中，制作一条知识科普图文短视频。

第5章

创作城市宣传片

学习目标

- 了解城市宣传片的剪辑要点和思路。
- 掌握剪辑城市宣传片的方法。
- 掌握编辑城市宣传片音频的方法。
- 掌握为城市宣传片制作视频效果、调色、添加旁白字幕的方法。
- 掌握为城市宣传片制作片头的方法。

素养目标

- 用短视频传播城市之美，以城市文化底蕴守护文化传承。
- 聚焦城市文化特色，用心讲好城市故事。

城市宣传片不仅可以展示城市的外观和硬件设施，更重要的是传递城市的文化和精神。通过展现城市的历史传承、文化特色和社会风貌，能够增强观众对城市的认同感和归属感，促进城市文化的传承和发展。通过本章的学习，读者应熟练掌握城市宣传片的剪辑思路和制作方法。

5.1 城市宣传片的剪辑要点和思路

城市宣传片能够通过影像、声音和文字等，全方位地展示城市的自然风光、历史文化、经济发展等，这种展示能够让观众在短时间内对城市有一个清晰而深刻的认识。下面将介绍城市宣传片的剪辑要点和思路。

1. 明确宣传片的主题

在剪辑开始前，首要任务是明确宣传片的主题。这包括确定目标观众、宣传目的，以及想要传达的核心信息。无论是强调城市的自然风光和历史文化，还是经济发展和现代生活，都需要在策划阶段明确，从而使整个宣传片围绕主题展开。

2. 开头部分

开头部分决定了观众对整个宣传片的第一印象，因此至关重要。创作者可以选用一段视觉震撼的航拍或鸟瞰镜头展示城市的壮丽全景，如图5-1所示。在展示过程中，要重点突出城市的标志性建筑、自然景观或文化元素，迅速定位城市的身份，让观众对城市有一个初步的认知。

图5-1 展示城市的壮丽全景

此外，创作者可以在宣传片开头部分设置悬念或提出问题，如“每座城，都有自己的性格 我也一样，也不太一样”或“为什么 来佛山？”以激发观众的好奇心，增加他们对后续内容的期待，如图5-2所示。

图5-2 开头部分设置悬念或提出问题

3. 主体部分

主体部分是宣传片的灵魂，将全方位、多角度地展示城市的魅力。在剪辑过程中，需要注意以下几点。

（1）控制节奏

在剪辑城市宣传片时，创作者应时刻注意节奏的控制与氛围的营造，可以通过快速切换、慢动作等剪辑技巧，使作品既有高潮也有低谷，避免让观众感到单调，甚至出现视觉疲劳。

（2）选择合适的背景音乐与音效

选择符合宣传片主题和风格的背景音乐与音效，可以增强宣传片的感染力和吸引力。激昂的音乐能够推动宣传片进入高潮部分，而柔和的旋律则能够引导观众进入宁静的片段。合适的音效也能为宣传片增添更多层次，如车流声、人声鼎沸等都能让观众更真切地感受到城市的脉动。

（3）添加字幕

字幕的出现时机应与画面内容和旁白音频同步，在需要强调或解释的画面上，可以适当增加字幕的停留时间。如果宣传片面向国际观众，应考虑添加英文字幕或进行多语种翻译，以满足不同观众的观看需求，如图5-3所示。

4. 结尾部分

结尾部分同样重要。在宣传片结尾总结城市的特点和优势，强调宣传目的，并引导观众产生进一步了解和探索城市的兴趣，如图5-4所示。

图5-3　成都宣传片中的英文字幕

图5-4　大同宣传片结尾部分

5.2　城市宣传片素材的选取

在选取城市宣传片素材时，创作者首先要根据目标观众和宣传主题搜集相关的视频素材。这些素材可以来自城市宣传部门、摄影师、航拍机构等多个渠道。

搜集到素材后，即可对其进行细致地筛选和分类，选择能够凸显城市独特魅力和核心特色的素材，并剔除与主题无关的素材。

最后，根据确定的主题和筛选出的素材，策划宣传片的剪辑结构和节奏。一个成功的宣传片通常会分为几个不同的部分，如“历史篇”“现代篇”“自然篇”等。每个部分都会通过不同的素材和剪辑手法，生动地展现城市的某个方面。

以本章制作的“走‘新’吧，重庆！”城市宣传片为例，在“历史篇”中运用了珍贵的历史影像资料，将观众带入重庆的历史长河，感受这座城市厚重的历史底蕴和丰富的文化内涵，如图5-5所示。

在“现代篇”中则重点展示重庆的高楼大厦、繁忙的交通网络、繁荣的商业街区等现代化元素，凸显了城市的活力和发展成就，如图5-6所示。

图5-5　宣传片“历史篇”部分

图5-6　宣传片“现代篇”部分

素养课堂

城市是文化产业、文化人才的聚集地，是文化守正创新、赓续发展的重要载体。城市底蕴与文化传承向来是相辅相成的。做好城市的文化保护和传承发展，以优秀的城市文化建设为中华文化传承助力添彩，成为我们这代人必须担负的文化使命。

5.3　城市宣传片创作实战

效果展示

城市宣传片创作实战

对于旅游城市来说，城市宣传片是吸引游客的一种有效手段。通过宣传片来展示城市的独特景观、文化特色和旅游资源，能够激发观众的旅游兴趣，促进城市旅游业的发展。下面将以“走‘新’吧，重庆！”为主题，制作一个城市宣传片。

本实战的素材存储位置：“素材文件\第5章\城市宣传片”文件夹。

5.3.1　剪辑视频素材

重庆，一座位于中国西南的山城，以其独特的魅力吸引着来自世界各地的游客。这座城市不仅拥有壮丽的自然风光，还拥有着深厚的历史文化底蕴和活力四射的现代都市氛围。下面将详细介绍如何使用剪映专业版剪辑城市宣传片的视频素材。

1．剪辑开头部分素材

操作教学

剪辑开头部分素材

下面根据背景音乐的节拍点对视频素材进行剪辑、拼接和变速，具体操作方法如下。

（1）将“视频1”～“视频12”视频素材添加到时间线面板中，并对视频素材进行粗剪，然后在主轨道左侧单击“关闭原声”按钮，如图5-7所示。

图5-7　粗剪视频素材

（2）将“背景音乐”素材拖至时间线上，拖动时间线指针至09：07位置①，按【Q】键向左裁剪，如图5-8所示。

（3）调整“背景音乐”音频片段的位置，然后在工具栏中单击“添加音乐节拍标记”按钮，选择“踩节拍Ⅱ”选项，如图5-9所示。

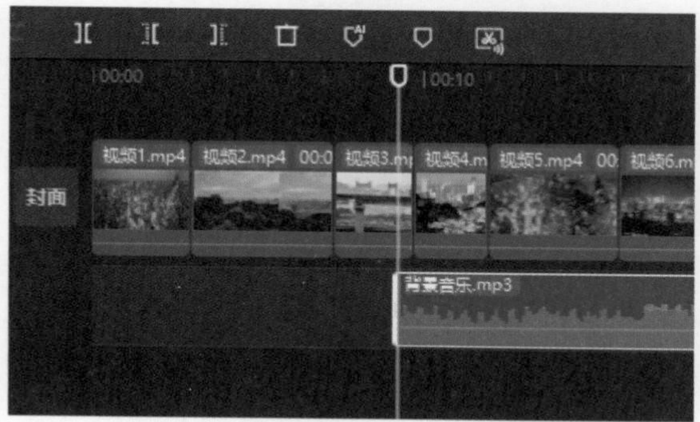

图5-8　裁剪“背景音乐”音频

图5-9　添加节拍点

（4）将“旁白”素材拖至时间线上，使音频片段中的人声与第3个节拍点的位置对齐，如图5-10所示。

（5）选中“视频2”片段，在“变速”面板中设置“倍数”为1.2x，如图5-11所示。采用同样的方法，根据需要调整其他视频片段的播放速度。

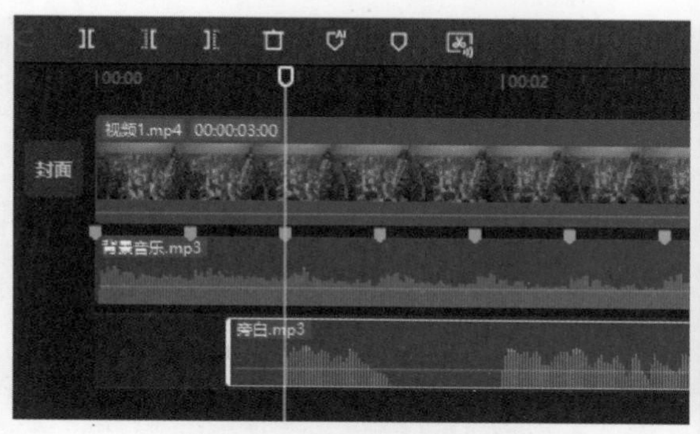

图5-10　添加“旁白”音频

图5-11　调整视频素材播放速度

（6）裁剪“视频1”片段的右端到第5个节拍点的位置，裁剪“视频2”片段的右端到第8个节拍点的位置，如图5-12所示。

① 此处正确表述应为00：00：09：07（即9秒07），图中剪映专业版的操作界面对时间线进行简化显示，保留了分和秒（即00：10为10秒），故正文中此步骤的09：07时间线位置如图5-8所示，本书其他此类表述同此处。

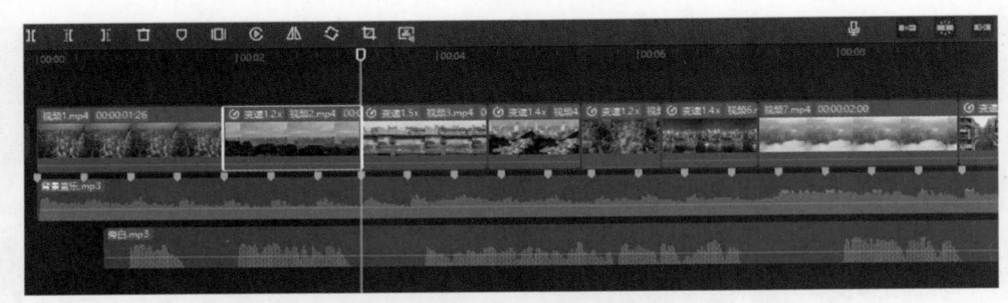

图5-12　裁剪“视频1”和“视频2”片段

（7）采用同样的方法，根据“旁白”和“背景音乐”对其他视频片段进行裁剪，让视频画面呈现的场景与“旁白”相吻合，如图5-13所示。

图5-13　裁剪其他视频素材

2. 制作关键帧动画效果

操作教学

制作关键帧动画效果

下面将通过剪辑一组快速切换的镜头，并为其添加关键帧，制作淡入、淡出动画效果，以展示重庆的老街区、繁忙的街道和人们忙碌的身影，具体操作方法如下。

（1）在时间线面板右上方单击“主轨磁吸”按钮和“联动”按钮，将这两个功能关闭，然后将“素材库”中的“黑场”素材拖至主轨道，如图5-14所示。

（2）将“视频13”视频素材拖至画中画轨道，并对其进行裁剪，然后拖动时间线指针至“视频13”片段的开始位置，如图5-15所示。

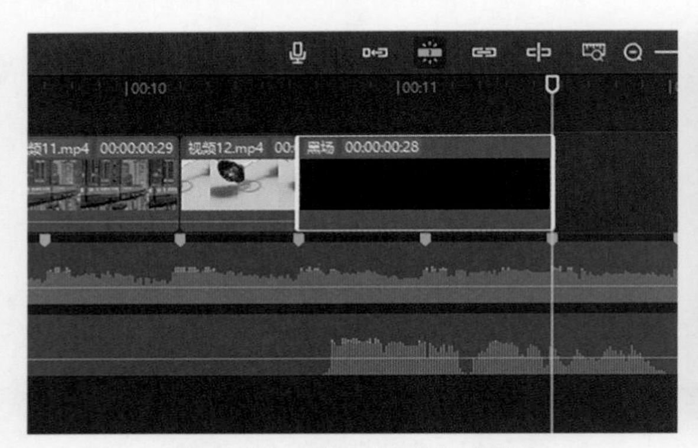

图5-14　添加“黑场”素材

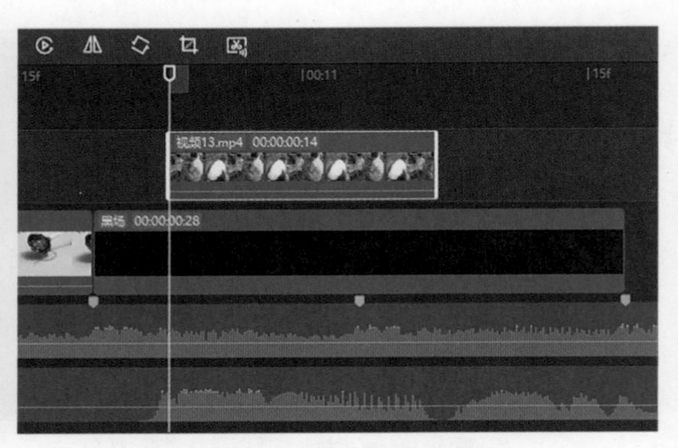

图5-15　裁剪视频素材

（3）在“画面”面板中单击“基础”选项卡，在“缩放”右侧单击“添加关键帧”按钮，添加第1个关键帧，如图5-16所示。

（4）将时间线指针拖至“视频13”片段的结束位置，将“缩放”参数调整为104%，并添加第2个关键帧，如图5-17所示。

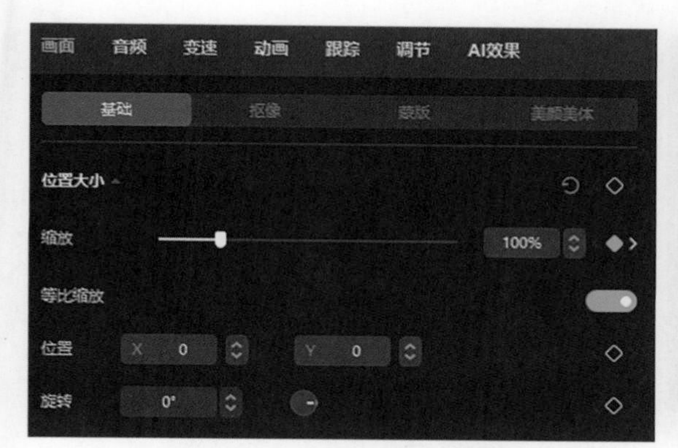

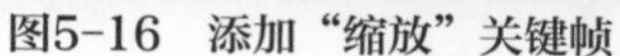
图5-16　添加“缩放”关键帧

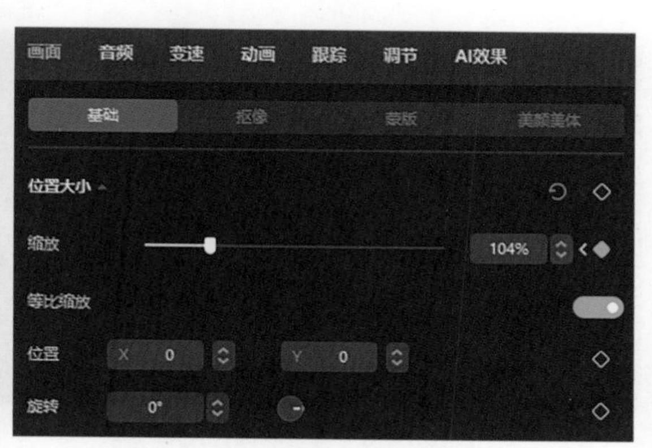

图5-17　调整“缩放”参数

（5）复制“视频13”片段到画中画轨道中，然后选择“视频14”视频素材，将其拖至被复制的片段上进行素材替换，如图5-18所示。

（6）采用同样的方法，根据需要复制并替换其他视频素材，然后调整每个片段的位置和长度，如图5-19所示。

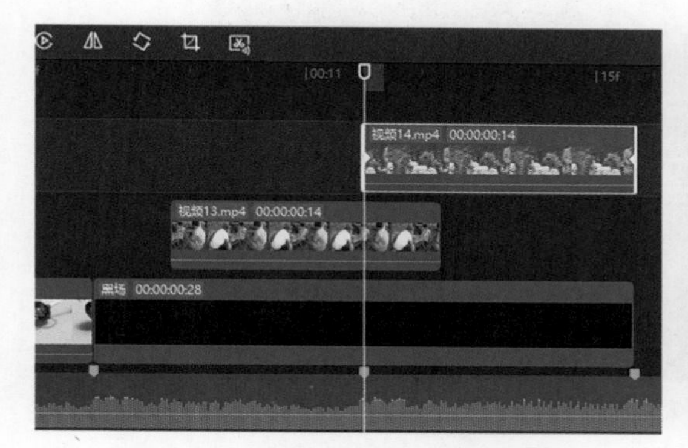

图5-18　添加“视频14”视频素材

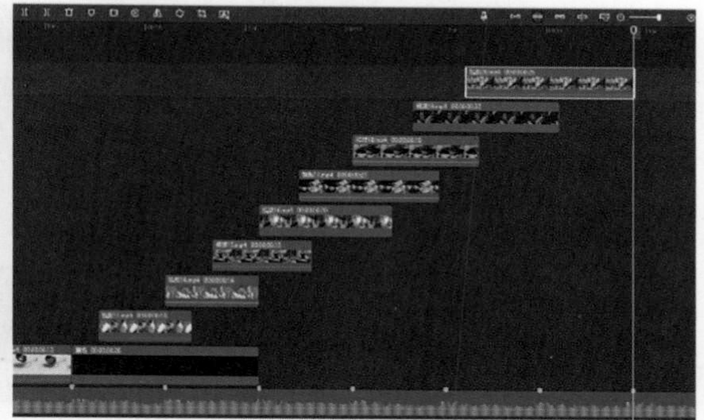

图5-19　复制并替换其他视频素材

知识链接

将“媒体”面板中的新素材直接拖至时间线面板中想要被替换的现有素材上，在弹出的“替换”对话框中单击“替换片段”按钮，此时选中的素材就会被替换成新的素材。

3. 剪辑主体和结尾部分素材

操作教学

剪辑主体和结尾部分素材

下面使用剪映专业版的“缩放”“镜像”和“曲线变速”等功能对宣传片主体和结尾部分的素材进行裁剪，具体操作方法如下。

（1）将其他视频素材添加到时间线上，根据节拍点的位置裁剪素材。选中“视频21”片段，在“画面”面板中设置“缩放”为108%，如图5-20所示。采用同样的方法，对“视频33”片段的画面比例进行调整。

（2）选中“视频28”片段，在工具栏中单击“镜像”按钮，使素材画面的运动方向与相邻素材保持一致，如图5-21所示。

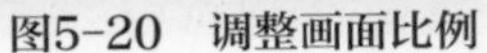
图5-20　调整画面比例

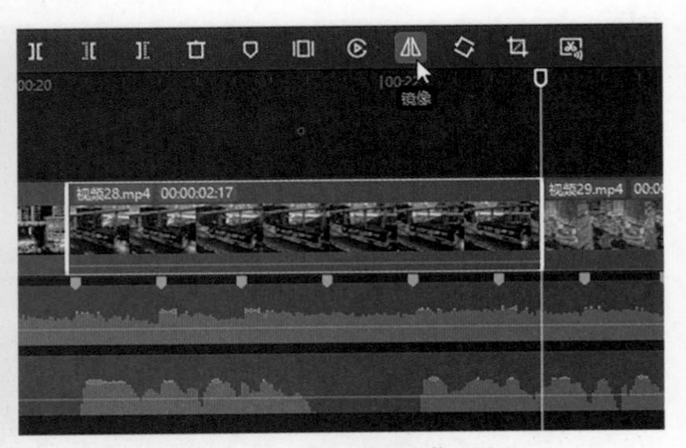

图5-21　单击“镜像”按钮

（3）选中“视频31”片段，在“变速”面板中单击“曲线变速”选项卡，然后选择“蒙太奇”曲线变速，如图5-22所示。

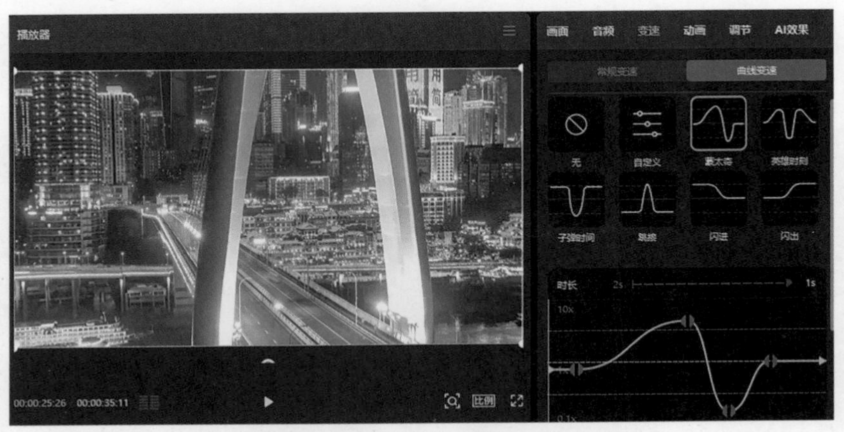

图5-22　选择“蒙太奇”曲线变速

（4）采用同样的方法，调整其他视频片段的播放速度，然后调整“背景音乐”音频片段的长度，使其与“视频32”片段的右端对齐，如图5-23所示。

图5-23　裁剪其他视频片段

5.3.2　编辑音频

操作教学
编辑音频

为了进一步提升宣传片的代入感，使观众更有沉浸感，下面对音频进行个性化的处理，具体操作方法如下。

（1）选中“背景音乐”音频片段，在“基础”面板中设置“音量”为-9.0dB、“淡入时长”为3.0s、“淡出时长”为10.0s，如图5-24所示。

（2）选中“旁白”音频片段，在“基础”面板中设置“音量”为3.0dB；在“声音效果”面板中单击“场景音”选项卡，然后选择“麦霸”效果，如图5-25所示。

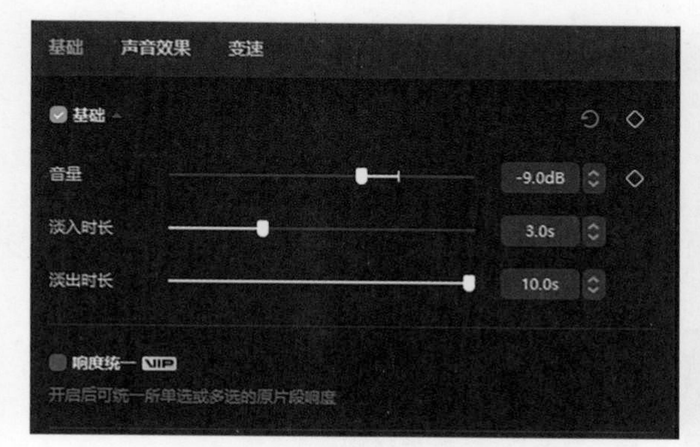

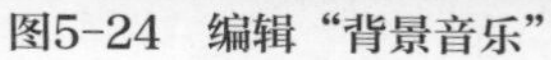
图5-24　编辑“背景音乐”

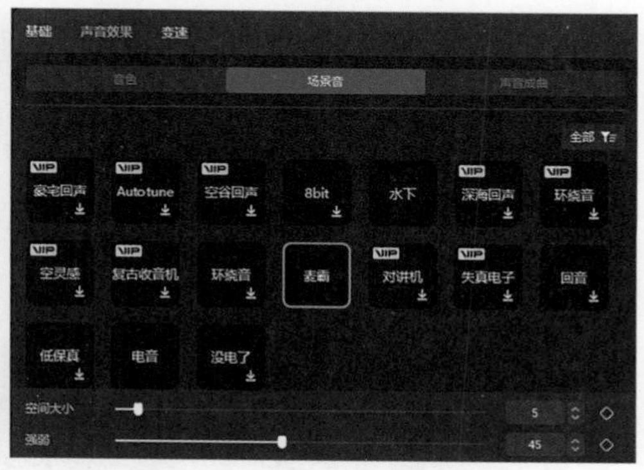

图5-25　选择“麦霸”效果

（3）在素材面板上方单击“音频”按钮，然后在左侧单击“音效素材”按钮，搜索“地铁”音效，将搜索结果列表中的“铁路高架的地铁列车”音效拖至时间线上，并对其进行裁剪，如图5-26所示。

（4）在“基础”面板中设置“音量”为-5.0dB、“淡出时长”为1.8s，如图5-27所示。

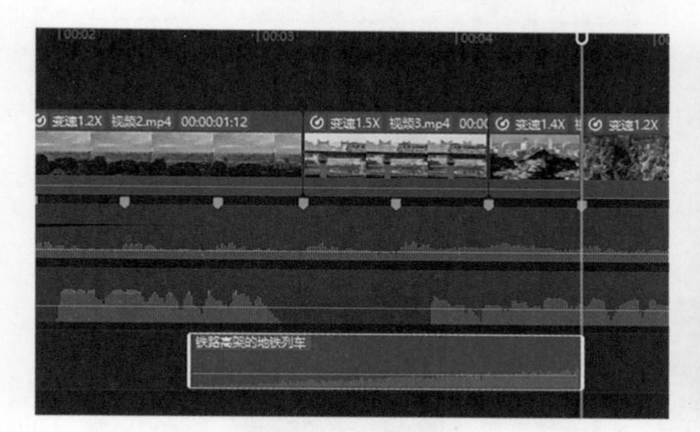

图5-26　添加音效

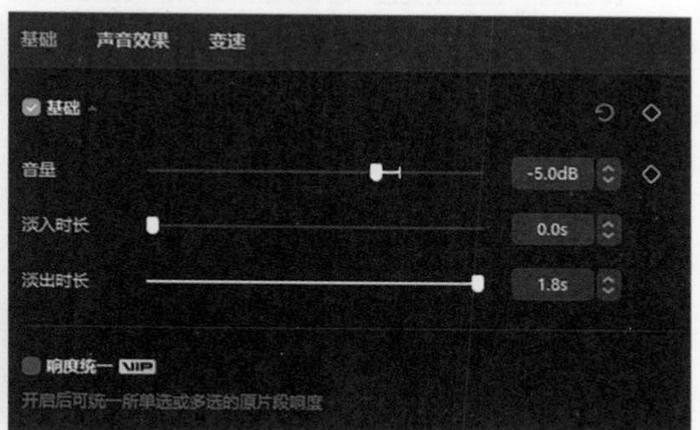

图5-27　编辑音效

（5）根据需要在时间线中添加所需的音效。搜索并添加“火车铁轨轰隆隆的音效素材”“转场音呼~”“胶片故障交叉音”“‘呼’的转场音效”“结束音效”等音效，如图5-28所示。

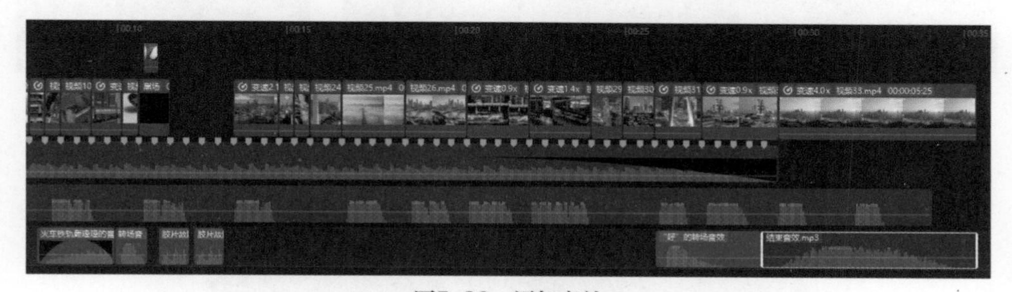

图5-28　添加音效

5.3.3　添加视频效果

为了使宣传片更加流畅且充满艺术感，通常会为其添加转场效果、动画效果及胶片闪光转场效果。其中，胶片闪光转场效果能够模拟老式胶片电影的闪烁效果，为视频营造一种复古和艺术的氛围。这种效果适用于各种风格的宣传片，特别是那些需要展现独特风格和情感氛围的视频作品。

1. 添加转场和动画效果

操作教学

添加转场和动画效果

为宣传片添加合适的转场和动画效果，能够使不同场景之间的转换更加平滑，具体操作方法如下。

（1）在素材面板上方单击“转场”按钮⊠，选择“幻灯片”类别中的“前后对比Ⅱ”转场，将其拖至“视频11”和“视频12”片段的组接位置，如图5-29所示。

（2）在“视频12”和“黑场”片段的组接位置添加“叠化”类别中的“叠化”转场。在“视频32”和“视频33”片段的组接位置添加“叠化”类别中的“闪黑”转场，如图5-30所示。

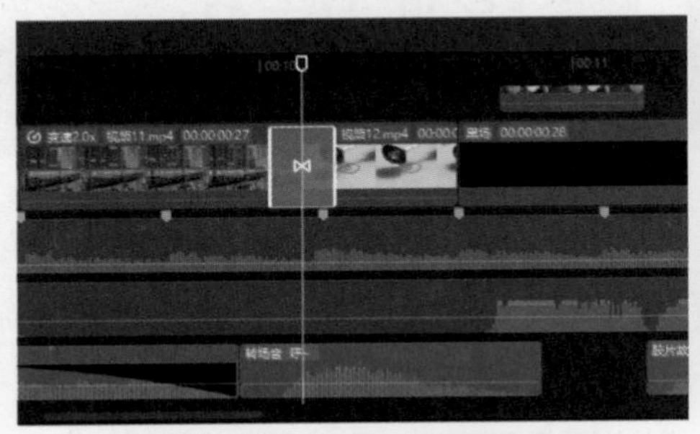

图5-29　添加“前后对比Ⅱ”转场

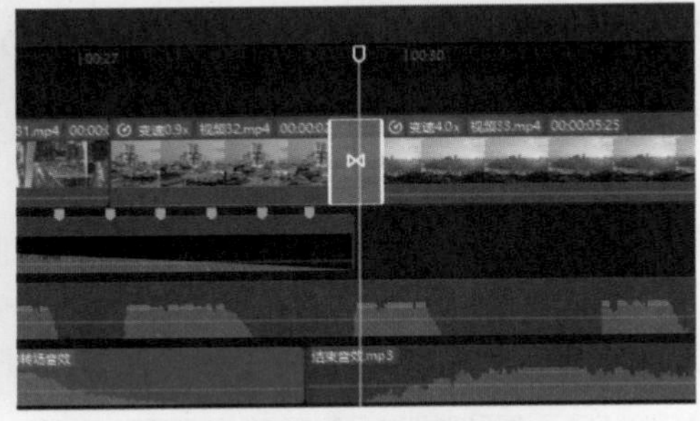

图5-30　添加“闪黑”转场

（3）选中“视频13”片段，在“动画”面板中单击“入场”选项卡，选择“渐显”动画，在下方设置“动画时长”为0.2s，如图5-31所示。

（4）选中“视频33”片段，在“动画”面板中单击“出场”选项卡，选择“渐隐”动画，在下方设置“动画时长”为1.5s，如图5-32所示。

图5-31　选择“渐显”动画

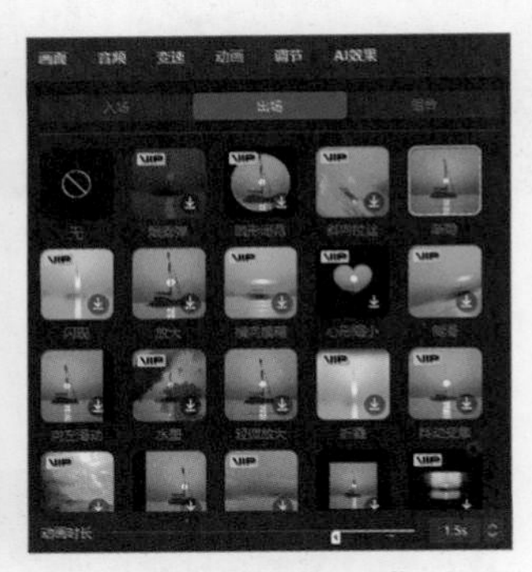

图5-32　选择“渐隐”动画

（5）采用同样的方法，根据需要为其他视频片段添加“渐显”或“渐隐”动画效果，如图5-33所示。

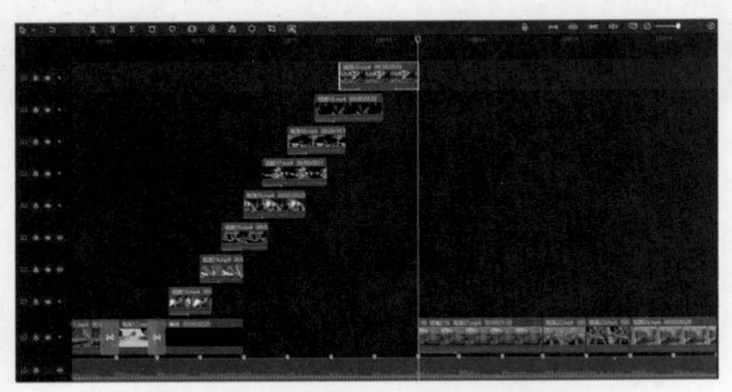

图5-33　为其他视频片段添加动画效果

知识链接

添加转场效果前，可以将时间线指针定位到需要添加转场效果的素材片段之间，在“转场”面板中单击相应的转场效果，即可预览其效果。

2. 制作胶片闪光转场效果

操作教学

制作胶片闪光转场效果

下面使用剪映专业版的“混合模式”和“蒙版”功能制作胶片闪光转场效果，具体操作方法如下。

（1）在素材面板上方单击“媒体”按钮，在“素材库”类别中选择“电影胶片边框素材”，将其拖至“视频8”片段的上方，然后调整素材片段的长度，如图5-34所示。

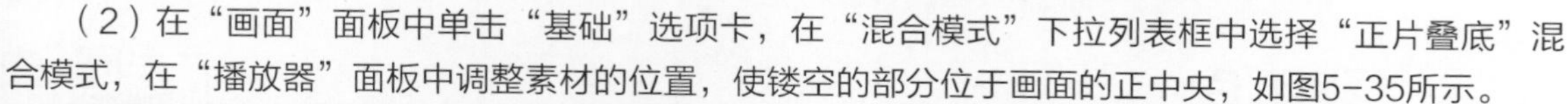

（2）在“画面”面板中单击“基础”选项卡，在“混合模式”下拉列表框中选择“正片叠底”混合模式，在“播放器”面板中调整素材的位置，使镂空的部分位于画面的正中央，如图5-35所示。

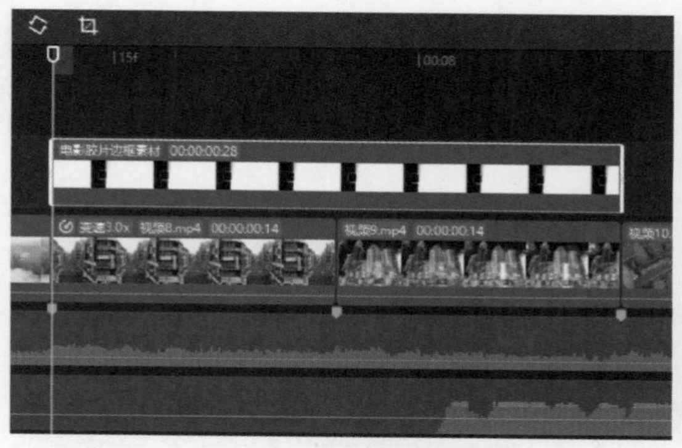

图5-34　添加视频素材

图5-35　选择“正片叠底”混合模式

（3）将“素材库”中的“黑场”素材拖至“电影胶片边框素材”片段的下方，在“画面”面板中单击“蒙版”选项卡，选择“矩形”蒙版，单击“反转”按钮，设置“羽化”为2、“圆角”为40，然后在“播放器”面板中调整蒙版的大小和位置，如图5-36所示。

图5-36　编辑蒙版

（4）将“胶片光效”视频素材拖至“电影胶片边框素材”片段的下方，并对其进行裁剪，如图5-37所示。

（5）在“画面”面板中单击“基础”选项卡，在“混合模式”下拉列表框中选择“滤色”混合模式，设置“不透明度”为25%，如图5-38所示。

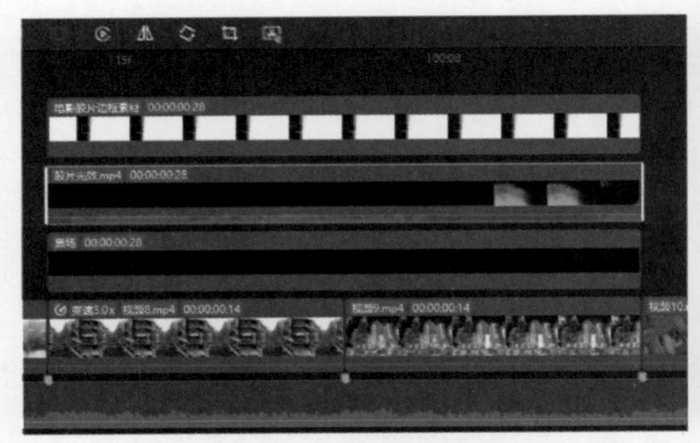
图5-37　添加并裁剪素材

图5-38　选择“滤色”混合模式

5.3.4　视频调色

操作教学
视频调色

本实战的宣传片虽然以暖色调为主，但仍需避免过度偏重红色或橙色等单一暖色，而导致画面显得过于单一。为了实现色彩的和谐统一，可以适当添加一些冷色调元素，以丰富画面的对比度和层次感，具体操作方法如下。

（1）在素材面板上方单击“滤镜”按钮，选择“夜景”类别中的“冰火”滤镜，将其拖至“视频1”片段的上方，在“滤镜”面板中设置“强度”为25，如图5-39所示。

（2）选择“风景”类别中的“椿和”滤镜，将其拖至“视频2”片段的上方，在“滤镜”面板中设置“强度”为60，如图5-40所示。

图5-39　添加“冰火”滤镜

图5-40　添加“椿和”滤镜

（3）采用同样的方法，为其他视频片段添加合适的滤镜，如“花园”“暖食”“迈阿密”“冷蓝”等，然后根据需要调整滤镜片段的长度，如图5-41所示。

图5-41　添加其他滤镜

（4）选中“视频1”片段，在“调节”面板中设置“色温”为-5、“色调”为-7、“饱和度”为11、“亮度”为8、“对比度”为10、“光感”为2、“清晰”为10，如图5-42所示。

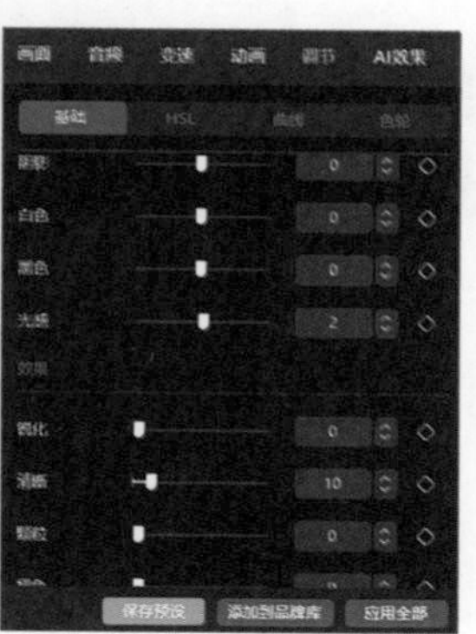

图5-42　视频画面基础调色（一）

（5）选中“视频2”片段，在“调节”面板中设置“饱和度”为15、“对比度”为8、“白色”为6、“光感”为7，如图5-43所示。

（6）在“HSL”选项卡中单击“橙色”按钮◉，设置“色相”为-8、“饱和度”为20，如图5-44所示。

图5-43　视频画面基础调色（二）

图5-44　调整画面中的橙色

（7）采用同样的方法，对其他视频片段进行调色。在“播放器”面板中预览短视频的调色效果，以下是部分镜头画面，如图5-45所示。

图5-45　预览短视频的调色效果（部分镜头画面）

图5-45 预览短视频的调色效果（部分镜头画面）（续）

5.3.5 添加旁白字幕

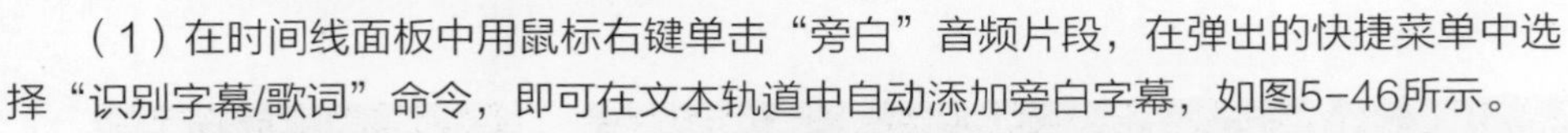

带有字幕的宣传片在社交媒体平台上分享和传播的效果会更好，观众可以直接观看带有字幕的版本，而无须担心声音问题或语言障碍。

1. 编辑旁白字幕

操作教学

编辑旁白字幕

在编辑旁白字幕时，要选择清晰易读的字体，排版要整齐美观，避免过于拥挤或分散，以便观众能够轻松阅读，具体操作方法如下。

（1）在时间线面板中用鼠标右键单击“旁白”音频片段，在弹出的快捷菜单中选择“识别字幕/歌词”命令，即可在文本轨道中自动添加旁白字幕，如图5-46所示。

（2）根据需要对文本进行修改，并删除不需要的字幕，然后调整文本片段的长度，如图5-47所示。

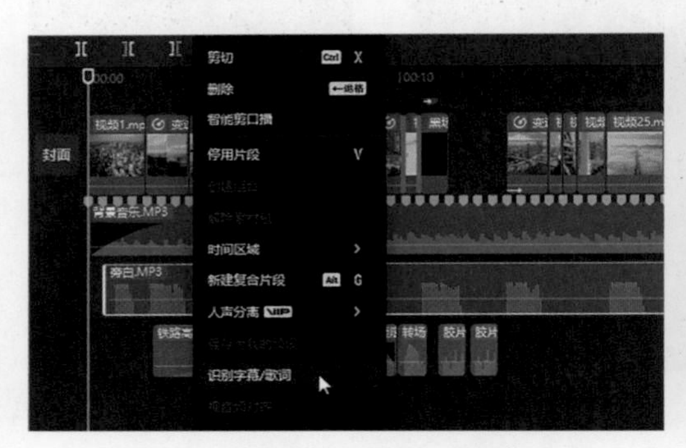

图5-46 选择“识别字幕/歌词”命令

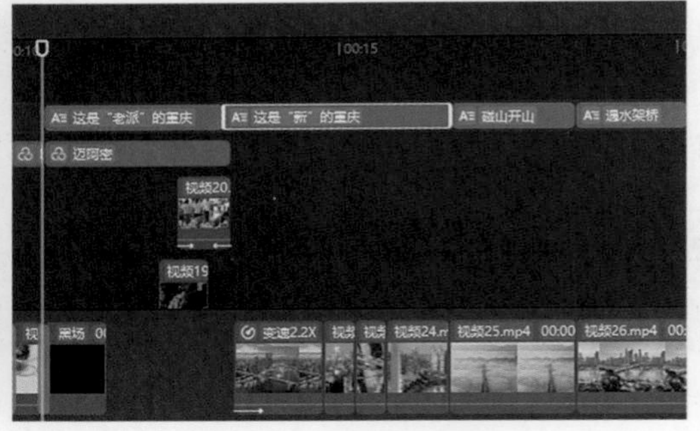

图5-47 修改文本内容

（3）选中“碰山开山”文本片段，在“文本”面板中设置“字体”为润圆体、“字号”为6、“样式”为粗体、“颜色”为白色，然后在“播放器”面板中将其拖至合适的位置，如图5-48所示。

（4）选中“阴影”复选框，设置“颜色”为黑色、“不透明度”为20%、“模糊度”为7%、“距离”为1、“角度”为-45°，如图5-49所示。

图5-48 设置“碰山开山”文本片段格式

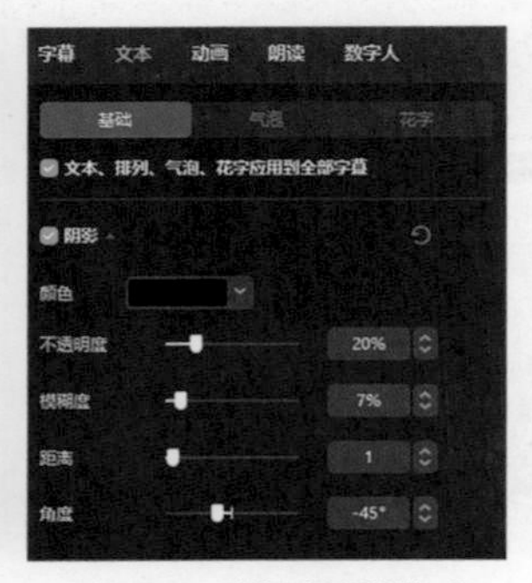

图5-49 设置阴影格式

（5）选中“不一样的重庆”文本片段，在“文本”面板中取消选择“文本、排列、气泡、花字应用到全部字幕”复选框，设置“字体”为汉仪英雄体、“字号”为21、“样式”为无、“颜色”为白色、“字间距”为-3，然后在文本框中对部分文本的字号进行修改，如图5-50所示。

图5-50　设置“不一样的重庆”文本片段格式

（6）采用同样的方法，分别对“看见”和“重庆有多少面？”文本片段进行设置，如图5-51所示。

图5-51　设置其他文本片段格式

操作教学

添加动画效果

2. 添加动画效果

下面将介绍如何为字幕添加动画效果，使字幕的出现和消失更加自然，与背景音乐更加协调，具体操作方法如下。

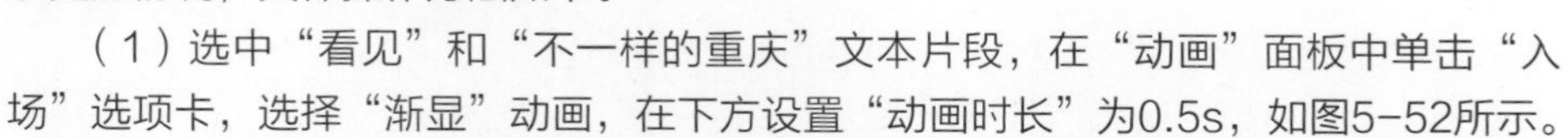

（1）选中“看见”和“不一样的重庆”文本片段，在“动画”面板中单击“入场”选项卡，选择“渐显”动画，在下方设置“动画时长”为0.5s，如图5-52所示。

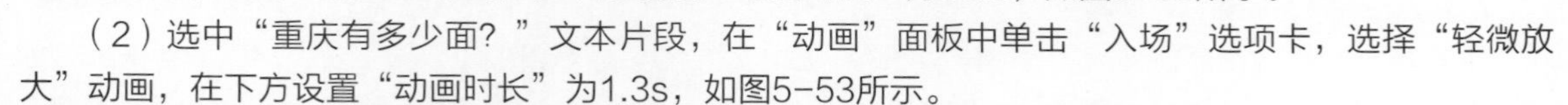

（2）选中“重庆有多少面？”文本片段，在“动画”面板中单击“入场”选项卡，选择“轻微放大”动画，在下方设置“动画时长”为1.3s，如图5-53所示。

图5-52　选择“渐显”动画

图5-53　选择“轻微放大”动画

（3）采用同样的方法，为其他文本片段添加合适的“入场”和“出场”动画效果，如图5-54所示。

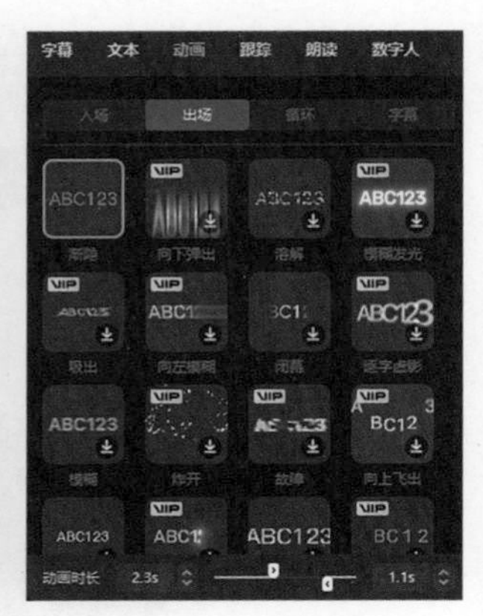

图5-54　为其他文本添加“入场”和“出场”动画

（4）选中需要添加英文字幕的文本片段，按【Ctrl+C】键进行复制，按【Ctrl+V】键进行粘贴。在“文本”面板中重新输入对应的英文字幕，并设置“字号”为5、“样式”为无、“颜色”为白色、“字间距”为2、“缩放”为40%，然后在“播放器”面板中将其拖至合适的位置，如图5-55所示。最后单击“导出”按钮，即可导出短视频。

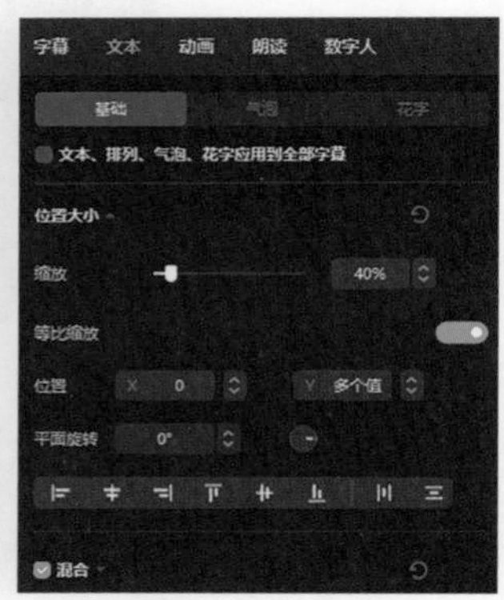

图5-55　添加并编辑英文字幕

素养课堂

城市形象与品牌传播是鲜活的、不断更新的，城市宣传要多展示新热点、新成就，讲述新故事，传播新活力。城市品牌的传播塑造需要顶层设计和城市营销，重点传播城市音乐、特色饮食、自然景观和服务设施。城市管理者应重视短视频传播，调动各方参与，形成最大合力和传播声量。

5.3.6 制作片头

操作教学

制作片头

下面使用剪映专业版的“关键帧”“动画”和“文本”等功能为宣传片制作一个光晕动画片头，具体操作方法如下。

（1）新建剪辑项目，将“素材库”中的“黑场”和“特效，光晕，粒子，光效”素材拖至主轨道中，在“变速”面板中设置“倍数”为3.8x，如图5-56所示。

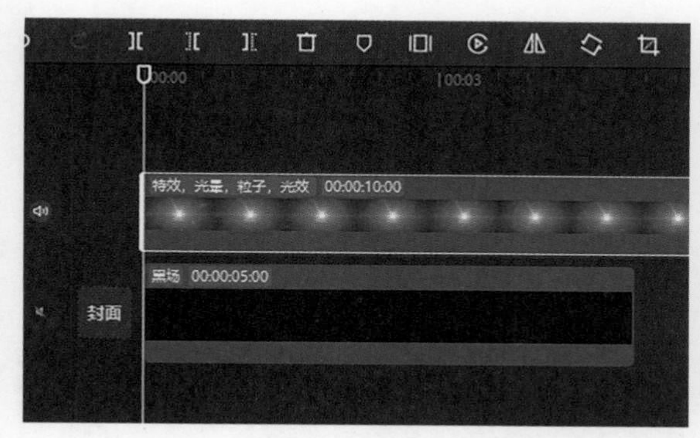

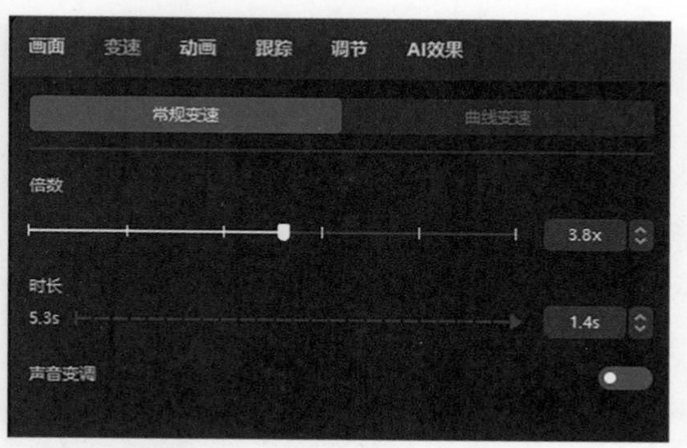

图5-56　添加素材并调整播放速度

（2）拖动时间线指针至01：07位置，按【Q】键向左裁剪。选中“黑场”素材，拖动时间线指针至02：20位置，按【W】键向右裁剪，如图5-57所示。

（3）拖动时间线指针至“特效，光晕，粒子，光效”素材的开始位置，在“画面”面板中单击“基础”选项卡，在“不透明度”右侧单击“添加关键帧”按钮◆，添加第1个关键帧，如图5-58所示。

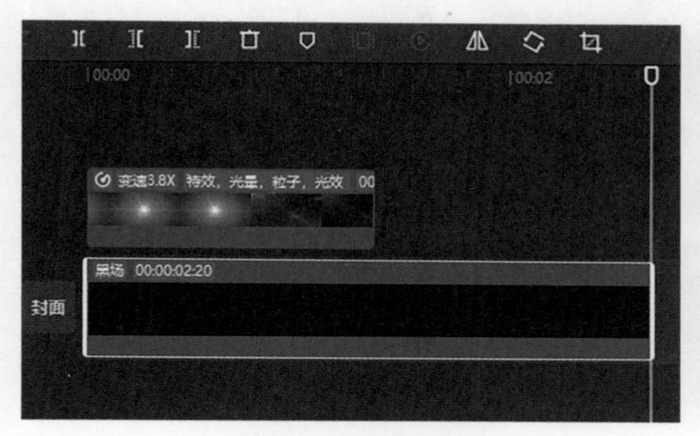

图5-57　裁剪素材

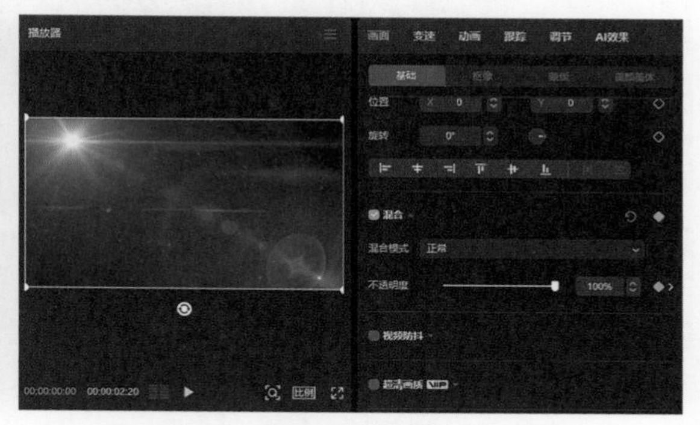

图5-58　添加“不透明度”关键帧

（4）拖动时间线指针至00：18位置，将“不透明度”参数调整为48%，添加第2个关键帧，如图5-59所示。

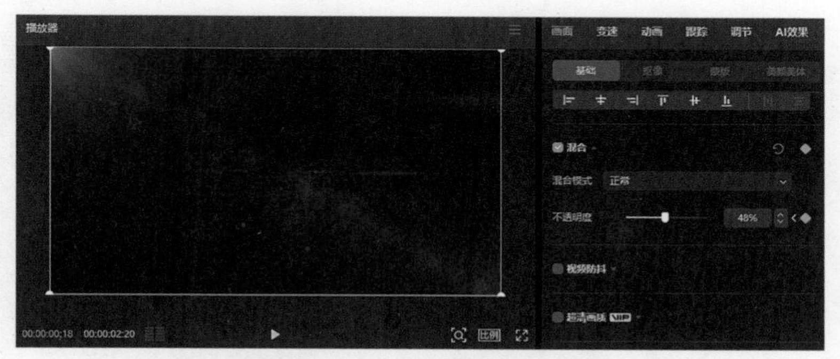

图5-59　调整“不透明度”参数并添加第2个关键帧

（5）在“动画”面板中单击“入场”选项卡，选择“渐显”动画，在下方设置“动画时长”为0.3s；单击“出场”选项卡，选择“渐隐”动画，在下方设置“动画时长”为0.3s，如图5-60所示。

（6）新建“默认文本”并将其拖至时间线上。在“文本”面板中输入“走”，设置“字体”为汉仪英雄体、“字号”为35、“样式”为无、“颜色”为白色，如图5-61所示。

（7）在“动画”面板中单击“出场”选项卡，选择“渐隐”动画，在下方设置“动画时长”为0.5s，如图5-62所示。

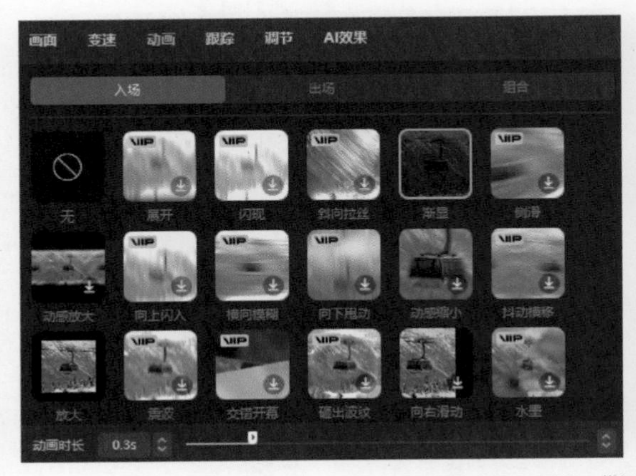
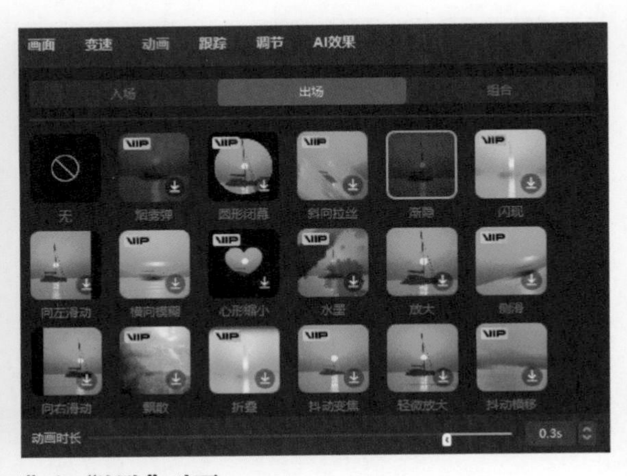

图5-60　添加“渐显”和“渐隐”动画

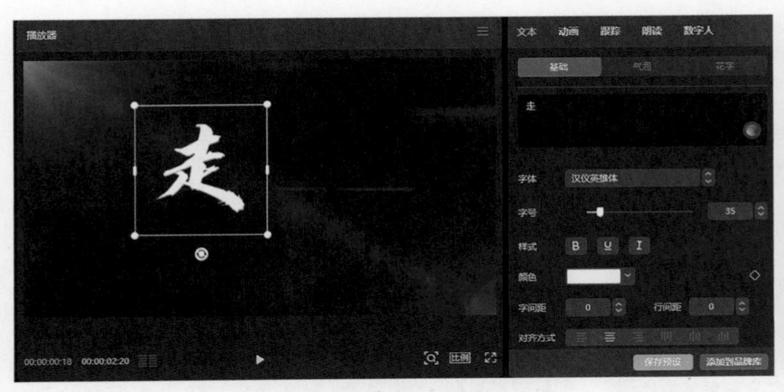

图5-61　设置文本格式

图5-62　选择“渐隐”动画

（8）拖动时间线指针至00：18位置，在“画面”面板中单击“位置大小”右侧的“添加关键帧”按钮◇，添加第1个关键帧，如图5-63所示。

（9）拖动时间线指针至视频的开始位置，将“缩放”参数调整为287%，然后在“播放器”面板中将文本向左拖动移出画面，添加第2个关键帧，如图5-64所示。

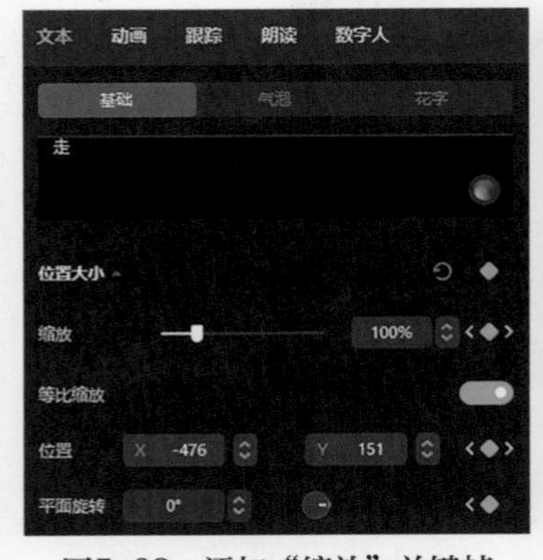

图5-63　添加“缩放”关键帧

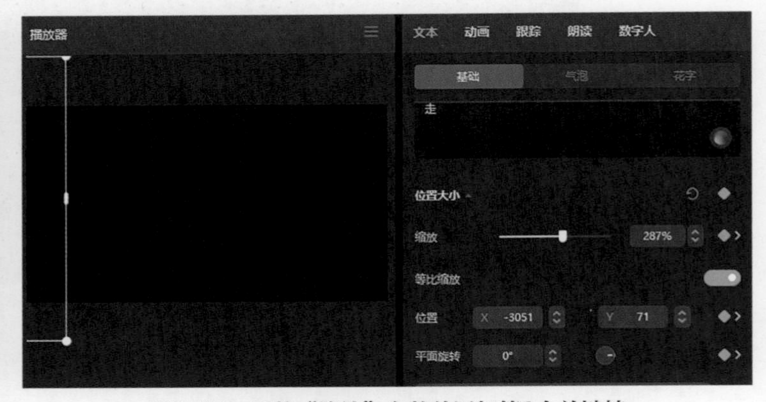

图5-64　调整“缩放”参数并添加第2个关键帧

（10）拖动时间线指针至02：17位置，将“缩放”参数调整为105%，然后在“播放器”面板中调整文本的位置，添加第3个关键帧，如图5-65所示。

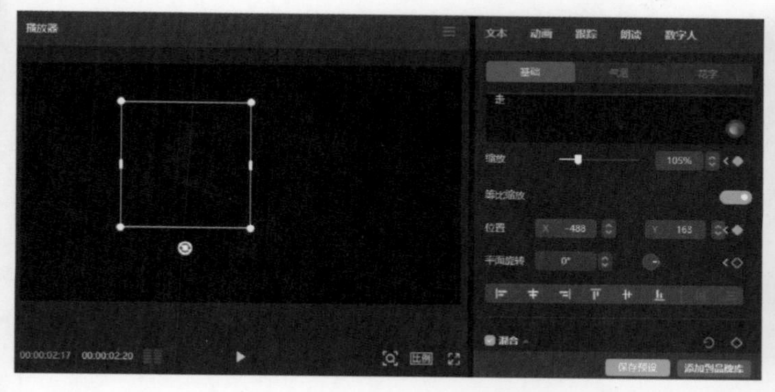

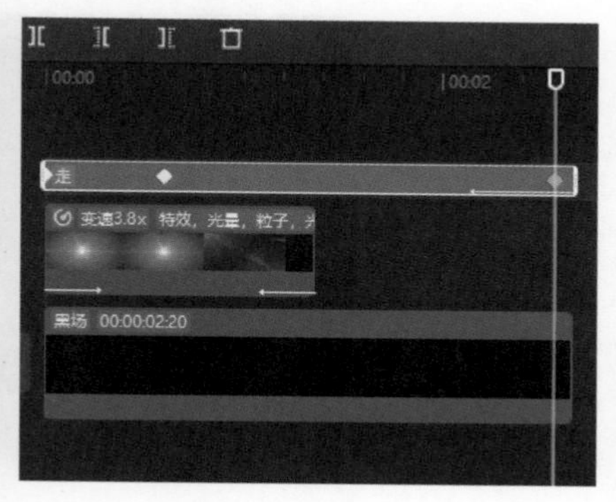

图5-65　添加第3个关键帧

（11）复制“走”文本片段，然后在“文本”面板中修改文本内容，并设置“字体”“字号”“样式”“颜色”“字间距”和“缩放”等参数，如图5-66所示。

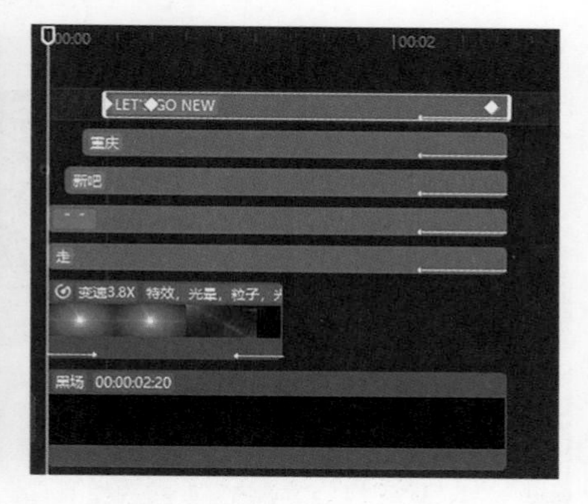

图5-66　设置文本格式

（12）将“开场音”音频素材拖至时间线上，在“基础”面板中设置“音量”为4.0dB、“淡出时长”为1.0s，如图5-67所示。

（13）在“声音效果”面板中单击“场景音”选项卡，选择“电音”效果，设置“强弱”为55，如图5-68所示。

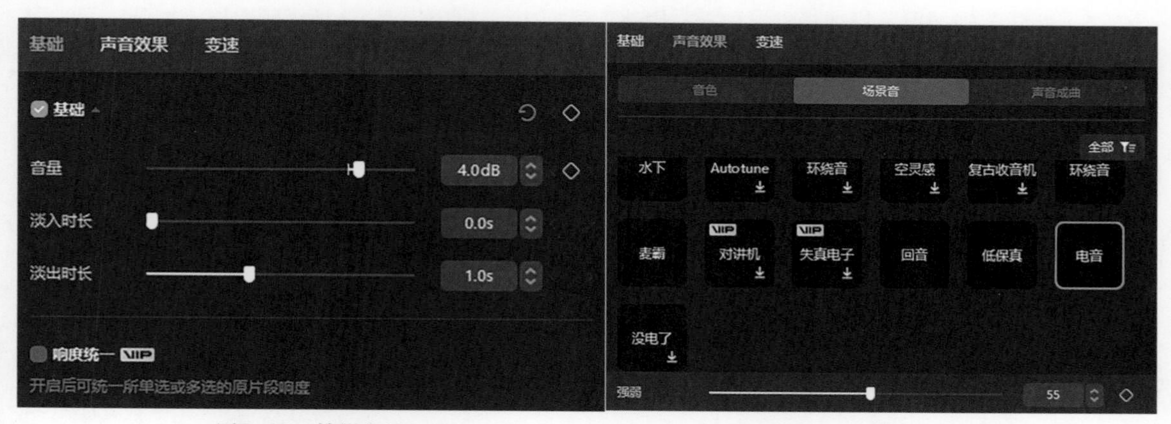

图5-67　编辑音效　　　　图5-68　选择“电音”效果

（14）将导出的视频拖至主轨道，在素材面板上方单击“转场”按钮⊠，选择“叠化”类别中的“闪黑”转场，将其拖至两个片段的组接位置，如图5-69所示。至此，该城市宣传片制作完成。

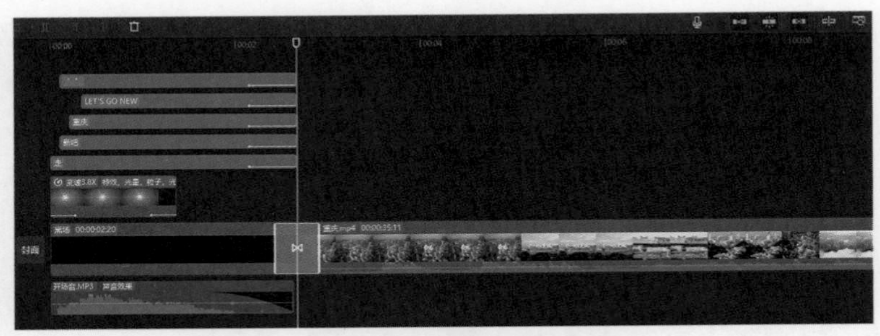

图5-69 添加“闪黑”转场

课堂实训

效果展示

常德澧县宣传片

操作教学

常德澧县宣传片

打开“素材文件\第5章\课堂实训\常德澧县”文件夹，使用剪映专业版为常德澧县制作一个城市宣传片，效果如图5-70所示。

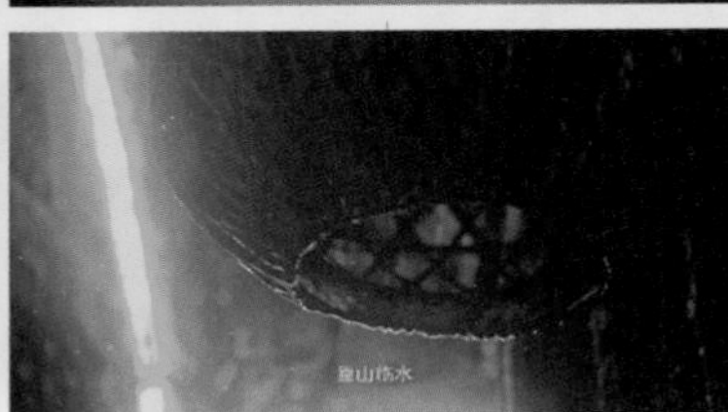

图5-70 常德澧县宣传片

本实训的操作思路如下。

（1）新建剪辑项目，将视频素材导入“媒体”面板中，按照剪辑顺序将视频素材添加到时间线面板中，并对视频片段进行粗剪。

（2）将旁白和背景音乐素材添加到音频轨道，根据音乐节拍和旁白内容对视频片段进行精剪。

（3）应用LUT（剪映专业版中的一种调色工具）快速地对灰片素材进行色彩和对比度的调整，然后为短视频添加合适的滤镜，并调整滤镜的强度。

（4）将需要统一调色的素材片段创建组合，在“调节”面板中调整“饱和度”“亮度”“对比度”“光感”等参数。预览画面整体调色效果，然后对个别片段进行单独调色。

（5）使用“识别字幕”功能添加旁白字幕，在“文本”面板中设置文本格式。

（6）为宣传片制作片头，将绿幕素材拖至时间线上，使用“色度抠图”功能扣除绿色，添加“云朵”贴纸并为其添加关键帧动画，然后新建并输入片头文本，根据需要为文本添加合适的出场和入场动画效果。

课后练习

效果展示

津市宣传片

打开“素材文件\第5章\课后练习\津市”文件夹，将视频和音频素材导入剪映专业版中，制作一个津市宣传片。

第6章

创作生活Vlog

学习目标

- 了解生活Vlog的剪辑要点和思路。
- 掌握编辑生活Vlog音频的方法。
- 掌握剪辑生活Vlog视频素材的方法。
- 掌握为生活Vlog调色、添加视频效果、添加字幕的方法。
- 掌握生活Vlog片头的制作方法。

素养目标

- 追求真实，用真实的记录展现美好生活。
- 热爱生活，传递平凡的快乐。

生活Vlog以真实、有趣和生动，受到了越来越多的人的喜爱和关注。它不仅是一种记录生活的方式，更是一种传递情感、分享经验、展示个性的重要载体。通过本章的学习，读者应熟练掌握生活Vlog的剪辑思路和制作方法。

6.1 生活Vlog的剪辑要点和思路

生活Vlog是一种记录日常生活片段的视频形式，真实、生动地展现了创作者的日常生活、情感经历、所见所闻等。下面将介绍生活Vlog的剪辑要点和思路。

1. 明确 Vlog 的主题

在创作生活Vlog时，首要任务是明确Vlog的主题。主题不仅是内容创作的出发点，也是剪辑工作的核心依据。主题的选择应基于创作者的生活经历、兴趣爱好，以及目标观众的需求。常见的主题包括一日三餐、健身运动、学习生活、异国生活和亲情时光等，如图6-1所示。

图6-1 一日三餐Vlog和学习生活Vlog

2. 选择背景音乐

背景音乐应与视频的主题和情感相契合。例如，当视频展现快乐的旅行经历时，选择轻快、活泼的音乐能够营造出欢乐的氛围，增强观众的愉悦感；而当视频表达宁静的家庭生活时，柔和、温馨的音乐则能更好地营造舒适的氛围，让观众感受到家的温暖。

3. 把控整体节奏

生活Vlog的节奏轻松、自然，不宜过于紧凑或拖沓。在剪辑生活Vlog时，可以通过调整片段的时长、转场的速度及背景音乐的节奏来把控整体节奏。例如，在描述一天的工作日常时，可以采用快速切换的方式展示不同的工作场景；而在描述某个特定事件或体验时，则可以适当延长片段的时长，增加细节展示。

4. 统一色调

对于生活类Vlog而言，干净、清新的色调能够更好地体现生活的轻松与美好。在剪辑过程中，我们可以先运用剪映专业版中的各类滤镜快速优化视频的视觉效果，然后运用调色工具对视频素材进行整体或局部的调色处理，使画面色彩更加和谐、统一，从而打造出符合情境的视觉效果。

5. 添加字幕

在生活Vlog中添加合适的字幕，可以增强视频的表现力和感染力。在字幕设计上，应选择简洁明了的字体，要与视频的整体色调相协调，既能凸显想传达的信息，又不能破坏整体的视觉效果。

6. 制作 Vlog 片头

对于经常发布Vlog的创作者来说，一个独特的片头可以成为其标识。每当观众看到这个片头时，就能立刻联想到创作者及其作品，从而增强其识别度。生活Vlog片头的时长最好控制在5秒之内，不宜过长。在这么短的时间内，需要迅速吸引观众的注意力，并让他们对Vlog的内容产生兴趣。

为了增强片头的视觉效果和吸引力，片头中需要清晰地展示Vlog的标题。标题应简洁明了，直接点明Vlog的主题和内容，让观众一目了然。

6.2 生活Vlog素材的选取

在创作生活Vlog之前，素材的选取和处理至关重要。为了确保最终的呈现效果，应优先选择画质清晰、色彩饱满、曝光准确的素材，避免使用画面模糊、抖动或光线不足的镜头。

除了画面质量，生活Vlog的内容应紧密围绕主题来展开，每个片段都应与主题相关。当主题设定为“日常生活”时，在剪辑过程中应着重选取与居住环境、日常习惯及个人生活细节等密切相关的片段，如早晨起床后整理床铺、开窗通风的场景，或者晚上回家后打扫房间、整理衣物的画面等，如图6-2所示。

图6-2 日常生活Vlog

生活Vlog的魅力在于其真实性和趣味性，它不同于传统的纪录片或电视节目，基本上没有剧本和摆拍，更多的是展现创作者的真实状态和情感体验。因此，在剪辑过程中，应尽可能保留那些真实、自然的瞬间，避免过度修饰或摆拍。例如，拍摄宠物玩耍、朋友聚会、工作中的趣事等，这些素材能够为生活Vlog增添趣味性和观赏性，如图6-3所示。

图6-3 选取真实和有趣味的素材

在处理生活Vlog素材时，可以按照时间顺序或情感变化对素材进行细致的分类与排序。对于与主题紧密相关的关键镜头，可以优先处理，使其在作品中得到突出展示。

素养课堂

在社交媒体时代，有些人为了追求点赞和关注，不惜做作、摆拍，甚至伪造生活，但这样的生活并不是真实的，缺乏真正的内涵和意义。在Vlog创作中，我们要用真实的记录来展现生活的美好，只有这样才能让人们真正感受到生活的魅力。

6.3 生活Vlog创作实战

效果展示

生活 Vlog
创作实战

本实战将使用剪映专业版剪辑一个周末亲子游Vlog，生动地展示家庭户外活动的精彩瞬间，包括父母与孩子们共同玩耍、搭建帐篷、享受野餐等温馨场景。在剪辑过程中，通过连贯的镜头画面呈现出家庭户外活动的快乐时光，同时传达出亲子陪伴和家庭温馨的重要性。

本实战的素材存储位置："素材文件\第6章\生活Vlog"文件夹。

6.3.1 添加并编辑音频

操作教学

添加并编辑
音频

下面先添加并编辑周末亲子游Vlog的音频，包括调整音量、淡入和淡出、变速、变声处理等，具体操作方法如下。

（1）将"背景音乐"素材拖至时间线上，在"基础"面板中设置"音量"为-5.0dB、"淡入时长"为2.0s、"淡出时长"为1.5s，如图6-4所示。

（2）在"变速"面板中设置"倍数"为0.9x，并打开"声音变调"功能，如图6-5所示。

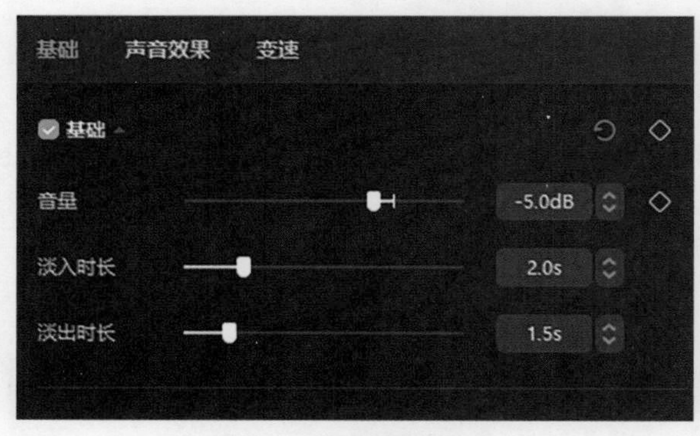

图6-4 编辑背景音乐

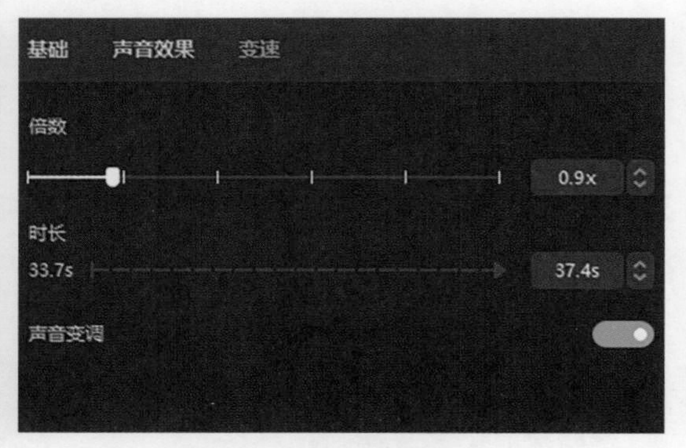

图6-5 调整音频播放速度

（3）在工具栏中单击"添加音乐节拍标记"按钮，选择"踩节拍Ⅰ"选项，如图6-6所示。

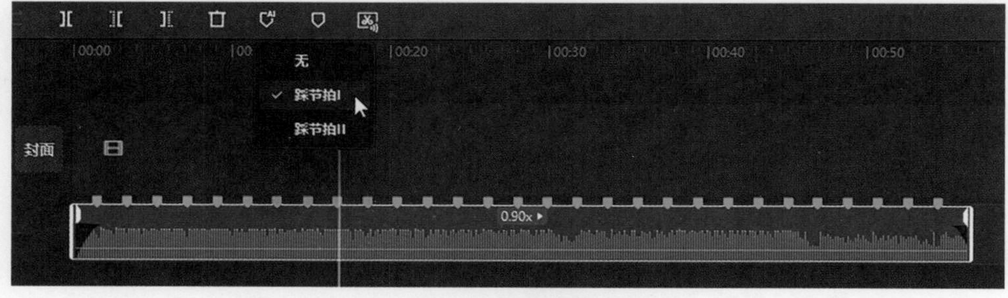

图6-6 添加节拍点

知识链接

在进行音频变速操作时，如果想对音频的声音进行变调处理，可以将“声音变调”功能打开。操作完成后，音频的声音就会发生变化。调整声音变调时，要注意保持音频的清晰度和可听性，避免过度调整导致声音失真或难以理解。

6.3.2 剪辑视频素材

在剪辑过程中，为了突出快乐的氛围，可以重点捕捉一些父母与孩子的对话、玩耍、拥抱的镜头画面。下面将根据背景音乐的节奏对视频素材进行剪辑，具体操作方法如下。

（1）将“视频1”～“视频14”素材拖至时间线上，选中“视频1”片段，在“变速”面板中设置“倍数”为1.9x，如图6-7所示。

（2）在“时间线”面板中拖动时间线指针至第2个节拍点位置，按【W】键向右裁剪，如图6-8所示。

图6-7　调整视频播放速度

图6-8　裁剪视频片段

（3）拖动时间线指针至09：00（第9秒）位置，在工具栏中单击“向左裁剪”按钮，对“视频2”片段的左端进行裁剪，如图6-9所示。

（4）拖动时间线指针至第3个节拍点位置，单击“向右裁剪”按钮，对“视频2”片段的右端进行裁剪，如图6-10所示。

图6-9　单击“向左裁剪”按钮

图6-10　单击“向右裁剪”按钮

（5）采用同样的方法，根据节拍点的位置裁剪其他视频片段，如图6-11所示。

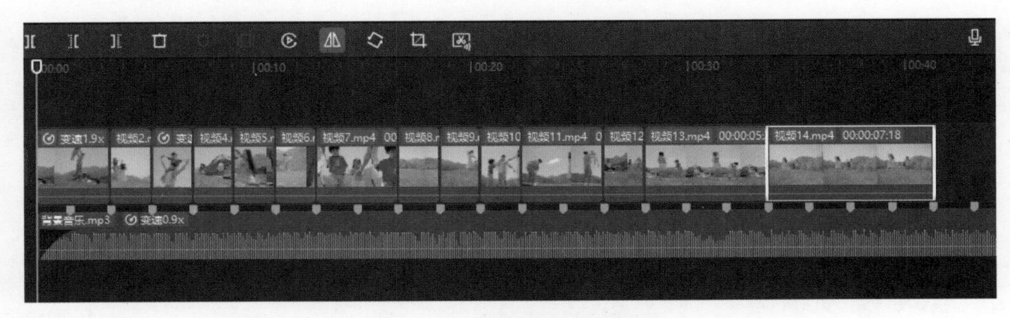

图6-11　裁剪其他视频片段

（6）选中“视频13”片段，在“变速”面板中单击“曲线变速”选项卡，然后选择“蒙太奇”曲线变速，如图6-12所示。

（7）选中“视频14”片段，在“变速”面板中单击“曲线变速”选项卡，然后选择“闪进”曲线变速，如图6-13所示。调整“背景音乐”片段的长度，使其与视频长度保持一致。

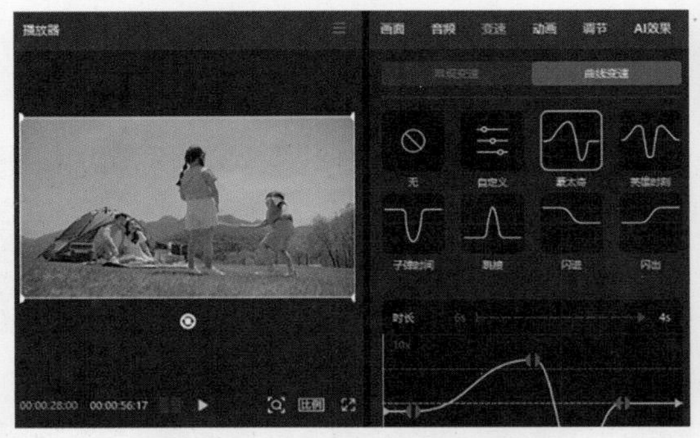

图6-12　选择“蒙太奇”曲线变速

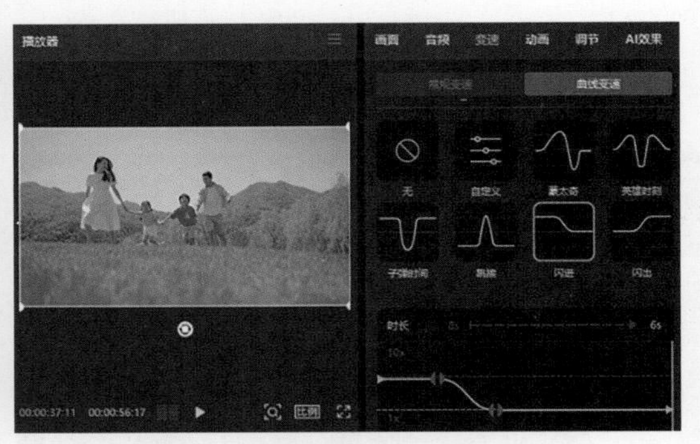

图6-13　选择“闪进”曲线变速

6.3.3　视频调色

下面对Vlog进行调色。首先使用滤镜进行统一调色，然后对单独的视频片段进行进一步调色，具体操作方法如下。

（1）在素材面板上方单击“滤镜”按钮，选择“风景”类别中的“椿和”滤镜，将其拖至“视频1”片段的上方，在“滤镜”面板中设置“强度”为60，如图6-14所示。

（2）调整滤镜片段的长度，使其覆盖整个短视频。选中“视频1”片段，在“调节”面板中设置“亮度”为8、“对比度”为3、“阴影”为-4，如图6-15所示。

图6-14　添加“椿和”滤镜

图6-15　视频画面基础调色（一）

（3）选中“视频5”片段，在“调节”面板中设置“饱和度”为26、“亮度”为8、“对比度”为10，如图6-16所示。

（4）在“HSL”调节中单击“橙色”按钮，设置“饱和度”为16、“亮度”为10，如图6-17所示。

图6-16　视频画面基础调色（二）

图6-17　调整画面中的橙色

（5）单击“蓝色”按钮，设置“饱和度”为24、“亮度”为-10，如图6-18所示。

（6）采用同样的方法，对其他视频片段进行调色，让画面中的绿色和蓝色更加鲜明，从而营造出清新、自然的氛围，如图6-19所示。

图6-18　调整画面中的蓝色

图6-19　调整画面中的绿色

（7）在“播放器”面板中预览短视频的调色效果，部分镜头画面如图6-20所示。

图6-20　预览短视频的调色效果

图6-20　预览短视频的调色效果（续）

知识链接

如果想将素材恢复到调色前的原始状态，只需在“调节”面板中单击“重置”按钮，即可撤销所有调色操作。

6.3.4　添加视频效果

在Vlog中添加特效和转场时，创作者可以根据视频内容和氛围进行选择和调整，以确保它们能够恰当地融入视频，从而提升观众的观看体验。下面将介绍如何在Vlog中添加转场和特效，具体操作方法如下。

（1）在素材面板上方单击“转场”按钮，选择“运镜”类别中的“推近”转场，将其拖至“视频1”和“视频2”片段的组接位置，如图6-21所示。

（2）在“视频4”和“视频5”片段的组接位置添加“向左”转场，在“视频7”和“视频8”、“视频13”和“视频14”片段的组接位置添加“叠化”类别中的“叠化”转场，如图6-22所示。

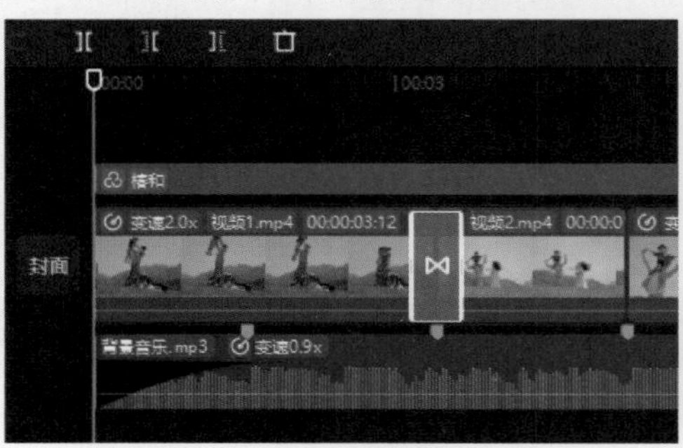

图6-21　添加“推近”转场

图6-22　添加其他转场

（3）在素材面板上方单击“特效”按钮，选择“光”类别中的“胶片漏光”特效，将其添加到“视频12”片段的上方，如图6-23所示。

（4）在“特效”面板中设置“不透明度”为100、“速度”为100，然后调整特效片段的长度和位置，如图6-24所示。

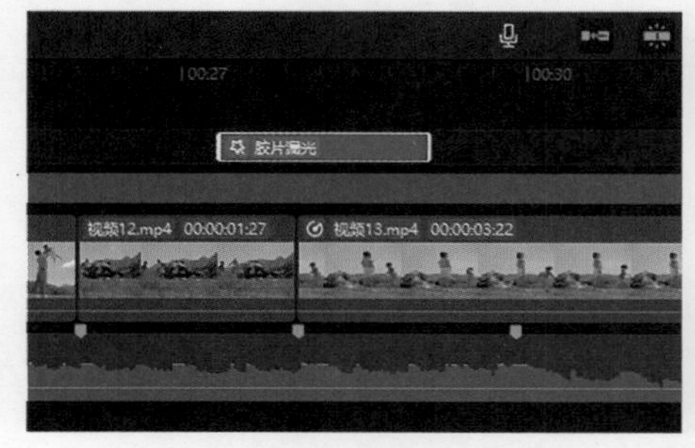

图6-23　添加“胶片漏光”特效

图6-24　设置特效参数

（5）采用同样的方法，在“视频14”片段的上方添加“基础”类别中的“广角”特效，然后调整特效片段的长度，如图6-25所示。

图6-25　添加“广角”特效

6.3.5　添加字幕

操作教学

添加字幕

下面将介绍如何使用剪映专业版的“歌词识别”“文本”和“动画”功能为Vlog添加字幕，具体操作方法如下。

（1）在主轨道左侧单击“关闭原声”按钮，关闭视频原声。在素材面板上方单击“字幕”按钮，然后在“歌词识别”类别中单击“开始识别”按钮，如图6-26所示。

（2）对内容较多的文本片段进行分割，并根据需要修改文字，选中文本，在“文本”面板中设置“字体”为温柔体、“字号”为7，然后在“播放器”面板中将文本拖至合适的位置，如图6-27所示。

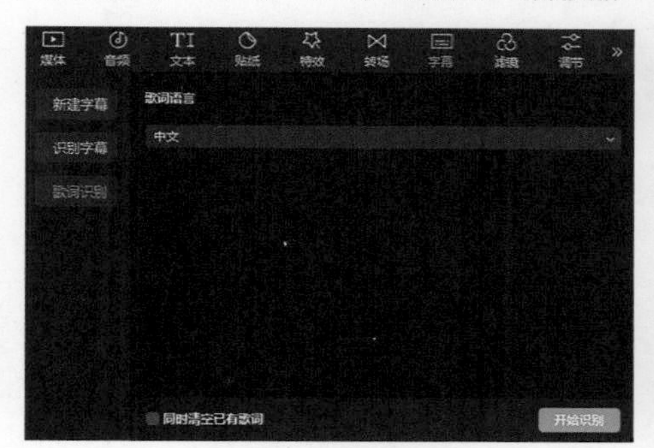

图6-26　识别歌词

图6-27　设置文本格式

（3）在“文本”面板中选中“阴影”复选框，设置“颜色”为黑色、“不透明度”为20%、“模糊度”为5%、“距离”为5、“角度”为-45°，如图6-28所示。

图6-28　设置阴影格式

（4）在“动画”面板中单击“入场”选项卡，选择“向右集合”动画，在下方设置“动画时长”为0.5s，如图6-29所示。

（5）单击“出场”选项卡，选择“波浪弹出”动画，在下方设置“动画时长”为1.5s，如图6-30所示。

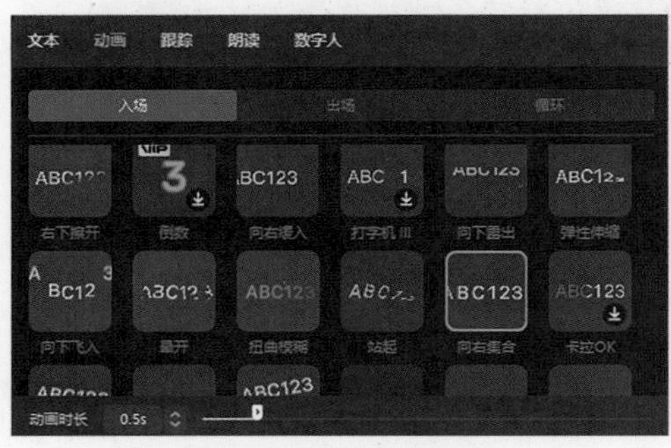

图6-29　选择“向右集合”动画

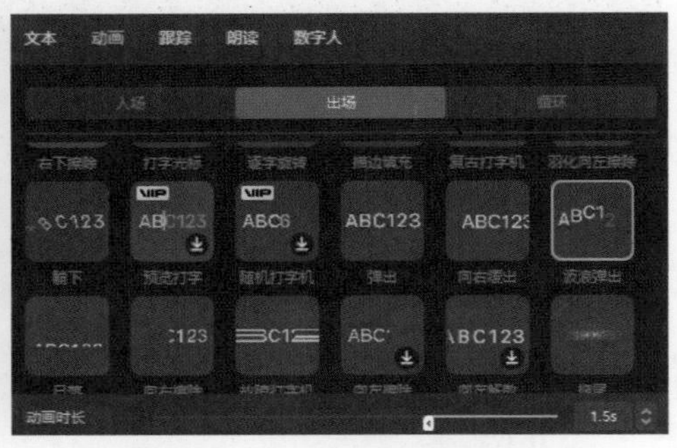

图6-30　选择“波浪弹出”动画

（6）在时间线面板中根据需要调整文本片段的长度和位置，如图6-31所示。单击“导出”按钮，即可导出Vlog。

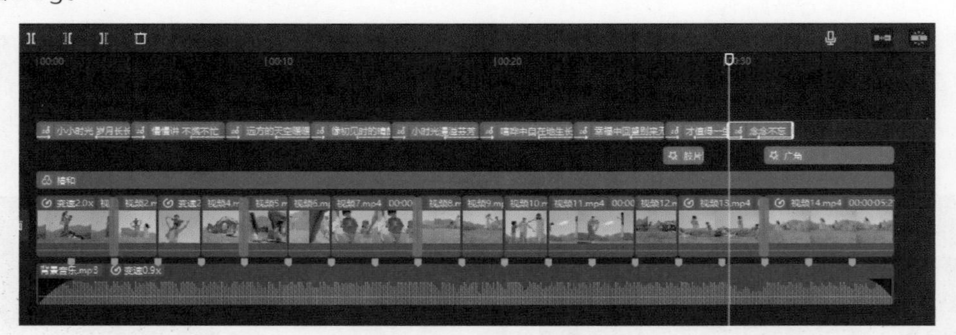

图6-31　调整文本片段

6.3.6　制作片头

操作教学

制作片头

本实战用一段可爱的童声旁白作为开场，配上合适的片头文字，不仅能够吸引观众的注意力，还为整个Vlog奠定温馨、愉快的基调。下面将介绍如何为Vlog制作片头，具体操作方法如下。

（1）新建剪辑项目，将“视频15”和“旁白”素材拖至时间线上，选中“视频15”片段，拖动时间线指针至01：18位置，按【Q】键向左裁剪，如图6-32所示。

（2）拖动时间线指针至04：19位置，按【W】键向右裁剪，如图6-33所示。

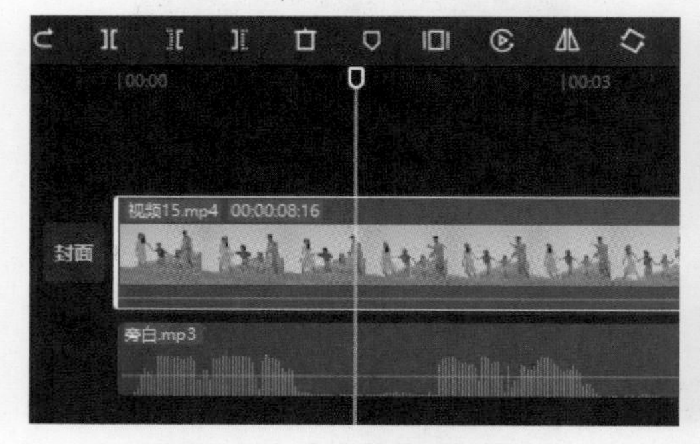

图6-32　向左裁剪视频片段

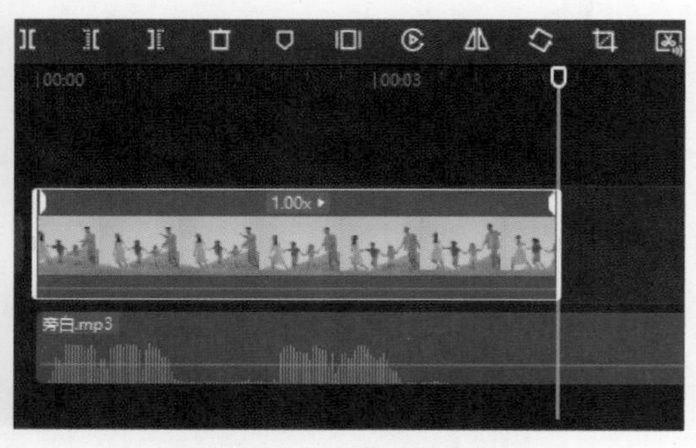

图6-33　向右裁剪视频片段

（3）在“变速”面板中单击“曲线变速”选项卡，选择“蒙太奇”曲线变速，根据需要调整第2个锚点的位置，然后选中“智能补帧”复选框，如图6-34所示。

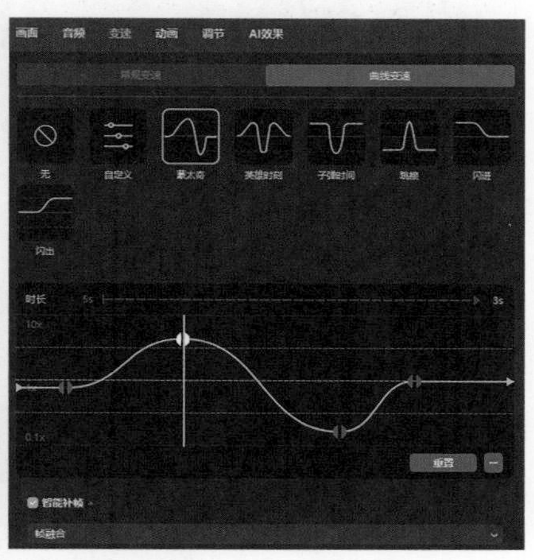

图6-34　选择“蒙太奇”曲线变速

（4）选择“旁白”音频素材，在“基础”面板中设置“音量”为2.0dB；在“声音效果”面板中单击“场景音”选项卡，选择“麦霸”效果，设置“空间大小”为5、“强弱”为50，如图6-35所示。

图6-35　选择“麦霸”效果

（5）在素材面板上方单击“滤镜”按钮，选择“风景”类别中的“椿和”滤镜，将其拖至“视频15”片段的上方，在“滤镜”面板中设置“强度”为50，如图6-36所示。

图6-36　选择“椿和”滤镜

（6）在“调节”面板中设置“亮度”为2、“对比度”为3、“清晰”为25，如图6-37所示。

图6-37　视频画面基础调色

（7）将导出的短视频拖至主轨道，在素材面板上方单击“特效”按钮，选择“光”类别中的“闪动光斑”特效，将其拖至时间线上，如图6-38所示。

（8）在“特效”面板中设置“氛围”为90、“速度”为20，如图6-39所示。

图6-38　选择“闪动光斑”特效

图6-39　设置特效参数

（9）在素材面板上方单击“文本”按钮，然后在左侧“文字模板”组中选择“春日”类别，在右侧选择合适的文字模板，如图6-40所示。

（10）将文字模板拖至时间线上，在“文本”面板中输入所需的文字，在“播放器”面板中调整文字模板的大小和位置，如图6-41所示。

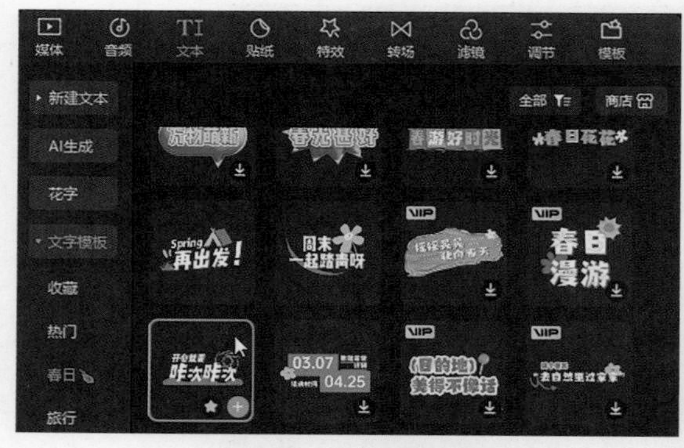

图6-40　选择文字模板

图6-41　编辑文本

（11）调整文本片段的长度，使其与“视频15”片段的右端对齐，如图6-42所示。至此，生活Vlog制作完成。单击“导出”按钮，即可导出生活Vlog。

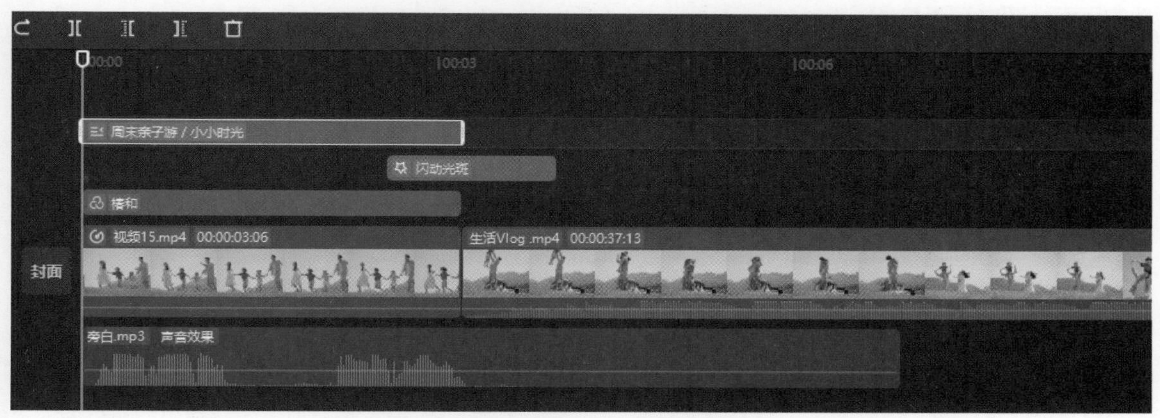

图6-42　调整文本片段的长度

课堂实训

效果展示

“清凉夏日”Vlog

操作教学

“清凉夏日”Vlog

打开“素材文件\第6章\课堂实训\清凉夏日”文件夹，制作一条“清凉夏日”Vlog，效果如图6-43所示。

图6-43　“清凉夏日”Vlog

本实训的操作思路如下。

（1）将视频素材添加到时间线面板中，并对其进行粗剪；预览视频粗剪效果，然后根据需要对镜头的画面构图进行调整。

（2）将音乐素材库中的“可爱小宝贝”音频素材添加到时间线面板中，对其进行自动踩点，根据音乐节拍对视频片段进行精剪，使画面变化与音乐节奏相匹配。

（3）为Vlog添加合适的音效，如“小孩子天真笑声音效”“流水声”“夏日午后蝉叫声音效”等，然后调整音频的音量、淡入和淡出时长。

（4）在素材片段的组接位置添加“叠化”类别中的转场效果，如“叠化”“云朵”和“闪黑”等。

（5）为短视频添加合适的滤镜，调整滤镜的强度，然后对个别片段进行单独调色。

（6）选择合适的文字模板，在“文本”面板中输入所需的文字，为Vlog制作片头。

课后练习

效果展示

“风筝节”Vlog

打开“素材文件\第6章\课后练习\风筝节”文件夹，将音频和视频素材导入剪映专业版中，制作一条“风筝节”Vlog。

第 7 章

创作产品推荐短视频

学习目标

- 了解产品推荐短视频的剪辑要点和思路。
- 掌握剪辑产品推荐短视频的方法。
- 掌握制作多屏画面效果的方法。
- 掌握为产品推荐短视频调色的方法。
- 掌握为产品推荐短视频添加字幕和贴纸的方法。
- 掌握为产品推荐短视频添加视频效果和编辑音频的方法。

素养目标

- 坚持质量至上，诚信为本，打造精品。
- 警惕虚假宣传，保护消费者的合法权益。

产品推荐短视频是一种有效的产品推广和营销手段，能够更好地展示产品特点、吸引目标受众并促进销售。通过本章的学习，读者应熟练掌握产品推荐短视频的剪辑思路和制作方法。

7.1 产品推荐短视频的剪辑要点和思路

产品推荐短视频是一种专门用于推广和展示产品的短视频形式。这些短视频通常通过简洁、直观的方式来展示产品的特点、功能、优势及使用场景，以吸引目标受众的注意力，并激发他们的购买欲望。下面将介绍产品推荐短视频的剪辑要点和思路。

1. 明确目标受众

明确目标受众是创作产品推荐类短视频的第一步。只有深入了解受众的喜好和需求，才能创作出符合其口味的视频作品，从而提高作品的播放量和转化率。

例如，若目标受众主要是年轻女性，那么视频的内容和风格就应该更加时尚、活泼，可能还需要包含一些与女性日常生活相关的话题或元素。

2. 突出产品特色

产品推荐短视频的主要目的是展示产品，因此要在视频中突出产品的特色和优势。创作者可以从产品的外观、功能、材质、使用场景等方面入手，通过展示产品的细节和特点，让观众对产品有更深入的了解。

3. 营造情感共鸣

在视频中融入情感元素，让观众更容易与产品建立共鸣。创作者可以采用故事情节、用户真实体验等手法，让观众在观看过程中产生情感连接，从而提高购买意愿。

例如，一个年轻人因为工作繁忙而忽略了与家人的沟通，直到有一天他收到了一款智能手表。通过这款手表，他能随时与家人保持联系，不错过每一个重要的时刻。这个故事情节不仅展示了智能手表的实用性和便捷性，还能让观众感受到家人之间的关爱和温暖。这样的视频更容易引起观众的共鸣和认同，从而提升购买意愿。

4. 强调产品实用性

为了在众多产品中脱颖而出，创作者要在视频中着重强调产品的独特卖点。这些独特之处可能是产品的外观设计、独特功能，或者是企业独家研发的技术等。通过充分展示这些卖点，可以与同类产品形成差异化竞争，吸引更多潜在观众的关注和选择。

素养课堂

高质量发展是新时代发展的硬道理。在社会主义市场经济中，产品销售要坚持质量至上，以用户为中心，在追求速度的时代选择质量，在短期收益面前坚守长远发展。坚持品质至上，追求卓越，以更高质量为美好生活赋能。

7.2 产品推荐短视频素材的选取

在制作产品推荐短视频时，为了充分展示产品的细节，可以着重选择一些展示产品外观、尺寸、材质、颜色、功能等特性的特写镜头画面。

以某品牌豆浆机短视频为例，不仅全面展示了6叶立体钢刀、免泡免过滤、一键清洗、豆浆香浓细滑等特点，还让观众获得了视觉上的享受，从而更容易被产品吸引并产生购买欲望，如图7-1所示。

图7-1 某品牌豆浆机短视频

为了让观众更直观地了解产品的用途和价值，还可以选取一些与产品使用场景相匹配的素材。如果产品适用于户外使用，如运动装备或户外工具，那么选择户外环境下拍摄的镜头素材会更具说服力，如图7-2所示。在美丽的自然风光中展示产品，可以凸显其耐用性和实用性。

图7-2 某品牌帐篷短视频

除了产品演示，还可以加入一些真实的客户评价或案例分享。这些素材可以提供第三方的视角，增强观众对产品的信任感。

7.3 产品推荐短视频创作实战

效果展示

产品推荐短视频创作实战

本实战将使用剪映专业版制作“宠物陶瓷慢食碗”产品推荐短视频。该短视频将重点强调产品的实用性和功能性，通过展示产品如何满足宠物的日常生活需求，进而提高宠物的生活质量，并引发观众的共鸣和购买欲望。

本实战的素材存储位置：“素材文件\第7章\产品推荐短视频”文件夹。

7.3.1 剪辑视频素材

在剪辑过程中，要注意保持视频的连贯性和流畅性，避免出现过长或过短的镜头，使每个镜头都能有效地传达信息，具体操作方法如下。

（1）将视频素材导入“媒体”面板中，依次将视频素材添加到时间线面板中，并对视频素材进行粗剪，然后在主轨道左侧单击“关闭原声”按钮，如图7-3所示。

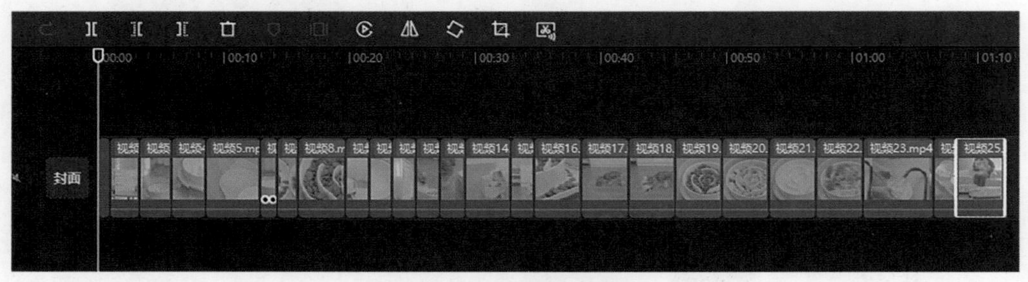

图7-3 粗剪视频素材

（2）将“背景音乐”素材拖至时间线上，在工具栏中单击“添加音乐节拍标记”按钮，选择“踩节拍Ⅰ”选项，然后选中“视频1”片段，在“变速”面板中设置“倍数”为0.6x，如图7-4所示。

（3）在工具栏中单击“倒放”按钮，将视频进行倒放，拖动时间线指针至第1秒的位置，按【W】键向右裁剪，如图7-5所示。

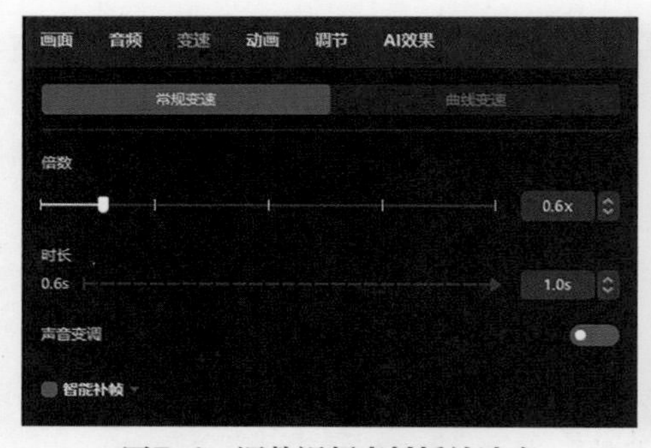

图7-4 调整视频素材播放速度

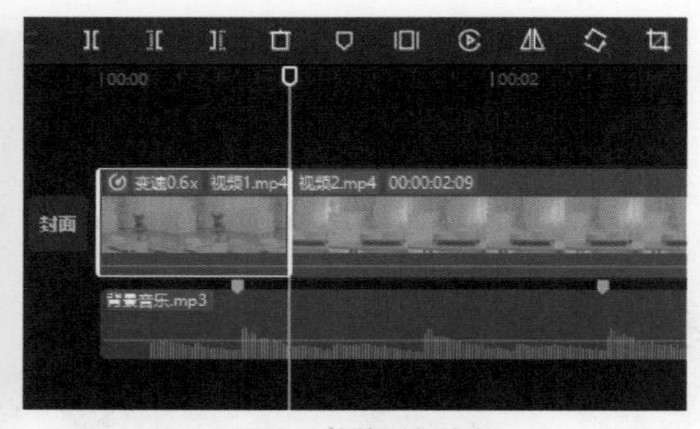

图7-5 裁剪视频片段

（4）将“视频23”片段变速为1.5x，将时间线指针定位到第2个节拍点位置，调整“视频2”片段的时长与第2个节拍点对齐，如图7-6所示。

（5）采用同样的方法，根据背景音乐的节拍点对其他视频片段进行裁剪，然后将“视频18”“视频20”“视频21”和“视频22”片段拖至画中画轨道，如图7-7所示。

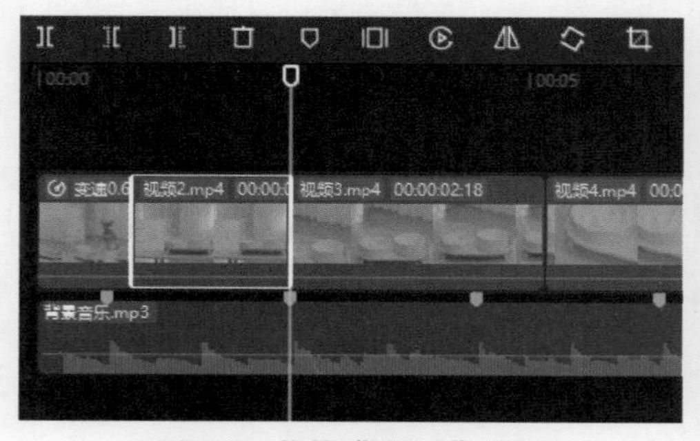

图7-6 裁剪“视频2”片段

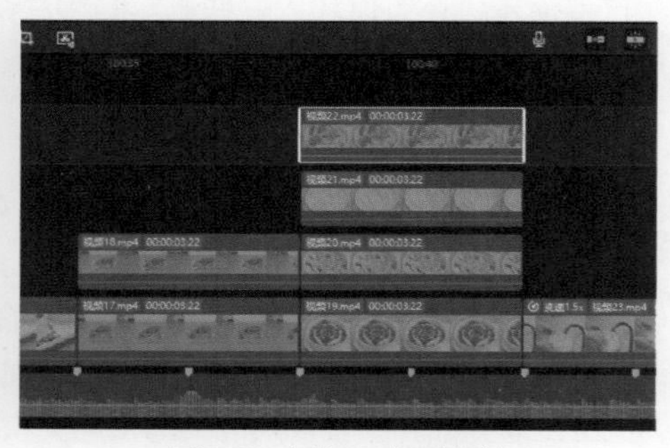

图7-7 添加画中画素材

知识链接

在剪映手机版中，可以通过点击工具栏中的“画中画”按钮▣来添加和编辑画中画素材；而在剪映专业版中，没有直接显示“画中画”按钮，但可以通过将视频素材拖至画中画轨道的方式进行多轨道操作。

7.3.2　制作多屏画面效果

操作教学
制作多屏画面效果

下面使用剪映专业版的“蒙版”功能制作多屏画面效果。将宠物陶瓷慢食碗与同类产品进行比较，并展示该产品适用于多种场景，突出其优越性和多功能性，具体操作方法如下。

（1）选中“视频17”片段，在“画面”面板中单击“蒙版”选项卡，选择“线性”蒙版，设置“旋转”为-90°，然后在“播放器”面板中将蒙版拖至合适的位置，如图7-8所示。

（2）采用同样的方法，为“视频18”片段添加“线性”蒙版，设置“旋转”为90°，然后将蒙版拖至合适的位置，制作分屏效果，如图7-9所示。

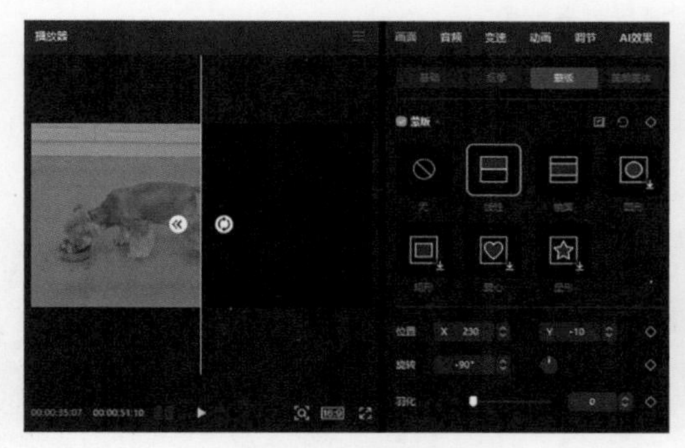

图7-8　编辑蒙版

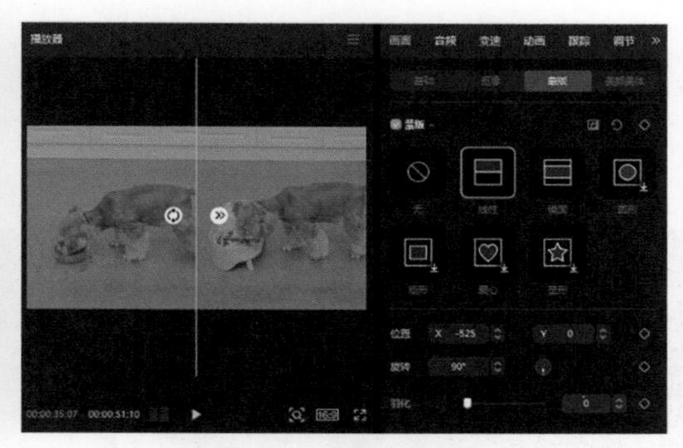

图7-9　制作分屏效果

（3）选中“视频19”片段，为其添加“镜面”蒙版，设置“旋转”为90°、“大小”为宽850，然后将蒙版拖至合适的位置，如图7-10所示。

（4）采用同样的方法，为其他视频片段添加“镜面”蒙版，并根据需要在“画面”面板中调整“缩放”参数，如图7-11所示。

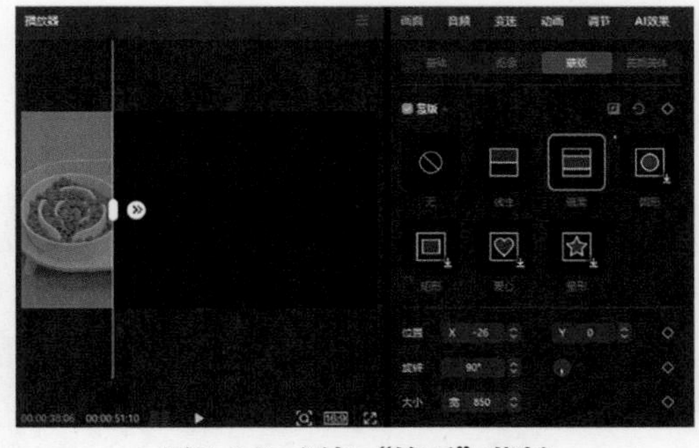

图7-10　添加“镜面”蒙版

图7-11　调整“缩放”参数

7.3.3　视频调色

操作教学
视频调色

下面使用剪映的“自定义调节”“滤镜”和“基础调节”功能对视频素材进行调

色，使整体画面更加明亮和清新，具体操作方法如下。

（1）在素材面板上方单击“调节”按钮，选择“自定义调节”，将其拖至时间线上，在“调节”面板中设置“饱和度”为15、“亮度”为10、“对比度”为15、“阴影”为-8、“黑色”为-12、“光感”为1、“清晰”为15，如图7-12所示。

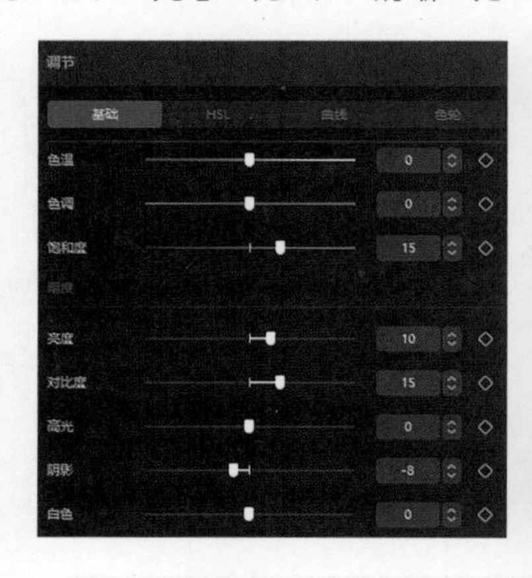

图7-12　视频画面自定义调色

（2）单击“曲线”选项卡，调整“亮度”曲线，增加整体画面的对比度，如图7-13所示。

（3）在素材面板上方单击“滤镜”按钮，选择“室内”类别中的“安愉”滤镜，将其拖至时间线上，在“滤镜”面板中设置“强度”为50，如图7-14所示。

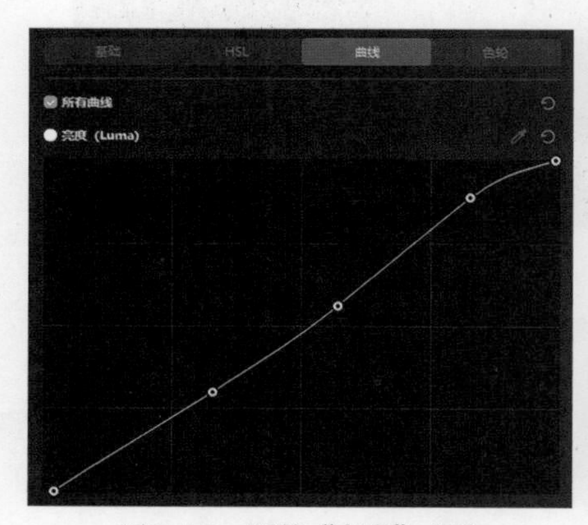

图7-13　调整“亮度”曲线

图7-14　添加“安愉”滤镜

（4）将“室内”类别中的“复古工业”滤镜和“基础”类别中的“清晰”滤镜拖至时间线上，然后在“滤镜”面板中设置“强度”为60，如图7-15所示。

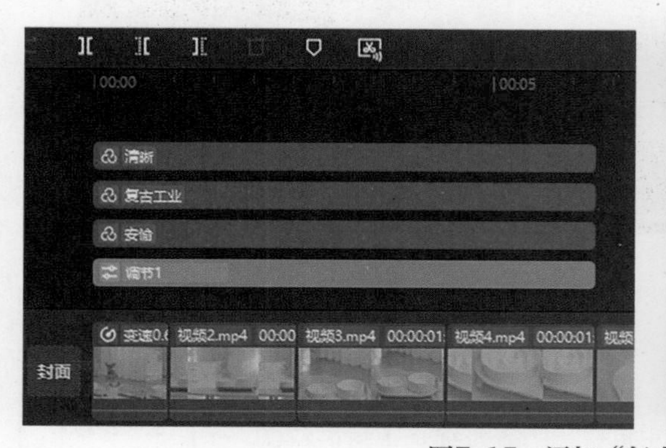

图7-15　添加“复古工业”和“清晰”滤镜

（5）将“美食”类别中的“轻食”滤镜拖至“视频6”片段的上方，在“滤镜”面板中设置“强度”为40，如图7-16所示。

（6）复制“轻食”滤镜片段，然后将其分别拖至“视频16”和“视频19”片段的上方，如图7-17所示。

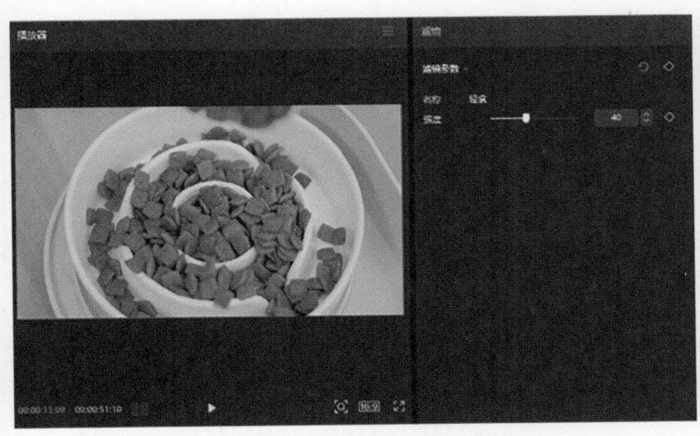

图7-16　添加“轻食”滤镜

图7-17　复制“轻食”滤镜片段

（7）选中“视频1”片段，在“调节”面板中设置“饱和度”为11、“亮度”为5、“对比度”为5，如图7-18所示。

（8）采用同样的方法，对其他视频片段进行调色。在时间线面板中，根据需要调整和调节滤镜片段的长度，如图7-19所示。

图7-18　视频画面基础调色

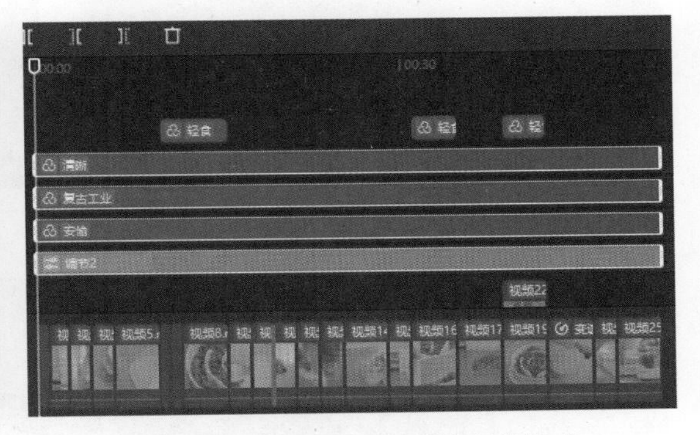

图7-19　调整和调节滤镜片段的长度

（9）在“播放器”面板中预览视频的调色效果，部分镜头画面如图7-20所示。

图7-20　预览视频的调色效果

7.3.4 添加贴纸和字幕

为短视频添加贴纸和字幕可以补充画面和声音无法表达的信息，如产品的尺寸、特性、使用方法和注意事项等，这些信息对于观众来说非常重要，可以帮助他们更全面地了解产品。

1. 添加贴纸

操作教学
添加贴纸

下面使用剪映的“贴纸”功能，如虚线圆、箭头、线条等元素来突出和强调产品的核心功能和具体尺寸，这些元素可以帮助观众快速捕捉和理解产品的核心特点，具体操作方法如下。

（1）在素材面板中单击“贴纸”按钮，在搜索框中输入“虚线圆”，然后选择合适的贴纸，如图7-21所示。

（2）将贴纸拖至“视频5”片段的上方，在“贴纸”面板中关闭“等比缩放”功能，设置“缩放宽度”为62%、“缩放高度”为46%，然后在“播放器”面板中调整贴纸的位置，如图7-22所示。

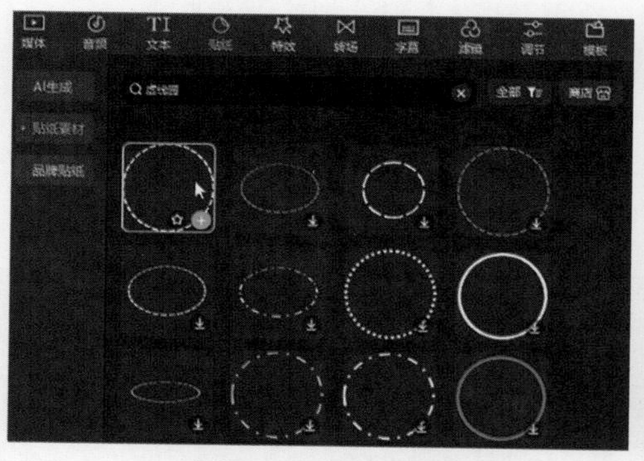

图7-21 选择贴纸

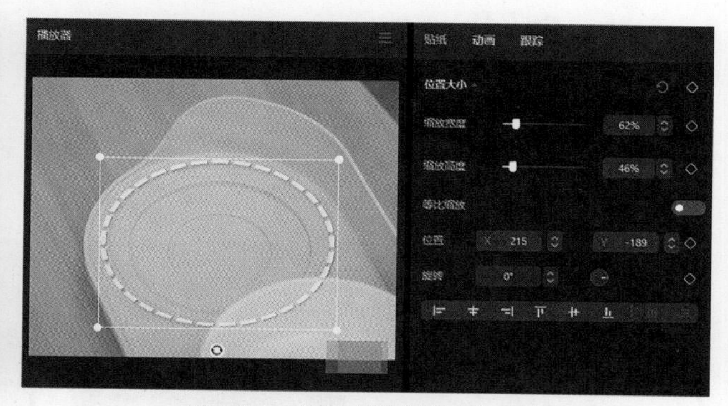

图7-22 关闭“等比缩放”功能

（3）在“动画”面板中单击“循环”选项卡，选择“闪烁”动画，在下方设置“动画快慢”为0.2s；单击“出场”选项卡，选择“渐隐”动画，在下方设置“动画时长”为0.6s，如图7-23所示。

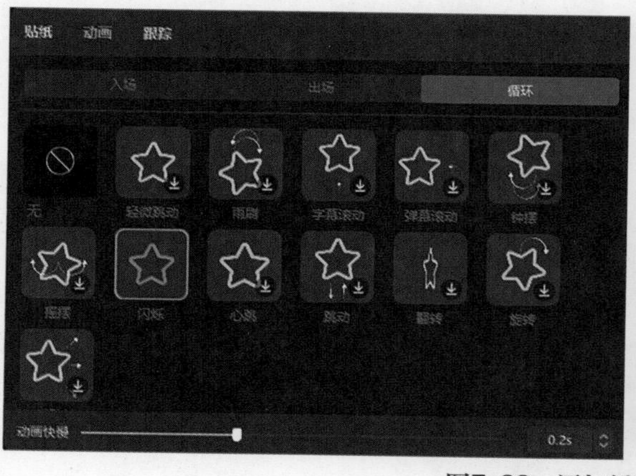

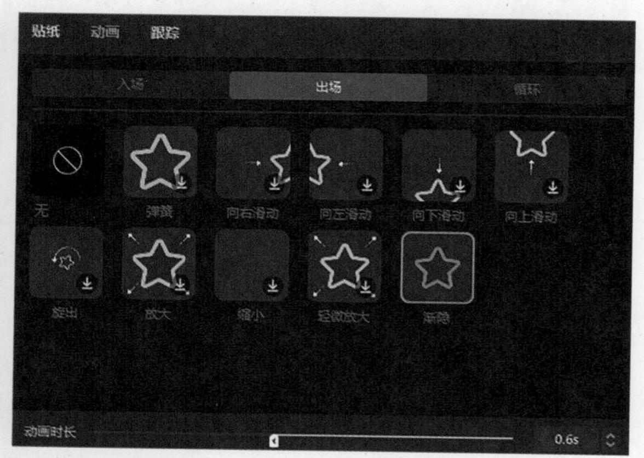

图7-23 添加循环和出场动画效果

（4）复制贴纸片段，在“贴纸”面板中打开“等比缩放”功能，然后设置“缩放”为48%并调整贴纸的位置，如图7-24所示。

（5）选择需要的“箭头”贴纸，将其拖至时间线上，在“动画”面板中单击“出场”选项卡，选择“渐隐”动画，在下方设置“动画时长”为0.5s，如图7-25所示。

（6）将时间线指针拖至“箭头”贴纸片段的开始位置，在“贴纸”面板中单击“位置”右侧的“添加关键帧”按钮◇，为贴纸添加一个关键帧，如图7-26所示。

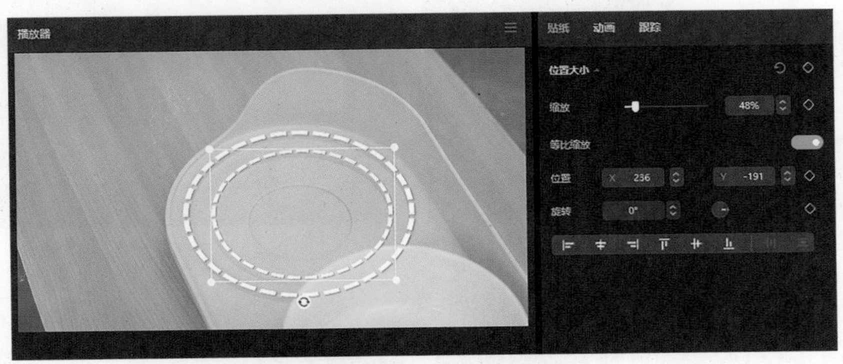

图7-24　调整“缩放”参数

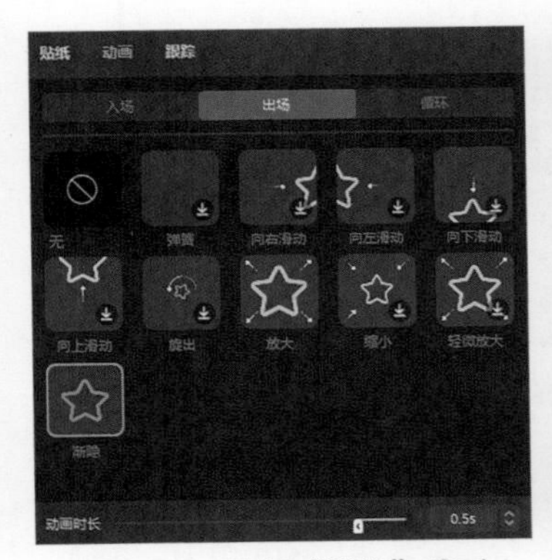

图7-25　选择“渐隐”动画

图7-26　添加“位置”关键帧

（7）一边拖动时间线指针，一边将“箭头”贴纸向左拖动，让贴纸始终位于凹凸食柱的边缘，如图7-27所示。

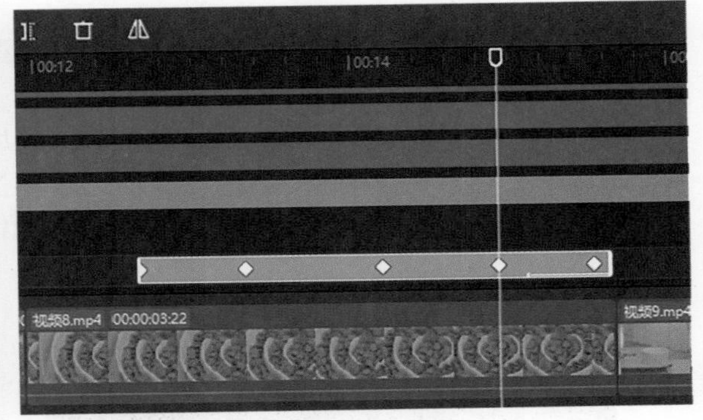

图7-27　调整贴纸片段位置

（8）在“视频18”片段的上方添加一个白色竖线贴纸，按【Alt+G】键新建复合片段，将时间线指针拖至视频片段的开始位置，然后为其添加“镜面”蒙版，单击“大小”右侧的“添加关键帧”按钮◇，设置“大小”为宽1、“羽化”为5，如图7-28所示。

（9）按【Shift+→】键将时间轴向后大幅移动，在“蒙版”面板中设置“大小”为宽1085，如图7-29所示。

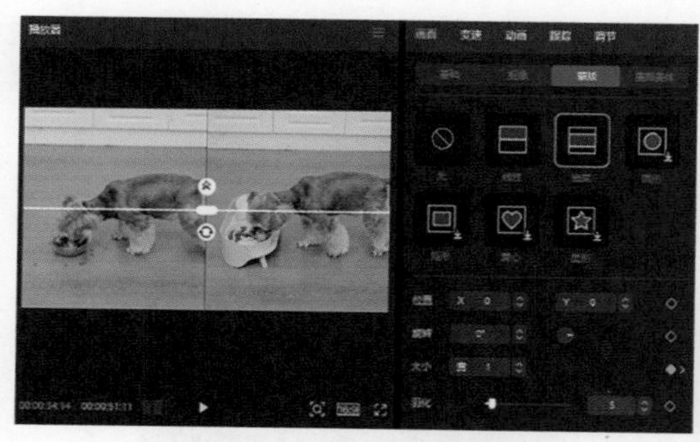

图7-28　添加并调整蒙版

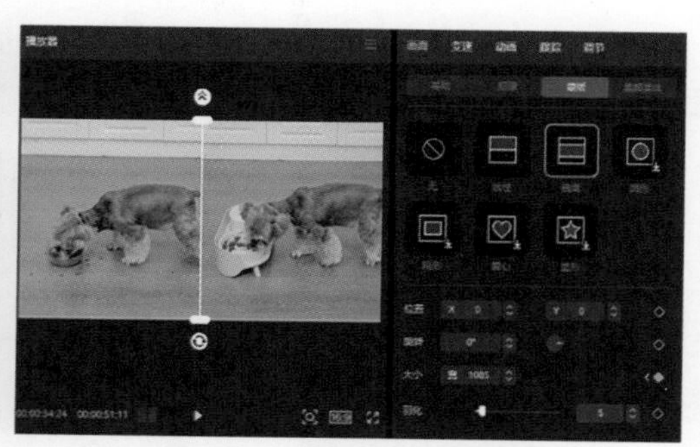

图7-29　调整“大小”参数

（10）采用同样的方法，为其他视频片段添加合适的贴纸，并制作关键帧动画效果，如图7-30所示。

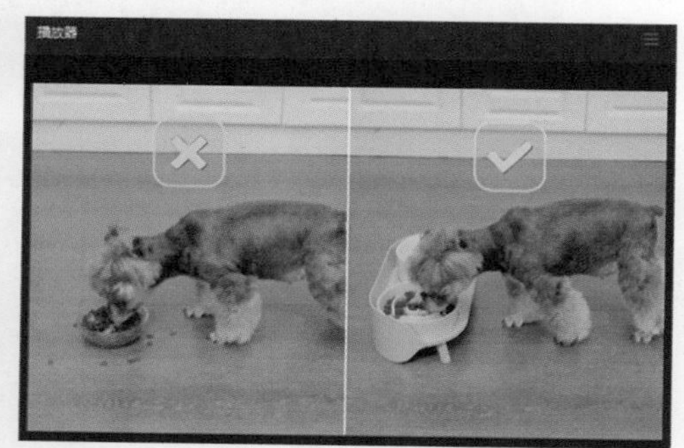

图7-30　添加其他贴纸并制作关键帧动画效果

知识链接

使用剪映专业版的“贴纸”功能时，用户无须进行复杂的后期剪辑，仅需发挥丰富的想象力，巧妙地组合各类贴纸，并适当调整贴纸的大小、位置和动画效果，即可为看似普通的视频注入更多的活力与创意。

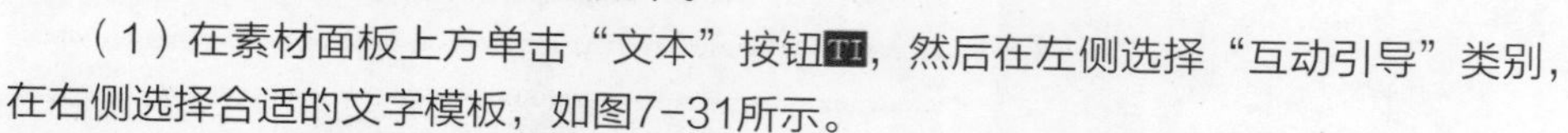

2. 添加产品信息字幕

操作教学

添加产品信息字幕

下面使用剪映专业版的“文字模板”“默认文本”和“动画”等功能为短视频添加产品信息字幕，具体操作方法如下。

（1）在素材面板上方单击“文本”按钮TI，然后在左侧选择“互动引导”类别，在右侧选择合适的文字模板，如图7-31所示。

（2）将文字模板拖至时间线上，然后用鼠标右键单击文本片段，在弹出的快捷菜单中选择“打散文字模板”命令，如图7-32所示。

图7-31　选择文字模板

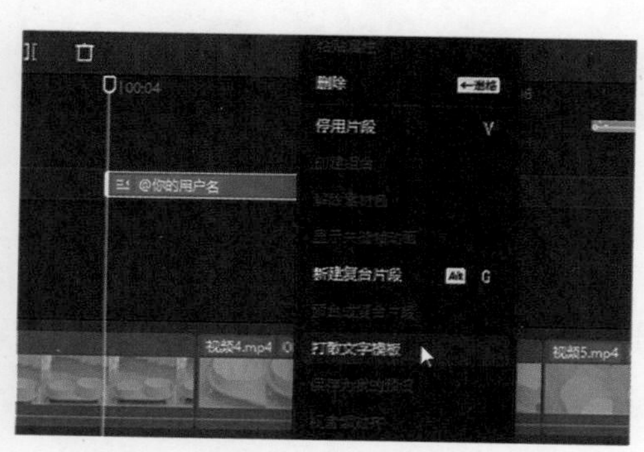

图7-32　选择“打散文字模板”命令

（3）删除打散后的贴纸片段，选中文本片段，在“文本”面板中输入“精选陶瓷材质”，设置“字体”为抖音美好体、“字号”为8，然后将其拖至画面的左下角，效果如图7-33所示。

图7-33　设置文本格式

（4）在素材面板上方单击“文本”按钮TI，然后在左侧选择“简约”类别，在右侧选择合适的文字模板，将其拖至“视频19”片段的上方，如图7-34所示。

（5）在时间线面板中复制3个文本片段，然后在“文本”面板中修改文本内容，设置“缩放”为31%，如图7-35所示。

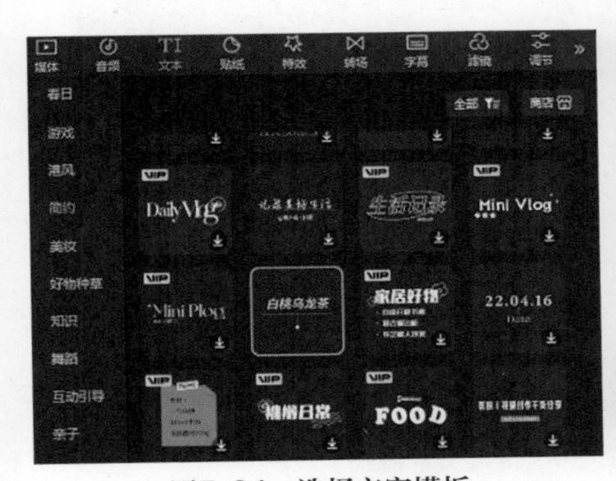

图7-34　选择文字模板　　图7-35　调整“缩放”参数

（6）同时选中“干粮”“湿粮”“喂水”和“果蔬”4个文本片段，在“属性”面板中单击“垂直居中对齐”按钮和“水平分布”按钮，对文本片段进行排版，如图7-36所示。

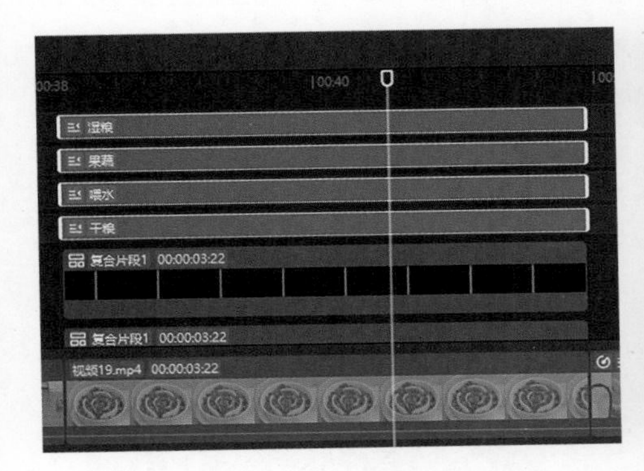

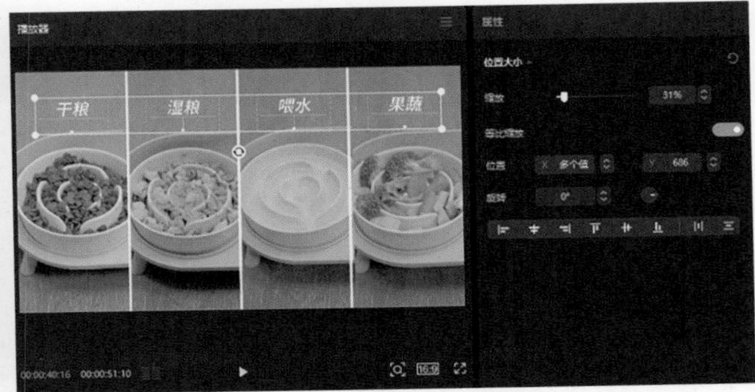

图7-36　排版

（7）新建“默认文本”并将其拖至“视频14”片段的上方，在“文本”面板中输入“|”，设置

“字号”为8，关闭“等比缩放”功能，设置“缩放宽度”为108%、“缩放高度”为389%，然后调整文本的位置，如图7-37所示。

图7-37　设置文本格式

（8）在“动画”面板中单击“入场”选项卡，选择“右下擦开”动画，在下方设置“动画时长”为0.5s；单击“出场”选项卡，选择“渐隐”动画，在下方设置“动画时长”为0.5s，如图7-38所示。

（9）复制“|”文本片段，在“文本”面板中设置“缩放高度”为238%、“平面旋转”为90°，然后调整文本的位置，如图7-39所示。

图7-38　添加入场和出场动画

图7-39　设置文本格式

（10）在“动画”面板中单击“入场”选项卡，选择“向左擦除”动画，在下方设置“动画时长”为0.5s，如图7-40所示；单击“出场”选项卡，选择“渐隐”动画，在下方设置“动画时长”为0.5s。

（11）继续复制“|”文本片段，在“文本”面板中设置“缩放高度”为102%，然后调整文本的位置，如图7-41所示。

图7-40　添加入场和出场动画

图7-41　调整“缩放高度”参数

（12）新建文本并输入“11cm”，在“文本”面板中设置“字体”为抖音美好体、“字号”为10，选中“背景”复选框，单击▣按钮，然后调整“颜色”“不透明度”“圆角”“高度”“宽度”“上下偏移”“左右偏移”等参数，如图7-42所示。

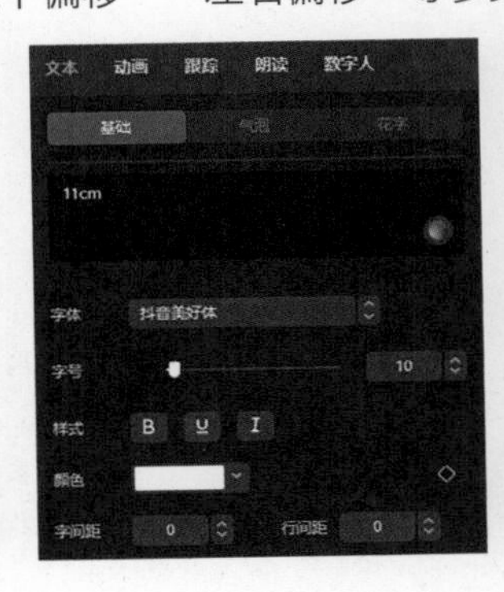

图7-42 设置背景格式

（13）在“动画”面板中单击“入场”选项卡，选择“渐显”动画，在下方设置“动画时长”为0.5s；单击“出场”选项卡，选择“渐隐”动画，在下方设置“动画时长”为0.5s，如图7-43所示。

（14）采用同样的方法，根据需要为其他视频片段添加合适的字幕，然后在时间线面板中调整每个文本的长度，如图7-44所示。

图7-43 添加入场和出场动画

图7-44 添加其他字幕

3. 添加片头和片尾字幕

在产品推荐短视频的片头和片尾中，通过添加字幕来展示产品的名称或标语，以迅速引导观众了解视频的主题，具体操作方法如下。

（1）新建文本并输入“宠物陶瓷慢食碗”，在“文本”面板中设置“字体”为俊雅体、“字号”为13、“样式”为斜体、“颜色”为橙黄色、“字间距”为3，如图7-45所示。

图7-45 设置文本格式

（2）在“动画”面板中单击“入场”选项卡，选择“开幕”动画并设置“动画时长”为0.5s；单击“出场”选项卡，选择“渐隐”动画并设置“动画时长”为0.5s，如图7-46所示。

图7-46　选择“开幕”和“渐隐”动画

（3）复制“宠物陶瓷慢食碗”文本片段，在“文本”面板中设置“颜色”为白色，然后选中“描边”复选框，设置“颜色”为橘黄色、“粗细”为5，如图7-47所示。

（4）选中“发光”复选框，单击Aa按钮，设置“颜色”为橘黄色、“强度”为35、“范围”为35，如图7-48所示。

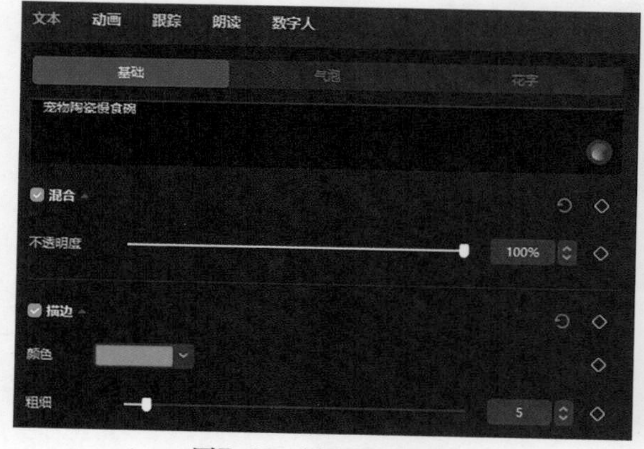

图7-47　设置描边格式

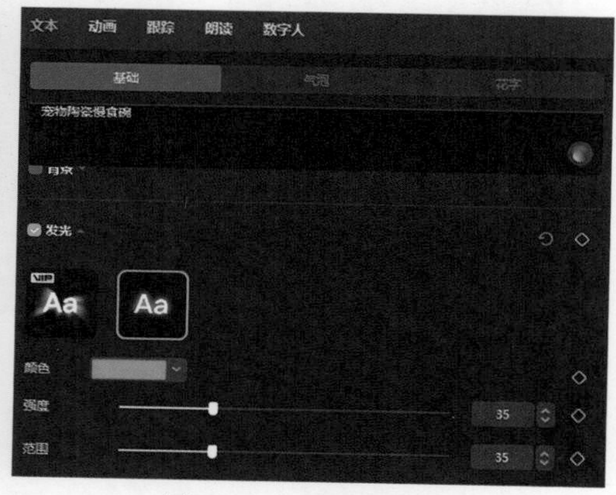

图7-48　设置发光格式

（5）在“播放器”面板中将白色文本向左移动，使其与橘黄色文本交错开，然后调整文本片段的长度，如图7-49所示。

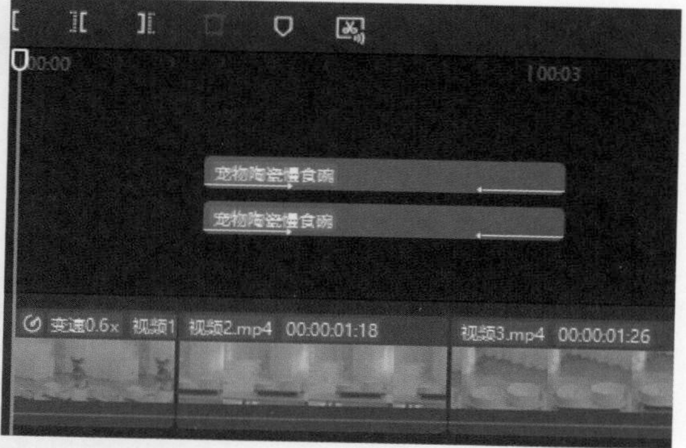

图7-49　调整文本片段的位置和长度

（6）采用同样的方法，新建文本并输入“Extend Mealtime”，然后为其添加“收拢”入场动画、“渐隐”出场动画和“晃动”循环动画，如图7-50所示。

图7-50　输入英文文本并添加动画

（7）复制片头的文本片段，将其粘贴到“视频25”片段的上方，然后在“文本”面板中修改文本内容，如图7-51所示。

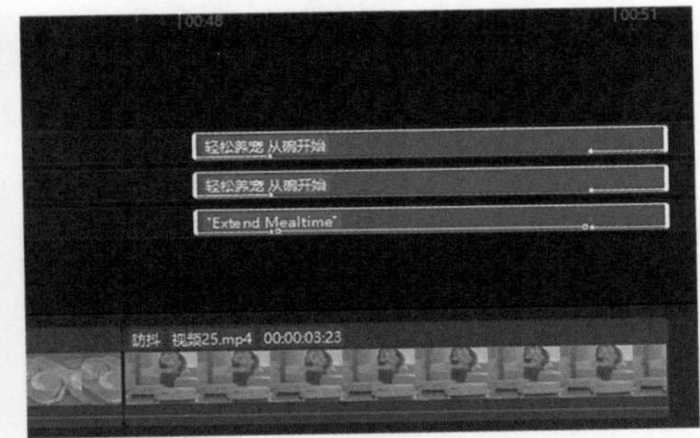

图7-51　添加片尾字幕

7.3.5　添加视频效果

操作教学
添加视频效果

为产品推荐短视频添加转场和特效，不仅可以提升视频的视觉质量和观看体验，还能突出产品特点和优势，营造出与品牌相契合的视觉氛围，增强观众对品牌的认知和记忆，对于提升产品推广效果具有重要的作用。具体操作方法如下。

（1）在素材面板上方单击“转场”按钮⊠，选择“模糊”类别中的“模糊”转场，将其拖至“视频5”和“视频6”片段的组接位置，如图7-52所示。

（2）继续播放视频，预览短视频的其他部分，观察镜头切换是否有比较生硬的地方，若有则为其添加“拉远”“叠化”或“云朵”转场，如图7-53所示。

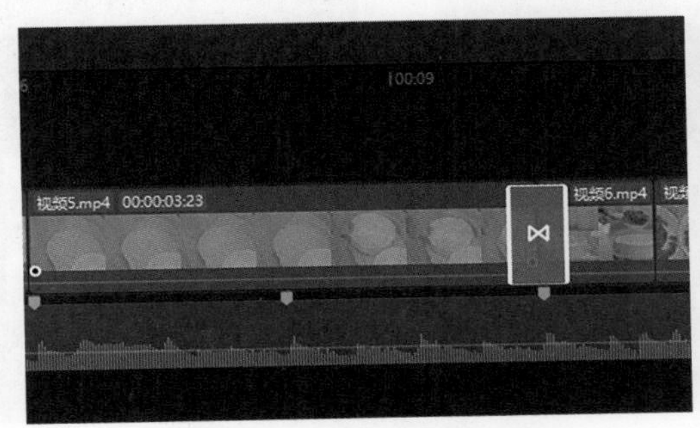

图7-52　添加“模糊”转场

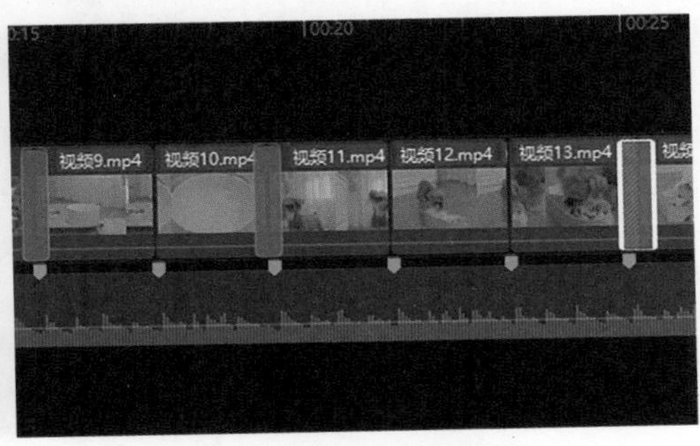

图7-53　添加其他转场

（3）在素材面板上方单击“特效”按钮，选择“光”类别中的“闪动光斑”特效，将其添加到“视频1”和“视频2”片段的上方，如图7-54所示。

（4）在“特效”面板中设置“氛围”为90、“速度”为80，如图7-55所示，然后调整特效片段的长度和位置。

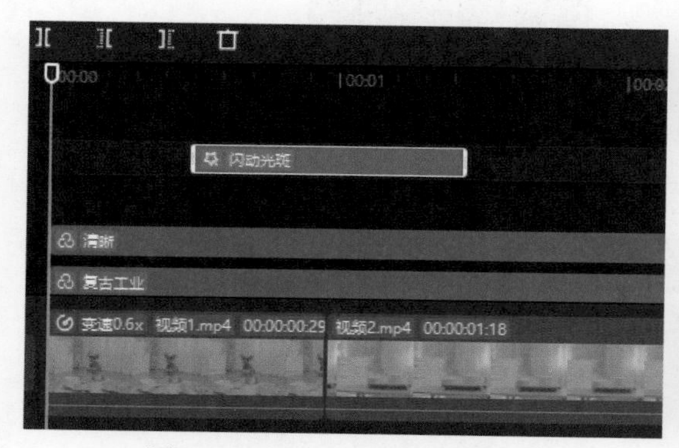

图7-54 添加“闪动光斑”特效

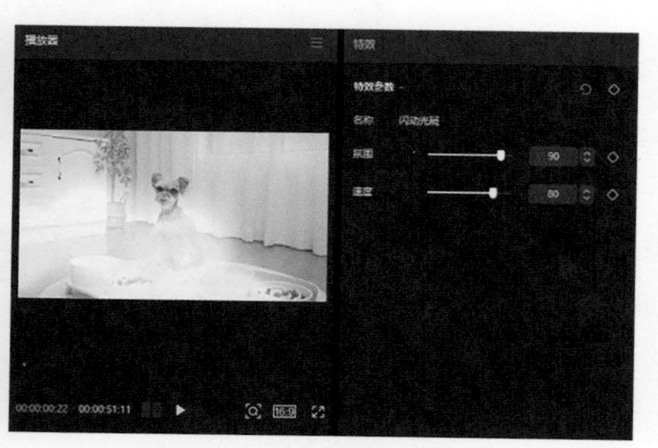

图7-55 设置特效参数

（5）选中“闪动光斑”特效，按【Ctrl+C】键复制特效，按【Ctrl+V】键粘贴特效，然后调整特效片段到合适的位置，如图7-56所示。

图7-56 复制并粘贴特效片段

（6）选中“视频19”片段，在“动画”面板中单击“入场”选项卡，选择“向上滑动”动画并设置“动画时长”为0.5s，如图7-57所示。

（7）选中“视频20”片段，在“动画”面板中单击“入场”选项卡，选择“向下滑动”动画并设置“动画时长”为0.5s，如图7-58所示。

图7-57 选择“向上滑动”动画

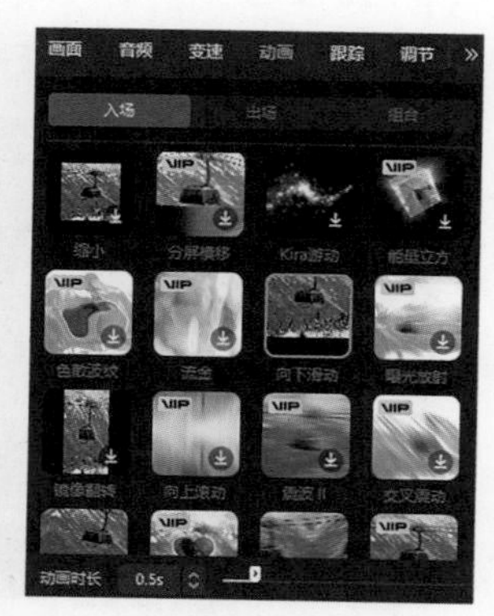

图7-58 选择“向下滑动”动画

（8）采用同样的方法，为“视频21”和“视频22”分别添加“向上滑动”和“向下滑动”入场动画，如图7-59所示。

（9）将时间线指针拖至“视频25”片段的开始位置，在“画面”面板中单击“基础”选项卡，在“缩放”右侧单击“添加关键帧”按钮◆，添加第1个关键帧，如图7-60所示。

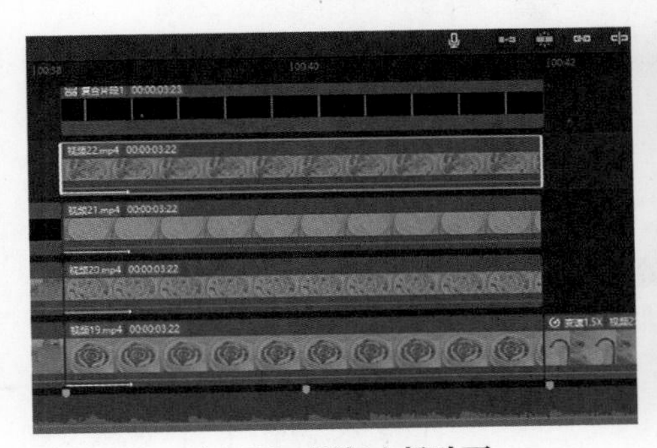

图7-59　添加入场动画

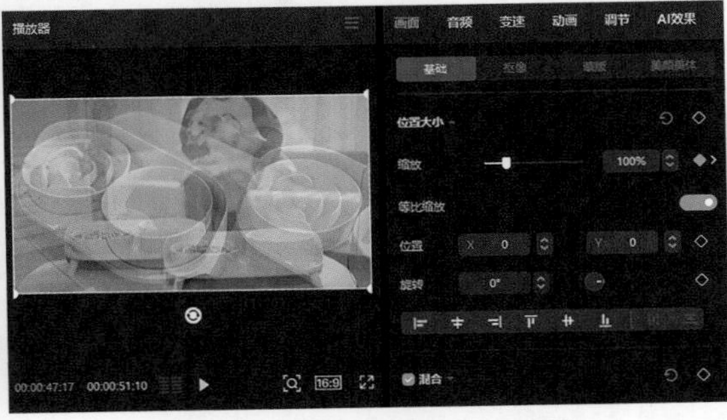

图7-60　添加“缩放”关键帧

（10）将时间线指针拖至“视频25”片段的结束位置，将“缩放”参数调整为115%，添加第2个关键帧，如图7-61所示。

图7-61　调整“缩放”参数

7.3.6　编辑音频

操作教学

编辑音频

对于宠物用品短视频而言，为了营造舒适的观看氛围，可以选择轻松、愉快的背景音乐和音效。具体操作方法如下。

（1）选中“背景音乐”音频片段，在“基础”面板中设置“音量”为5.0dB、“淡出时长”为2.0s，如图7-62所示。

（2）在素材面板上方单击“音频”按钮♪，然后在左侧单击“音效素材”按钮，搜索“出字提示叮叮”音效，然后将其拖至“视频5”片段的下方，如图7-63所示。

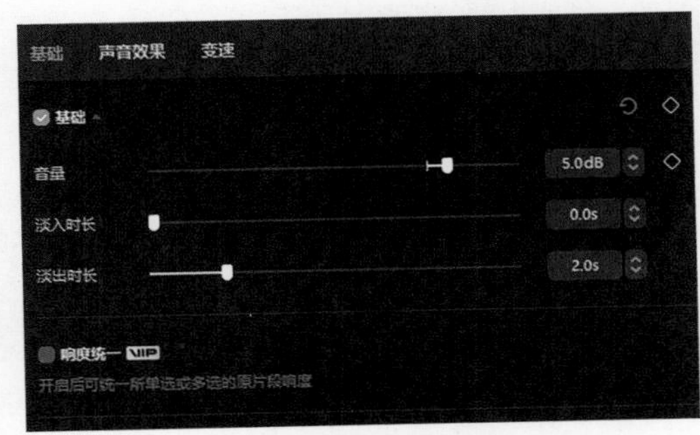

图7-62　编辑背景音乐

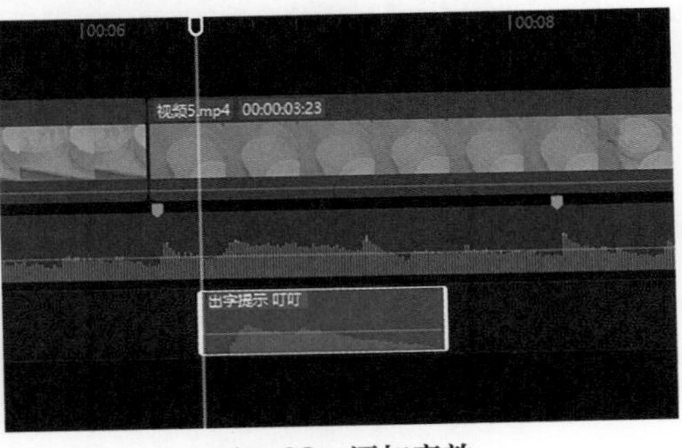

图7-63　添加音效

（3）采用同样的方法，在“视频17”片段下方添加“正确”音效，在“视频19”片段下方添加“唰”音效，如图7-64所示。单击“导出”按钮，即可导出短视频。

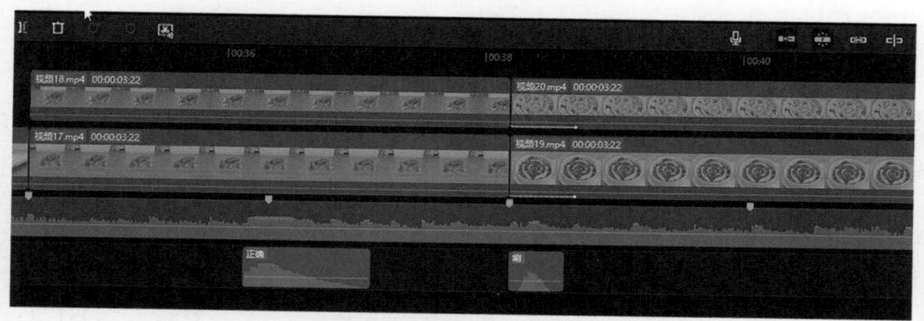

图7-64　添加其他音效

课堂实训

打开“素材文件\第7章\课堂实训\四季垫”文件夹，制作一条宠物四季垫产品推荐短视频，效果如图7-65所示。

图7-65　宠物四季垫产品推荐短视频

本实训的操作思路如下。

（1）将视频素材添加到时间线面板中，在音乐素材库中选择合适的背景音乐，将其拖至时间线上，并进行自动踩点，然后根据音乐节拍对视频素材进行裁剪。

（2）根据需要对部分视频素材进行二次构图，使用“缩放”功能制作多屏画面效果。

（3）为短视频添加合适的滤镜，调整滤镜的强度；预览画面整体调色效果，并对个别片段进行单独调色。

（4）根据需要为短视频添加合适的转场效果和画面特效，然后为部分视频片段添加“渐隐”动画效果。

（5）调整背景音乐的音量和淡出时长，然后选择合适的文字模板，在“文本”面板中输入所需的文字，为短视频制作片头。

课后练习

打开“素材文件\第7章\课后练习\安全座椅”文件夹，将视频素材导入剪映专业版中，制作一条宠物安全座椅产品推荐短视频。

第8章

创作商业广告短视频

学习目标

- 了解商业广告短视频的剪辑要点和思路。
- 掌握制作商业广告短视频片头与片尾的方法。
- 掌握剪辑商业广告短视频的方法。
- 掌握编辑商业广告短视频音频的方法。
- 掌握为商业广告短视频添加转场效果和旁白字幕的方法。
- 掌握为商业广告短视频调色的方法。

素养目标

- 遵守市场秩序，树立诚信经营理念。
- 匠心制作，在广告中传达时代流转，进行文化传承。

商业广告短视频通过互联网平台发布和传播，具有传播速度快、覆盖面广等特点。用户可以通过社交媒体、短视频平台等渠道快速分享和传播这些广告，实现广告的快速扩散和广泛覆盖。这种高效的传播方式，使得商业广告短视频能够在短时间内迅速提高品牌的知名度和商品的销量。通过本章的学习，读者应熟练掌握商业广告短视频的剪辑思路和制作方法。

8.1 商业广告短视频的剪辑要点和思路

商业广告短视频是一种具有时长短、内容精炼、形式生动、传播迅速等特点的广告形式。同时，商业广告短视频也具有很强的视觉冲击力和情感吸引力，能够迅速吸引目标用户的注意力并让其产生共鸣。下面介绍商业广告短视频的剪辑要点和思路。

1. 明确广告目标和用户

在进行商业广告短视频剪辑之前，首先要明确广告的主要目标是什么，是提升品牌知名度、推广新产品，还是促进销售额的增长。为了达成这些目标，商家可以利用社交媒体平台提供的数据分析工具，深入剖析目标用户的年龄、性别、兴趣偏好及消费习惯等。定制差异化的短视频内容，使广告信息能够高效、准确地传递给目标用户，从而实现广告效果的最大化。

2. 内容策划

在策划创意内容时，创作者要从目标用户的角度出发，深入挖掘他们的需求和痛点，并以故事化、情感化的方式来呈现广告内容。同时，关注当前的市场趋势和流行元素，结合目标用户的特点，选择适合的主题和风格进行内容策划。在此过程中，创作者要避免使用过时或老套的元素，以保持广告的新鲜感和吸引力。

确定主题和风格后，即可进入创意构思阶段。创意是广告的灵魂，要新颖、独特，能够迅速吸引目标用户的注意并给其留下深刻的印象。在构思过程中，可以运用各种视觉和声音元素，如引人入胜的音乐、恰到好处的字幕，以及增强视觉效果的特效等，来增强短视频的吸引力和感染力。

3. 构建剪辑结构

商业广告短视频的长度通常在15秒到2分钟之间，这要求创作者在有限的时间内尽可能多地展示产品或品牌的特点和优势。因此，合理安排视频的开头、中间和结尾部分变得尤为重要。

（1）开头部分

通常情况下，开头部分需要在几秒内迅速抓住用户的眼球，引起他们的兴趣。一个吸引人的开头可以是一个引人注目的视觉特效、一个引人入胜的悬念，或者是一个与观众生活紧密相关的场景。

以某品牌智能家居系统的广告开头部分为例。一个早晨，女主人正在为早餐而忙碌着。突然，她意识到似乎忘记了一件事情，脸上露出了一丝焦虑。此时，智能家居系统发出提醒，告诉她早餐已准备好，门已自动锁好，室内温度也已调节适宜。这种情境设置可以立即引发用户的疑问：“是什么让她如此轻松地应对一切？”进而引起用户对智能家居系统的兴趣。

（2）中间部分

中间部分是广告展示产品或品牌特点和优势的核心。在这一部分，视频内容需要紧密围绕广告的主题展开，使每一个镜头、每一句旁白都紧扣主题，传达出产品或品牌的核心价值。

（3）结尾部分

结尾部分是广告留给用户的最终印象，也是引导用户采取行动的关键。因此，在结尾部分，创作者要用简短有力的语言或画面强调产品或品牌的核心价值，并引导用户关注。

8.2 商业广告短视频素材的选取

在创作商业广告短视频之前，创作者应根据广告内容和目标用户，选取合适的视频、音频、图片等素材。如果广告中包含旁白音频，仔细听并理解其内容和节奏，标记出旁白中的关键信息点、情感转折和重点强调的部分。根据旁白音频的内容，收集和准备所需的视频素材，使素材的内容、风格和旁白音频相匹配。

以“杨记桃酥王”商业广告短视频为例，旁白文案如下。

每一个甜品，都是美食家的甄选之作，让我们一起走进杨记。桃酥起源于唐朝初期，后被传至皇宫中，被称为宫廷桃酥。香脆可口的宫廷桃酥，蕴藏着传承，蕴藏着祖祖辈辈的信念。纯手工制作，满足味蕾的甜蜜，为生活增添乐趣。不论历史如何推演，记忆尘封了多久，唯一不变的，是它保持着最初的味道。它是食物，也是信物。每一段记忆都有一个密码，只要时间、地点、人物组合正确，杨记桃酥王，都将在心底里再次回味。

基于上述文案，选取素材时应该围绕“杨记桃酥王”的历史传承、纯手工制作、产品展示及店铺环境等4个方面来展开。

1. 历史传承

开头部分可以展示“桃酥起源于唐朝初期”的历史背景，选取一些古代宫廷场景或具有唐代特色的建筑、服饰、道具等元素。这些故事性的素材能够赋予产品更深的情感价值，让人们在享受美味的同时，也能感受到品牌的温度，如图8-1所示。

图8-1　历史传承部分镜头

素养课堂

近年来，传统文化回潮、东方美学复兴成为广告营销界的流量密码，对中国传统文化的探索与重构，反而为求新求变的消费品牌增添了古与今、传承与创新的相生逸趣。通过展现历史与文化，品牌彰显了自身的文化调性与产品品质，以及承担文化传承的责任感。

2. 纯手工制作

通过多个镜头来展示桃酥的整个制作过程，特别是手工操作的环节，如和面、揉面、烘烤等关键步骤，如图8-2所示。在选取素材的过程中，可以穿插一些匠人的特写镜头，强调他们的专业性，这类素材能够增加观众对品牌的信任感和好感度。

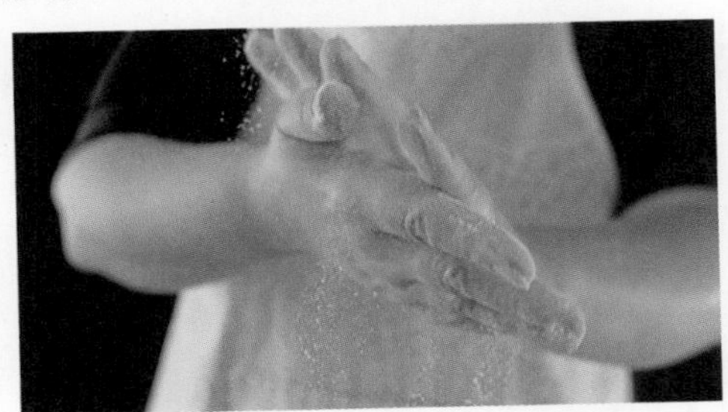

图8-2　纯手工制作部分镜头

3. 产品展示

在进行产品展示时，创作者可以选取高质量、清晰美观的甜品图片或视频素材。这些素材应突出甜品的色泽、形状、质地等特点，让观众第一眼就能感受到甜品的美味和吸引力，如图8-3所示。

图8-3 产品展示部分镜头

4. 店铺环境

在展示店铺环境时，创作者可以选取能够展示店铺招牌、装修风格、卫生环境，以及顾客在店铺内争相购买的场景素材，借助顾客的表情和动作来展示他们对杨记桃酥王的满意度和喜爱之情，如图8-4所示。

图8-4 店铺环境部分镜头

8.3 商业广告短视频创作实战

效果展示
商业广告短视频创作实战

本实战将以“桃酥起源于唐朝初期”为引子，通过时间的流转和过渡，将观众带入“杨记桃酥王”的世界。在创作过程中，详细展示品牌的历史传承、店铺环境、特色产品和顾客体验等方面，以吸引观众的注意力，并激发他们的购买欲望。

本实战的素材存储位置：“素材文件\第8章\商业广告短视频”文件夹。

8.3.1 制作片头

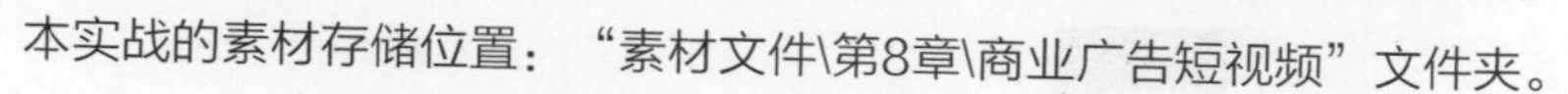

片头中的“杨记宫廷桃酥”和“中华传统美食”文字直接传达了品牌的名称和特色，粗犷有力的字体设计与周围的山水画风形成鲜明对比，使品牌信息更加突出，便于观众记忆。

1. 编辑片头文本

下面将介绍如何采用图片素材与文字元素相结合的布局方式，使整个画面既充满艺术的美感，又能清晰地传达品牌信息，具体操作方法如下。

（1）在剪映专业版的初始界面中单击“开始创作”按钮，进入视频剪辑界面，在“媒体”面板中导入需要的素材，如图8-5所示。

（2）在功能区的“草稿参数”面板中单击“修改”按钮，然后设置“草稿名称”“比例”“分辨率”“草稿帧率”等，单击“保存”按钮，如图8-6所示。

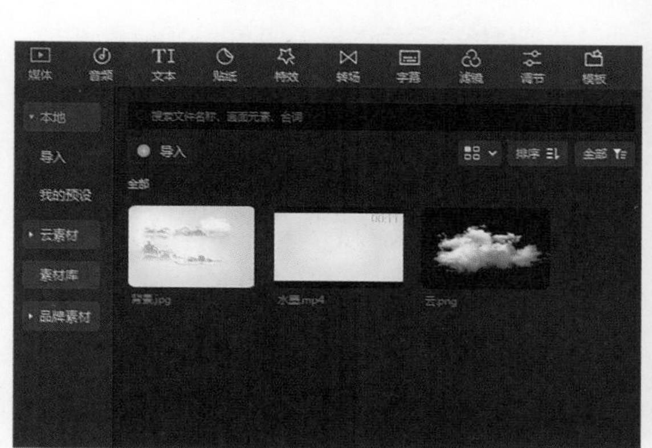

图8-5　导入素材

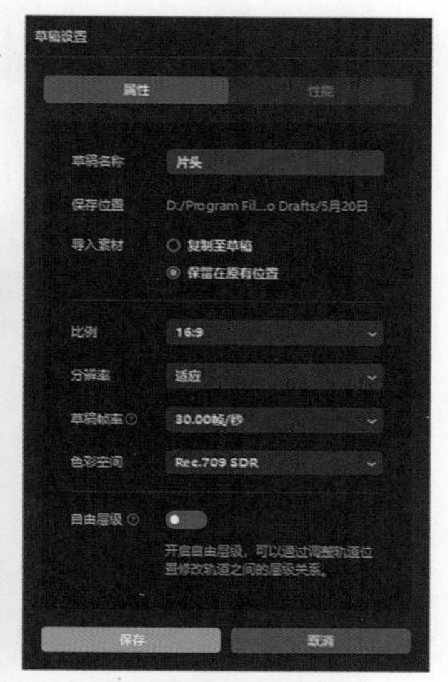

图8-6　设置草稿

（3）将素材库中的“白场”素材拖至时间线上，拖动时间线指针至第3秒的位置，按【W】键向右裁剪，如图8-7所示。

（4）将“背景”图片素材拖至画中画轨道，将时间线指针拖至视频的开始位置，在“画面”面板中单击“缩放”右侧的“添加关键帧”按钮◇，设置“缩放”为238%，添加第1个关键帧，如图8-8所示。

图8-7　裁剪“白场”素材

图8-8　添加“缩放”关键帧

（5）拖动时间线指针至第1秒的位置，在“画面”面板中单击“位置”右侧的“添加关键帧”按钮◇，将“缩放”参数调整为178%，添加第2个关键帧，如图8-9所示。

图8-9 调整“缩放”参数

（6）将时间线指针拖至“背景”片段的结束位置，将“缩放”参数调整为160%，将“位置”参数调整为“Y-240”，添加第3个关键帧，为图片制作缩放动画效果，如图8-10所示。

图8-10 调整“缩放”和“位置”参数

（7）新建文本并输入“杨”，在“文本”面板中设置“字体”为汉仪英雄体、“字号”为15、“颜色”为黑色、“缩放”为174%，如图8-11所示。

（8）复制多个“杨”文本片段，在“文本”面板中修改文本内容，然后根据需要调整“缩放”参数，对片头文本进行排版，效果如图8-12所示。

图8-11 设置文本格式

图8-12 片头文本排版效果

（9）采用同样的方法，新建文本并输入其他文本，然后在时间线面板中调整每个文本的长度，如图8-13所示。

（10）在素材面板中单击“贴纸”按钮，在搜索框中输入“印章”，选择合适的贴纸，如图8-14所示。

（11）将贴纸拖至时间线上，在“贴纸”面板中设置“缩放”为7%，然后在“播放器”面板中调整贴纸的位置，如图8-15所示。

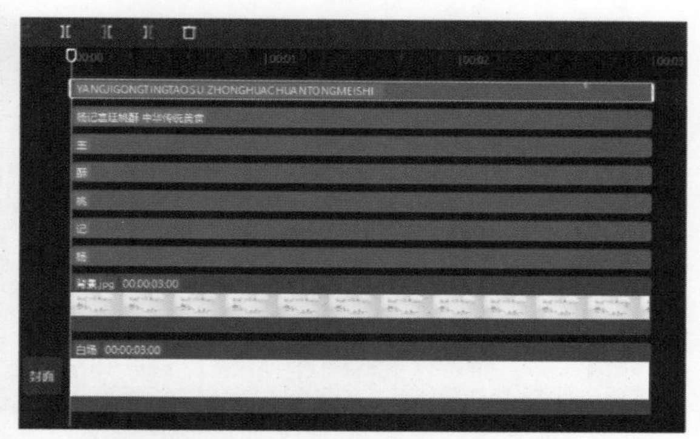

图8-13 添加其他文本并调整长度

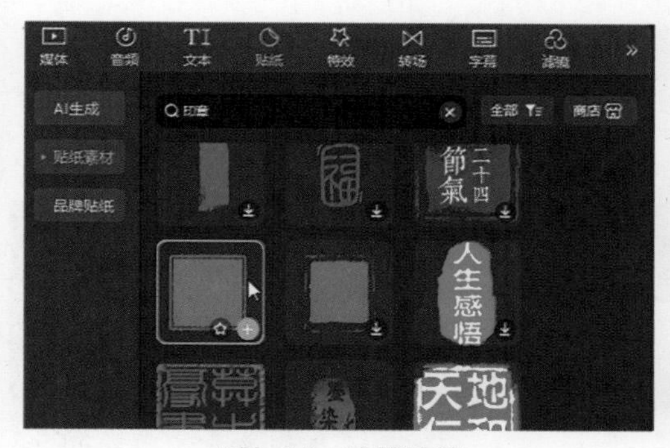

图8-14 选择贴纸

图8-15 设置“缩放”参数

（12）新建文本并输入“杨记桃酥”，在“文本”面板中设置“字体”为SourceHanSerifCN-Medium、“字号”为5、“颜色”为白色、“缩放”为48%，如图8-16所示。

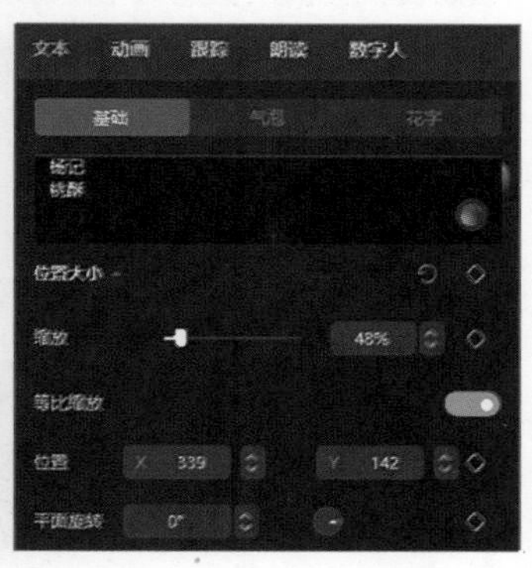

图8-16 设置文本格式

2. 制作动画效果

下面使用剪映专业版的“关键帧”和“动画”功能为片头文本制作动画效果，具体操作方法如下。

（1）选中所有的文本和贴纸片段，按【Alt+G】键新建复合片段并单击鼠标右键，在弹出的快捷菜单中选择“保存为我的预设”命令，如图8-17所示。

操作教学

制作动画效果

（2）将时间线指针拖至视频的开始位置，在“画面”面板中单击“位置大小”右侧的“添加关键帧”按钮◇，设置“缩放”为181%，添加第1个关键帧，如图8-18所示。

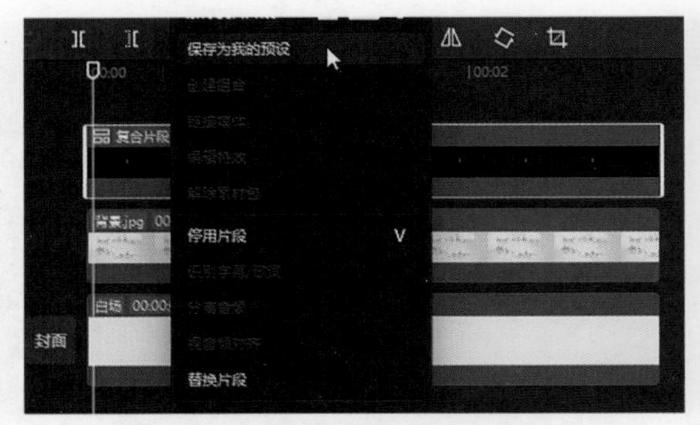

图8-17　选择“保存为我的预设”命令

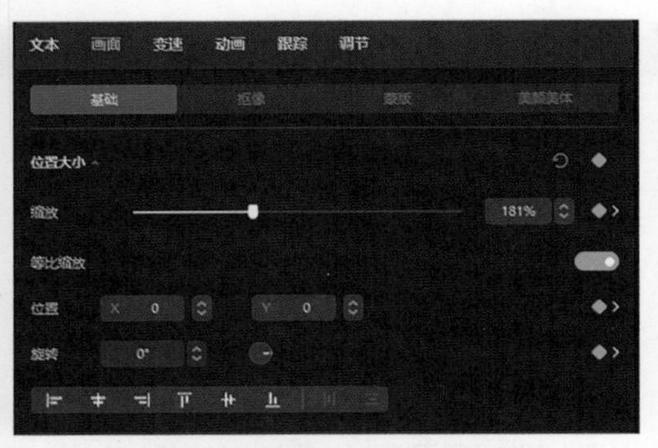

图8-18　添加“位置大小”关键帧

（3）拖动时间线指针至第1秒的位置，将“缩放”参数调整为80%，添加第2个关键帧，如图8-19所示。

（4）拖动时间线指针至视频的结束位置，将“缩放”参数调整为70%，将“位置”参数调整为“Y 40”，添加第3个关键帧，如图8-20所示。

图8-19　调整“缩放”参数

图8-20　调整“缩放”和“位置”参数

（5）在“动画”面板中单击“入场”选项卡，选择“渐显”动画，在下方设置“动画时长”为0.3s，如图8-21所示。

（6）将“云”图片素材拖至画中画轨道，采用同样的方法为其添加关键帧动画，然后在“画面”面板的“层级”选项中单击2按钮，如图8-22所示。制作出白云跟随文本飘动的效果。

图8-21　选择“渐显”动画

图8-22　调整素材层级

（7）将“水墨”视频素材拖至画中画轨道，在“变速”面板中设置“倍数”为1.5x，如图8-23所示。

（8）在时间线面板中调整“水墨”片段的长度，在“画面”面板中单击“基础”选项卡，然后在“混合模式”下拉列表框中选择“滤色”混合模式，设置“不透明度”为70%，如图8-24所示。

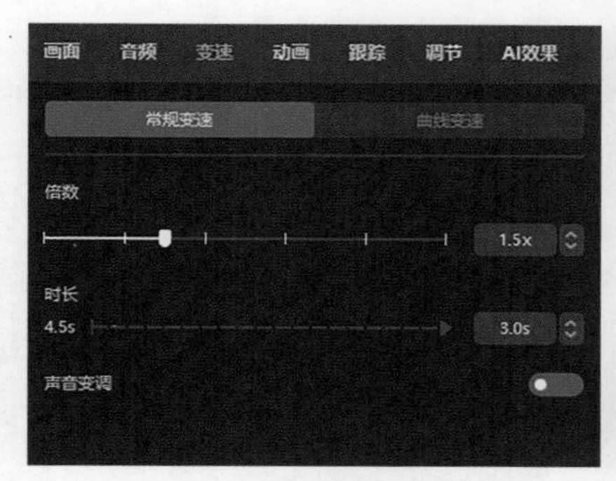

图8-23　调整视频素材播放速度

图8-24　选择“滤色”混合模式

（9）根据需要为“水墨”片段添加关键帧动画，在“动画”面板中单击“出场”选项卡，选择“渐隐”动画，在下方设置“动画时长”为1.2s，如图8-25所示。单击“导出”按钮，即可导出片头。

图8-25　选择“渐隐”动画

8.3.2　剪辑视频素材

操作教学

剪辑视频素材

为了使视频素材与背景音乐的节奏相协调，可以利用音频波形来定位节拍点，并在音频轨道上设置标记，然后根据背景音乐的节拍点对视频素材进行裁剪，具体操作方法如下。

（1）将“视频1”和“背景音乐”素材拖至时间线上，在主轨道左侧单击“关闭原声”按钮，在工具栏中单击“添加音乐节拍标记”按钮，选择“踩节拍Ⅱ”选项，如图8-26所示。

（2）播放“背景音乐”，拖动时间线指针至需要裁剪的位置，在工具栏中单击“向左裁剪”按钮，如图8-27所示。

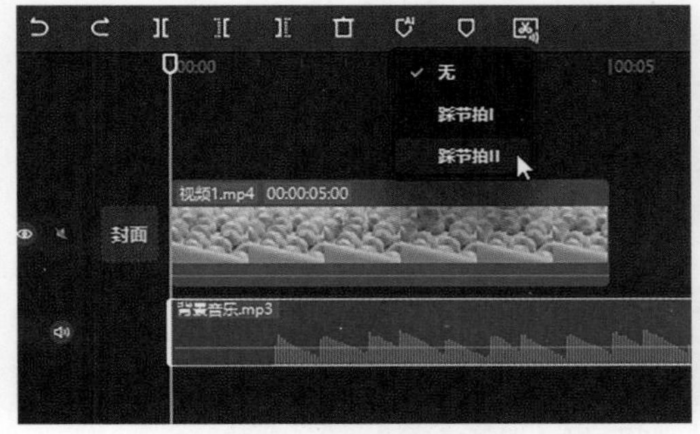

图8-26　添加节拍点

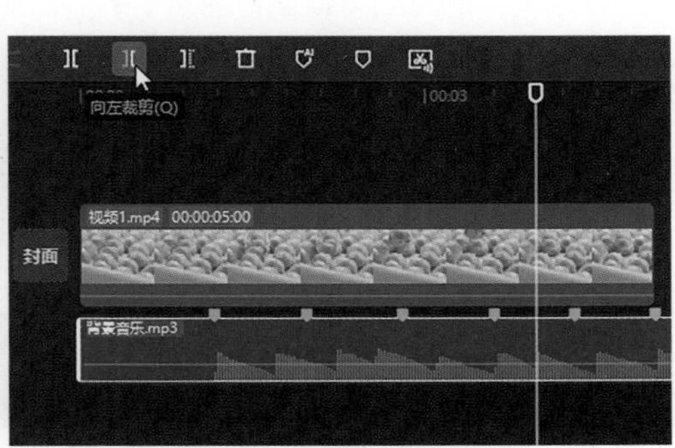

图8-27　裁剪音频片段

（3）调整“背景音乐”音频片段的位置，然后拖动时间线指针至需要进行标记的位置，按【M】键添加标记，如图8-28所示。

（4）对“视频1”片段进行裁剪，使其右端与第2个节拍点的位置对齐，如图8-29所示。

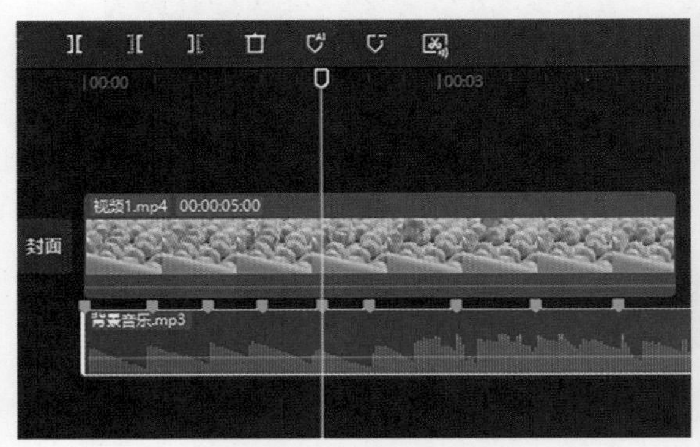

图8-28 添加标记

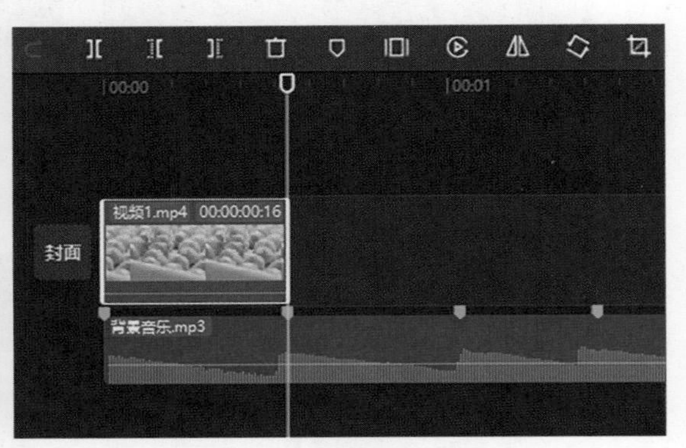

图8-29 裁剪视频片段

知识链接

如果想删除素材片段上所有的标记，可选中标记并单击鼠标右键，在弹出的快捷菜单中选择“删除该片段的所有标记”命令，即可将所有标记删除。

（5）将其他视频素材依次添加到时间线面板中，选中“视频2”片段，在“变速”面板中设置“倍数”为1.3x，如图8-30所示。

（6）选中“视频5”片段，在“画面”面板中选中“视频防抖”复选框，对素材进行防抖处理，如图8-31所示。

图8-30 调整视频素材播放速度

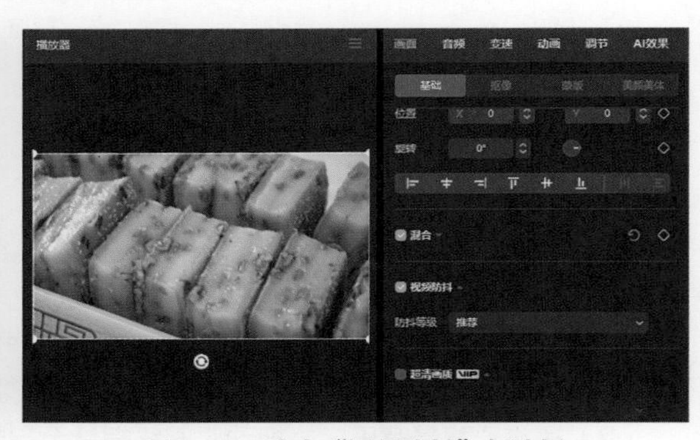

图8-31 选中“视频防抖”复选框

（7）采用同样的方法，根据背景音乐的节拍点对其他视频片段进行裁剪，然后将“片头”素材拖至“视频11”片段的右端，如图8-32所示。

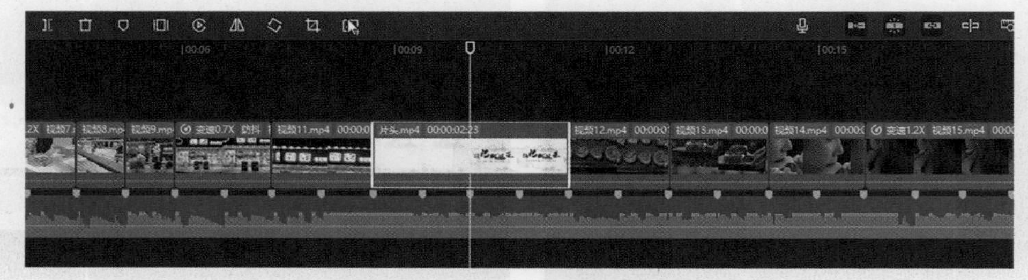

图8-32 裁剪其他视频素材

（8）选中“视频9”片段，在“画面”面板中设置“缩放”为120%，如图8-33所示。采用同样的方法，对其他需要调整画面比例的视频片段进行二次构图。

图8-33　调整“缩放”参数

（9）在“播放器”面板中预览视频的剪辑效果，部分镜头画面如图8-34所示。

图8-34　预览视频的剪辑效果

8.3.3　编辑音频

为了使背景音乐与旁白等不同的音频元素相互协调，可以利用剪映专业版的“关键帧”功能来调整背景音乐的音量，具体操作方法如下。

（1）将时间线指针拖至视频的开始位置，选中“背景音乐”音频片段，在“基础”面板中单击“音量”右侧的“添加关键帧”按钮◇，为音量添加第1个关键帧，然后设置“淡出时长”为2.0s，如图8-35所示。

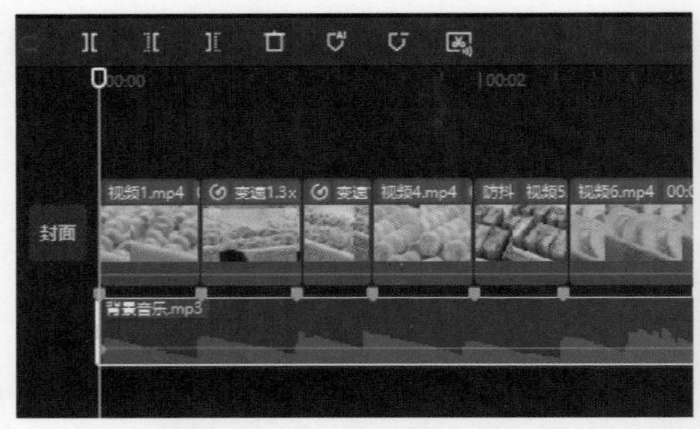

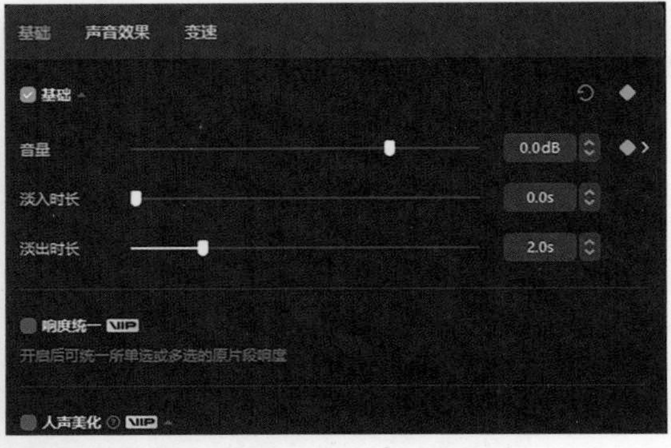

图8-35 添加“音量”关键帧

（2）将时间线指针定位到第7个节拍点位置，在“基础”面板中设置“音量”为-8.0dB，添加第2个关键帧，如图8-36所示。

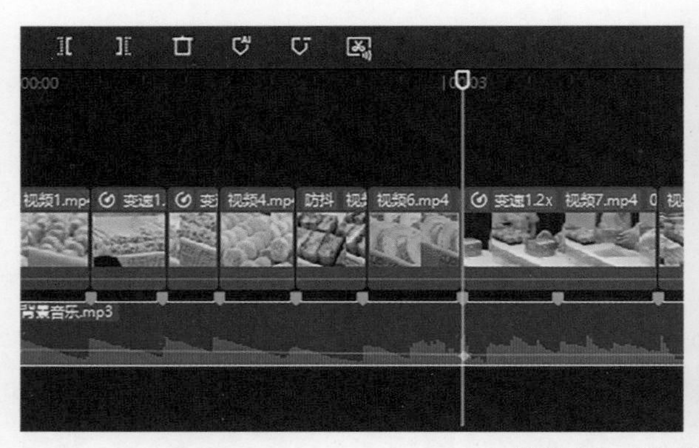

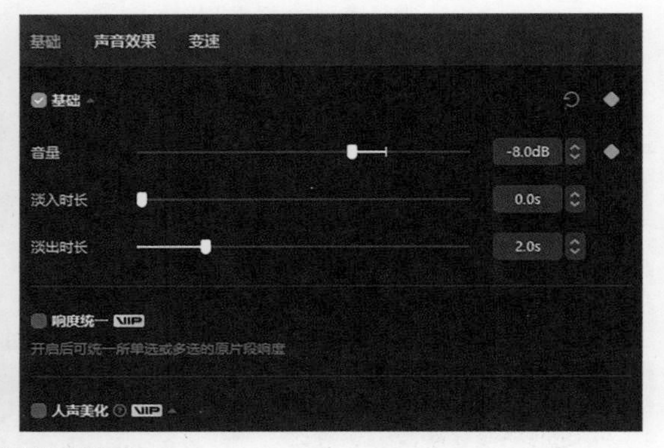

图8-36 添加第2个关键帧

（3）将时间线指针定位到“片头”片段的右端，在“基础”面板中设置“音量”为-10.0dB，添加第3个关键帧，如图8-37所示。

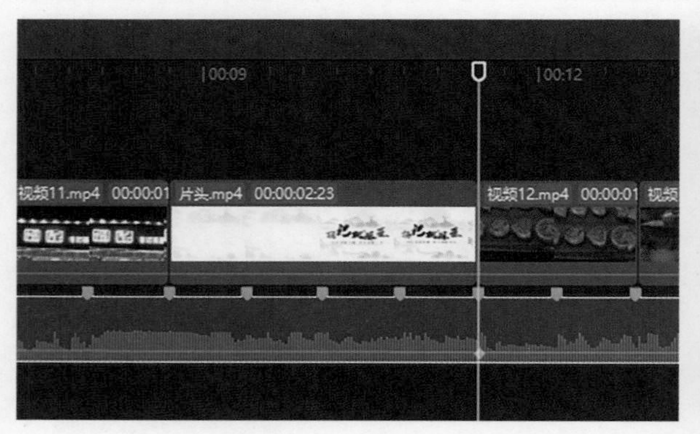

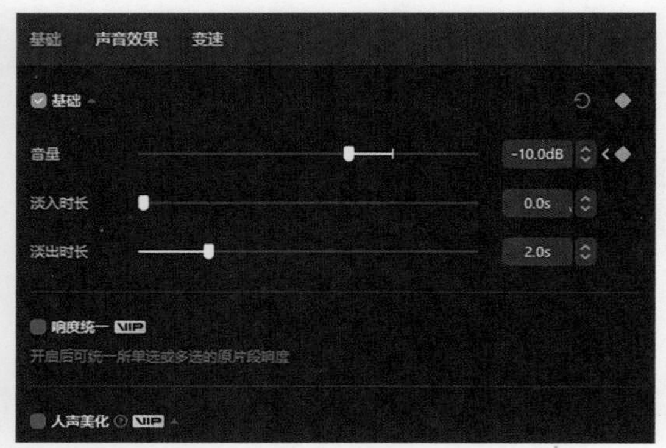

图8-37 添加第3个关键帧

（4）将“旁白”添加到时间线上，使音频中人声开始的位置与第5个节拍点对齐，如图8-38所示。

（5）在“基础”面板中设置“音量”为8.0dB，然后根据需要对“旁白”进行裁剪，让视频画面呈现的场景与旁白相吻合，如图8-39所示。

图8-38　添加“旁白”音频

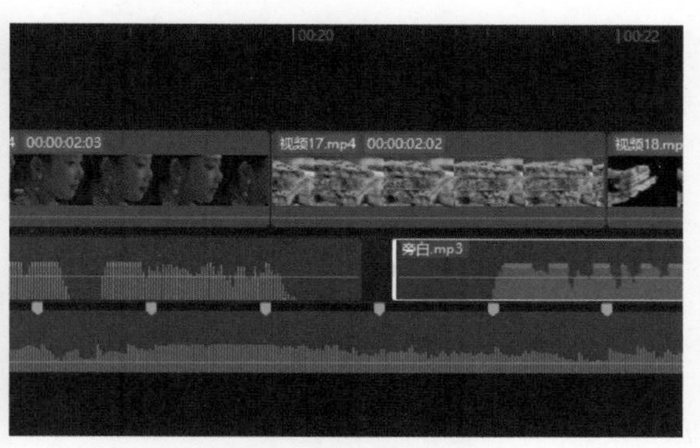

图8-39　裁剪音频片段

8.3.4　添加转场效果

操作教学

添加转场效果

在商业广告短视频中添加转场效果可以增强广告的吸引力和流畅度，使视频画面更加引人入胜，具体操作方法如下。

（1）在素材面板上方单击“转场”按钮，选择“叠化”类别中的“闪黑”转场，将其拖至“视频11”和“片头”片段的组接位置，如图8-40所示。

（2）选择“叠化”类别中的“叠化”转场，将其拖至“片头”和“视频12”片段的组接位置，如图8-41所示。

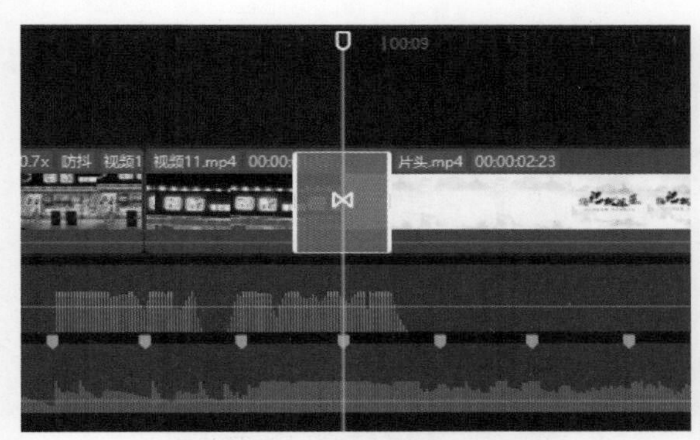

图8-40　添加“闪黑”转场

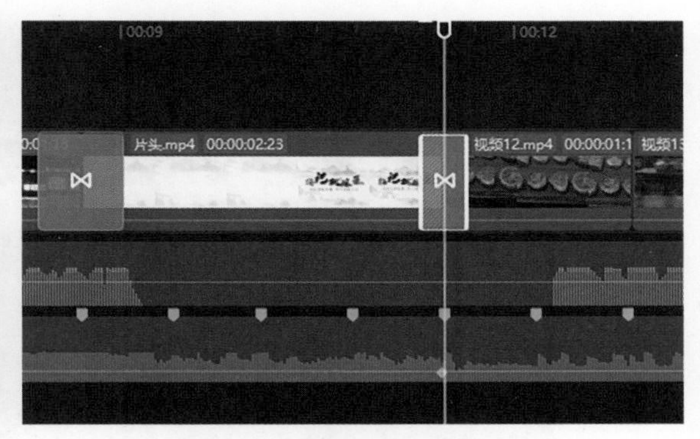

图8-41　添加“叠化”转场

（3）采用同样的方法，在“视频16”和“视频17”、“视频22”和“视频23”、“视频46”和“视频47”片段的组接位置添加“闪黑”转场，在“视频31”和“视频32”片段的组接位置添加“叠化”转场，如图8-42所示。

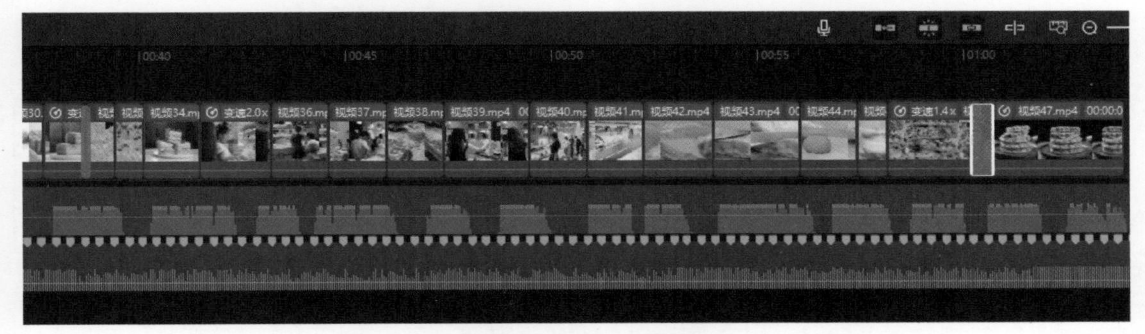

图8-42　添加其他转场

8.3.5 添加旁白字幕

字幕不仅能够吸引观众的注意力，还能通过视觉元素与音频内容的结合，增强广告的感染力和说服力。下面将介绍如何在商业广告短视频中添加旁白字幕，具体操作方法如下。

（1）选中“旁白”音频片段并单击鼠标右键，在弹出的快捷菜单中选择“识别字幕/歌词”命令，如图8-43所示。

（2）选中文本，在“文本”面板中设置“字体”为黑体、“字号”为5，“字间距”为1、“缩放”为80%，如图8-44所示。

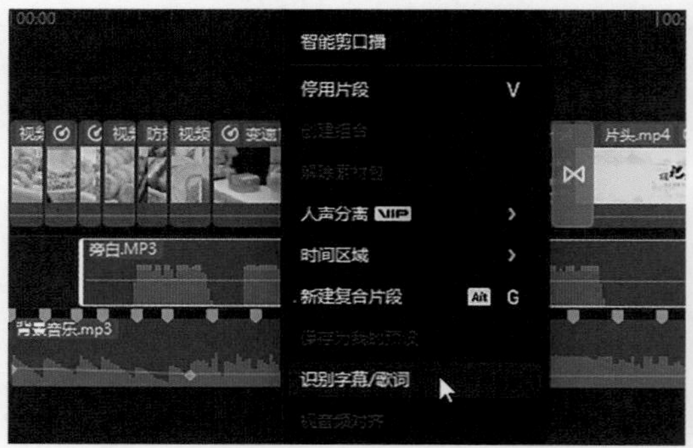

图8-43 选择“识别字幕/歌词”命令

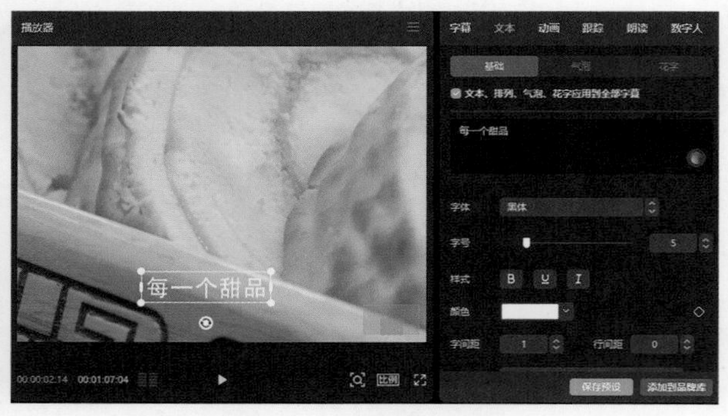

图8-44 设置文本格式

（3）在“文本”面板中选中“阴影”复选框，设置“颜色”为黑色、“不透明度”为30%、“模糊度”为5%、“距离”为5、“角度”为-45°，如图8-45所示。

图8-45 设置阴影格式

8.3.6 视频调色

本实战以暖色调为主，在调色时可以先适当提高画面的饱和度、亮度和对比度，然后通过添加“美食”滤镜组中的滤镜来增强甜品的色彩和质感，使其看起来更加美味诱人，具体操作方法如下。

（1）在素材面板上方单击“调节”按钮，选择“自定义调节”，将其拖至时间线上，在“调节”面板中设置“饱和度”为10、“亮度”为3、“对比度”为6，如图8-46所示。

图8-46　视频画面自定义调色

（2）在“HSL”调节中单击“橙色”按钮，设置“饱和度”为5、“亮度”为-3，如图8-47所示。

图8-47　调整画面中的橙色

（3）在素材面板上方单击“滤镜”按钮，选择“美食”类别中的“轻食”滤镜，将其拖至“视频1”片段的上方，在“滤镜”面板中设置“强度”为30，如图8-48所示。

（4）在时间线面板中调整滤镜和调节片段的长度，使其与“视频7”片段的右端对齐，如图8-49所示。

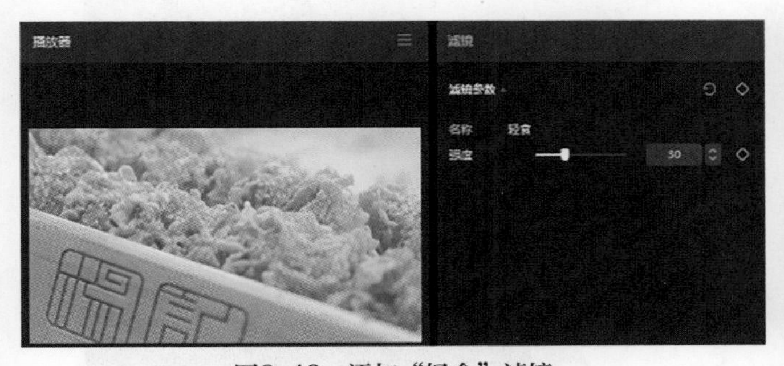

图8-48　添加“轻食”滤镜

图8-49　调整滤镜和调节片段的长度

（5）在“视频12”片段的上方添加“调节2”片段，在“调节”面板中设置“饱和度”为5、“亮度”为4、“对比度”为5，如图8-50所示。

（6）选择“复古胶片”类别中的“KE1”滤镜，将其拖至时间线上，在“滤镜”面板中设置“强度”为25，如图8-51所示。

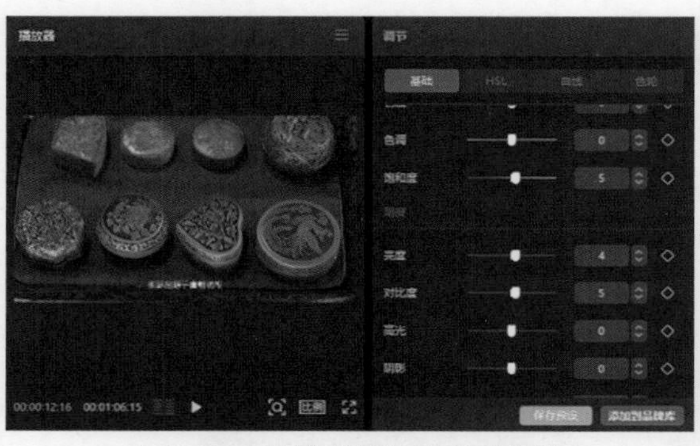

图8-50 设置“调节2”片段参数

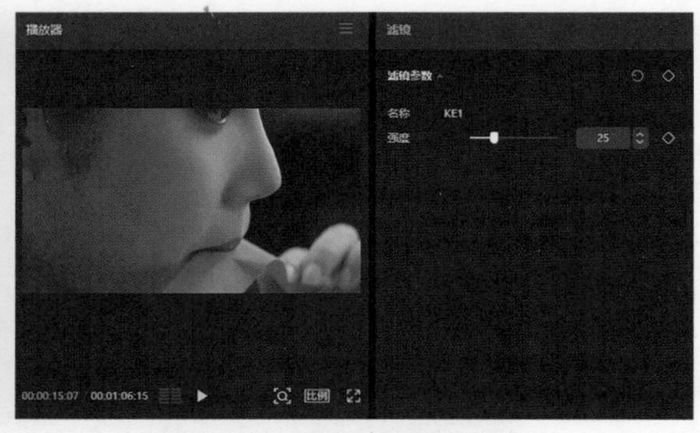

图8-51 添加“KE1”滤镜

（7）选择“人像”类别中的“奶油”滤镜，将其拖至时间线上，在“滤镜”面板中设置“强度”为56，如图8-52所示。

（8）调整滤镜和调节片段的长度，使其与“视频16”片段的右端对齐，如图8-53所示。

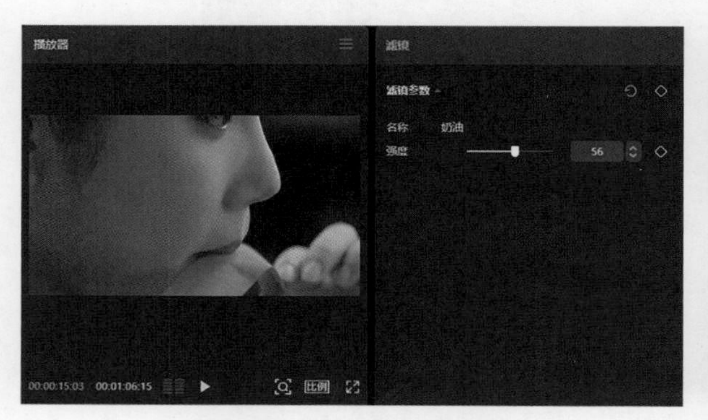

图8-52 添加“奶油”滤镜

图8-53 调整滤镜和调节片段的长度

（9）选中“视频4”片段，在“调节”面板中设置“饱和度”为-10、“亮度”为-2、“对比度”为4，如图8-54所示。

图8-54 视频画面基础调色

（10）采用同样的方法，根据需要添加合适的滤镜和自定义调节，并对部分视频片段进行单独调色，如图8-55所示。

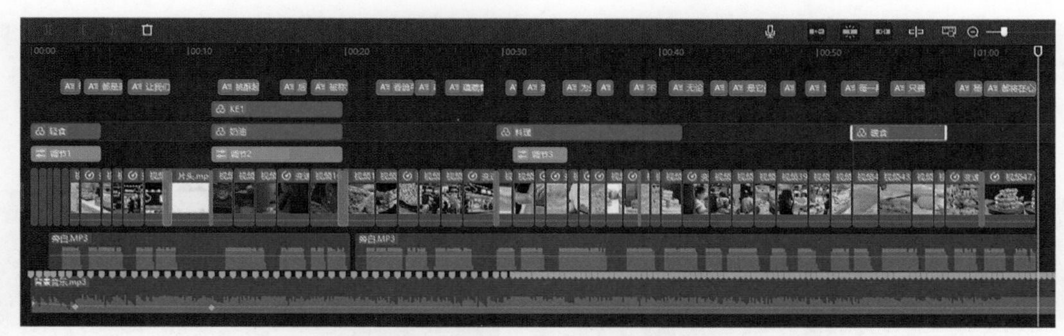

图8-55　对部分视频片段进行单独调色

8.3.7　制作片尾

在片尾部分，再次清晰地展示“杨记桃酥王”的品牌标志和口号，以加深观众对品牌的印象。制作片尾的具体操作方法如下。

（1）将素材库中的“白场”素材拖至主轨道，在素材面板上方单击“转场”按钮⊠，选择“叠化”类别中的“叠化”转场，将其拖至“视频47”和“白场”片段的组接位置，如图8-56所示。

（2）在素材面板上方单击“媒体”按钮▣，选择“我的预设”类别中的“复合片段预设1”，将其拖至画中画轨道，如图8-57所示。

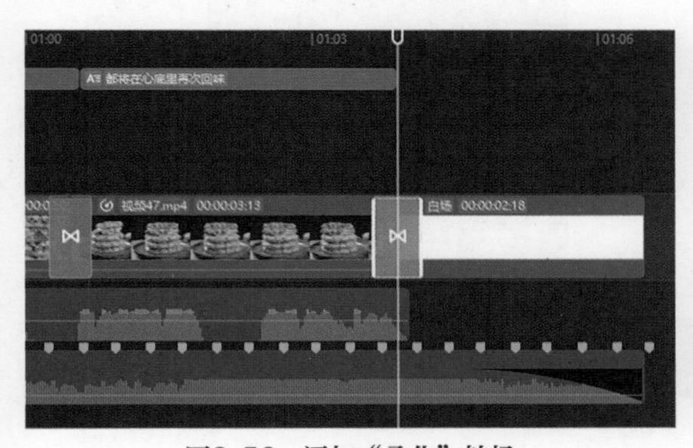

图8-56　添加“叠化”转场

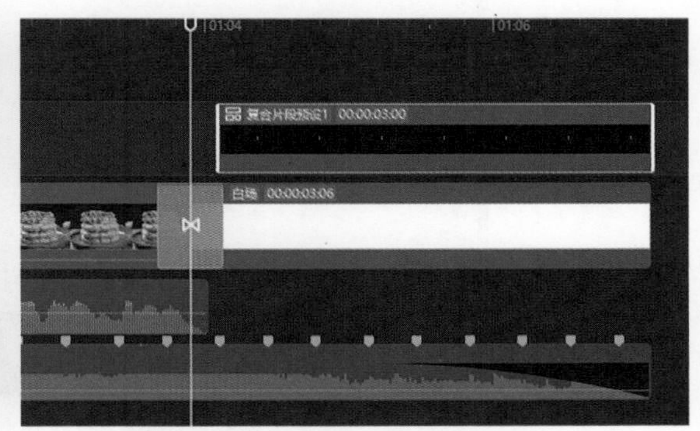

图8-57　选择“复合片段预设1”

（3）在“动画”面板中单击“入场”选项卡，选择“轻微放大”动画，在下方设置“动画时长”为1.5s，如图8-58所示。

图8-58　选择“轻微放大”动画

（4）将“素材库”中的“大气 粒子光斑特效”素材拖至画中画轨道，单击“关闭原声”按钮关闭视频原声，根据需要对其进行裁剪，如图8-59所示。

（5）在“画面”面板中单击“基础”选项卡，在“混合模式”下拉列表框中选择“滤色”混合模式，如图8-60所示。

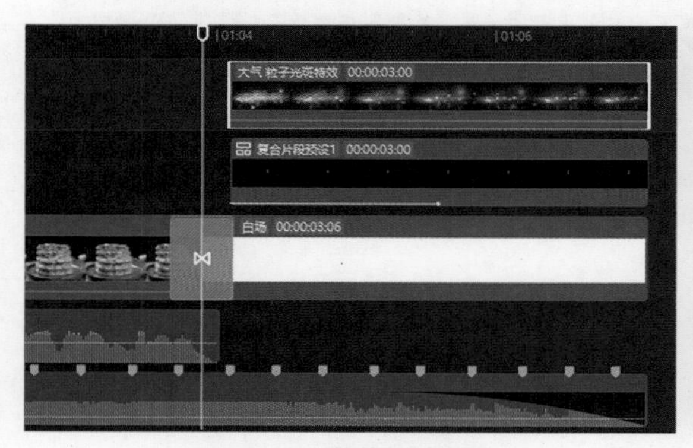

图8-59　裁剪特效素材

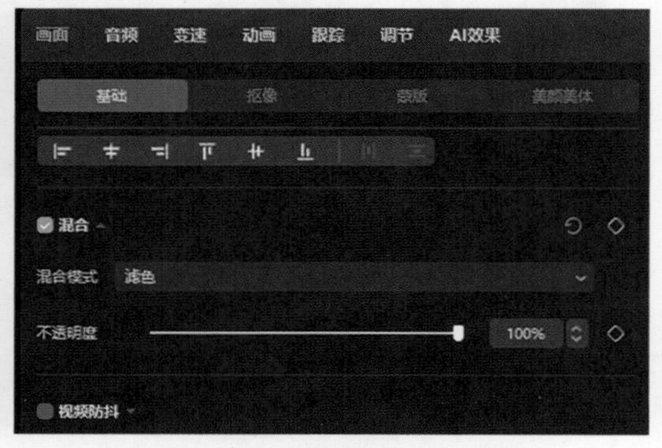

图8-60　选择“滤色”混合模式

（6）在“动画”面板中单击“出场”选项卡，选择“渐隐”动画，在下方设置“动画时长”为1.0s，如图8-61所示。

图8-61　选择“渐隐”动画

（7）在素材面板上方单击“特效”按钮，选择“基础”类别中的“模糊开幕”特效，将其拖至时间线上，如图8-62所示。

（8）在“特效”面板中设置“模糊度”为20、“速度”为35，然后调整特效片段的长度和位置，如图8-63所示。单击“导出”按钮，即可导出短视频。

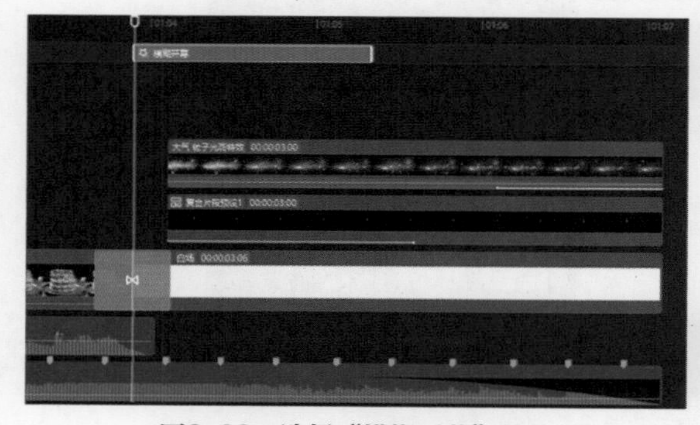

图8-62　选择“模糊开幕”特效

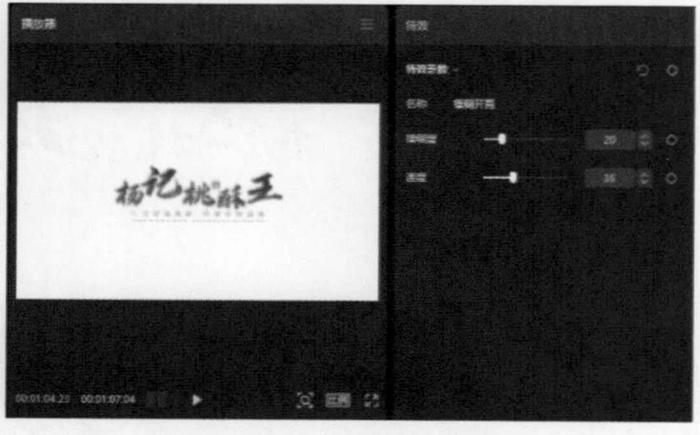

图8-63　设置特效参数

知识链接

剪映专业版中的“混合模式”功能仅适用于画中画轨道上的素材，主轨道上的素材并不支持这一功能。

效果展示

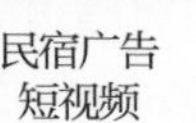

民宿广告短视频

操作教学

制作民宿广告短视频

课堂实训

打开“素材文件\第8章\课堂实训\民宿”文件夹，制作一条民宿广告短视频，效果如图8-64所示。

图8-64 民宿广告短视频

本实训的操作思路如下。

（1）新建剪辑项目，将要用的视频素材整理好并拖至“媒体”面板中。打开“草稿设置”对话框，设置“草稿名称”“比例”“分辨率”“草稿帧率”等。

（2）在时间线面板中添加视频和音频素材，并对背景音乐进行踩点，然后根据音乐节拍裁剪视频素材。

（3）对视频片段进行变速处理，包括常规变速和曲线变速，使视频播放更具节奏感。

（4）根据需要将合适的音乐和音效素材添加到音频轨道，并调整音频的音量和淡出时长。

（5）对短视频进行调色，使用“调节”效果调整各画面的明暗，为短视频添加合适的滤镜效果，调整滤镜的强度。预览画面整体调色效果，然后对个别片段进行单独调色。

（6）在不同场景的开始位置添加合适的转场效果。

课后练习

效果展示

全季酒店广告短视频

打开“素材文件\第8章\课后练习\全季酒店”文件夹，将视频和音频素材导入剪映专业版中，制作一条全季酒店广告短视频。

第 9 章

创作文艺短片

学习目标

- 了解文艺短片的剪辑要点和思路。
- 掌握剪辑文艺短片的方法。
- 掌握为文艺短片添加音效和字幕的方法。
- 掌握为文艺短片视频调色的方法。
- 掌握为文艺短片添加视频效果的方法。
- 掌握制作文艺短片片尾的方法。

素养目标

- 提升审美意识和审美素养，培养正确的审美价值观。
- 让观众在文艺短片中产生情感共鸣，得到精神慰藉。

文艺短片是一种短小精悍、情感丰富、艺术表现力强的短片形式。它通过独特的视角、诗意的表达和精美的视觉效果，引导观众思考、感受、领略生活的美好，珍惜生活的每一个瞬间。通过本章的学习，读者应熟练掌握文艺短片的剪辑思路和制作方法。

9.1 文艺短片的剪辑要点和思路

相较于电影而言，文艺短片的结构更加简单，通常强调“弱两边、重中间”的高度压缩结构，有的也通过省略开头和结尾来增强视频的冲击力和感染力。文艺短片追求的是高雅、深度和艺术性，通常不以商业营销为主要目的，而强调作品的意境、艺术表现力和观众的审美享受。下面将介绍文艺短片的剪辑要点和思路。

1. 剪辑故事线

在剪辑文艺短片前，首先要明确短片的故事线索，其次根据短片的叙事需求对素材进行剪辑和重组，最后通过剪辑将故事的起承转合流畅地展现出来，避免情节跳跃和不连贯。

2. 注意镜头语言

文艺短片中的镜头语言非常重要，剪辑时要注意镜头之间的转换和衔接，利用镜头转换和衔接来表现人物关系、时间和空间转换等。同时，要注意画面构图、色彩搭配和光影效果，使画面更加美观、自然，且有感染力。

3. 调整节奏和氛围

剪辑文艺短片时，要把握好短片的整体节奏和氛围，画面内容应与旁白或背景音乐紧密结合，适当运用加速、减速、定格等手法调整短片的节奏，让观众能够感受到故事的张力和情感变化。

4. 添加音效和音频

音效和音频能够有效地传递情感。通过选择合适的背景音乐、环境音效或人物对话，可以加强短片中的情感表达，使观众更加深入地感受角色的内心世界和故事氛围。例如，在表现悲伤的场景时，轻柔而哀伤的背景音乐能够引起观众的共鸣。

5. 统一色调

在文艺短片中，色彩可以传达情感、营造氛围和塑造角色形象。因此，在剪辑过程中，应选择与整体风格相符的色彩方案，并保持一致的色彩搭配和调色风格。例如，如果短片整体风格偏向温暖、浪漫，那么色彩搭配就可以选择柔和的暖色调，如粉色、橙色等，并在剪辑过程中保持这种色彩风格的连贯性。

素养课堂

在文艺短片中，美学价值是不可或缺的。给观众以精神享受和细腻、微妙的审美体验，是文艺短片的首要美学价值。但是，要想更好地感知文艺短片的美学价值，人们就要提升审美意识和审美素养，培养正确的审美价值观，包括高雅的审美情趣和较强的审美判断能力。

9.2 文艺短片素材的选取

文艺短片素材的选取是创作过程中至关重要的环节，这决定了影片的整体风格、情感表达，以及观众的观看体验。在选取素材时，需要注意以下几个方面。

1. 选择合适的场景

为了营造文艺的氛围，可以选择那些能够自然流露舒适感的场景素材，如蜿蜒的乡间小径、静谧的湖畔或夕阳下的海滩等，这些场景不仅能为观众带来宁静的视觉享受，还能更好地衬托故事的情感基调，如图9-1所示。

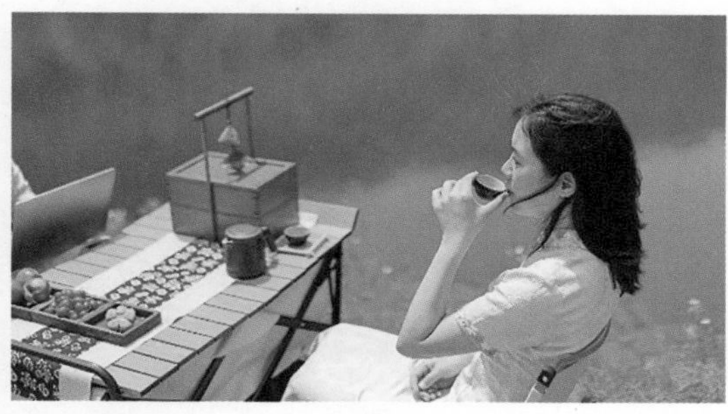

图9-1　选择合适的场景

2. 注重画面构图

在选择素材时，应着重关注画面中人物、物品和背景的位置、比例和关系等细节。选择构图合理、细节处理得当的素材，能够突出主题并提升画面的美感。

3. 利用特写镜头

通过聚焦并放大细节，特写镜头能够让观众更直观地感受到角色内心的情感波动。例如，在描绘人物内心痛苦时，紧皱的眉头或一滴滑落的眼泪，都能通过特写镜头深刻展现出角色的情感状态，使观众产生强烈的共鸣，如图9-2所示。

图9-2　特写镜头

4. 筛选与整理素材

根据短片主题和风格对收集的素材进行筛选，剔除与主题不符或风格不一致的素材。创作者可以根据素材类型（如视频、音频、图片等）、情感色彩（如喜悦、悲伤、紧张等）或场景类型（如室内、室外、自然景观等）进行分类整理，以便于后续使用。

效果展示

文艺短片创作实战

9.3 文艺短片创作实战

下面使用剪映专业版制作一部名为“常德桃源”的文艺短片。该短片以展现常德地区的自然美景和主角探索体验为主线，贯穿从宁静的乡村房屋到千年溶洞的旅程，捕捉享受食物、欣赏风景、与大自然亲近的瞬间。这些画面共同营造出一种轻松愉快、充满生机的氛围，传达出主角对生活中平凡而美好时刻的珍视，以及对自然环境的热爱。

本实战的素材存储位置：“素材文件\第9章\文艺短片”文件夹。

操作教学

剪辑视频素材

9.3.1 剪辑视频素材

在剪辑文艺短片之前，先逐句阅读旁白文本，理解每句话的含义、情感，然后根据旁白描述的场景，选择与之匹配的视频素材并进行剪辑，具体操作方法如下。

（1）在剪映专业版中新建剪辑项目，并将要用的视频素材拖至“媒体”面板中，如图9-3所示。

（2）在功能区的“草稿参数”面板中单击“修改”按钮，在弹出的对话框中设置“草稿名称”“比例”“分辨率”“草稿帧率”等，然后单击“保存”按钮，如图9-4所示。

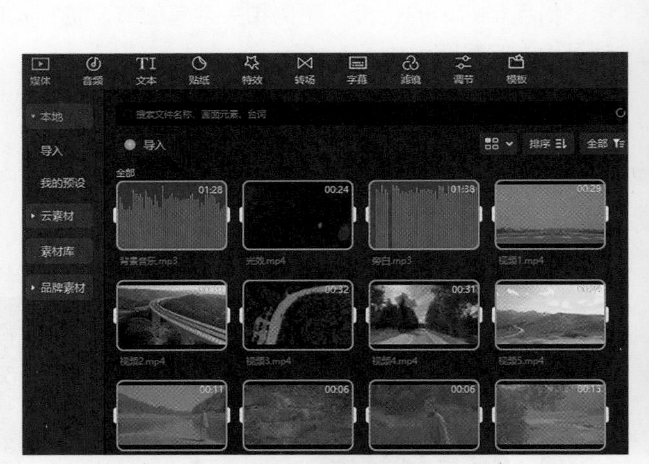

图9-3 导入素材

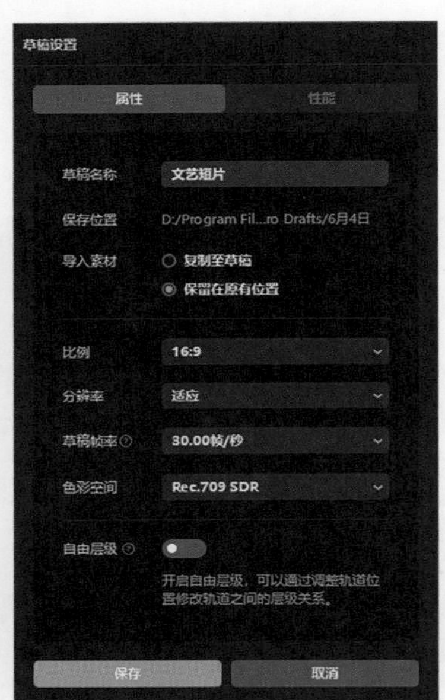

图9-4 设置草稿

（3）依次将各视频素材添加到时间线面板中，并对视频素材进行粗剪，然后在主轨道左侧单击“关闭原声”按钮，如图9-5所示。

图9-5 粗剪视频素材

（4）拖动时间线指针至第4秒的位置，将“旁白”音频素材添加到音频轨道中，然后在“基础”面板中设置“音量”为3.1dB，如图9-6所示。

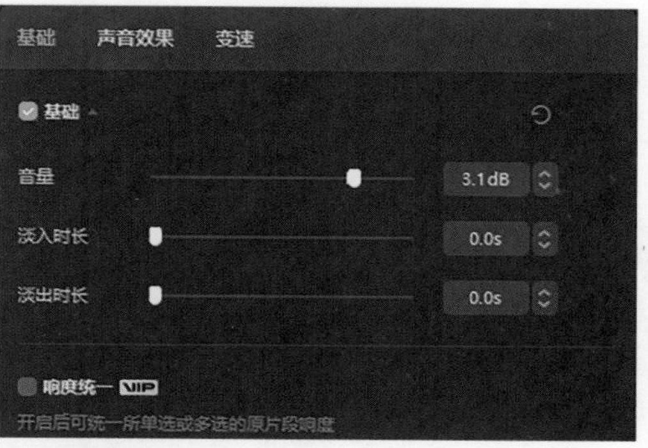

图9-6 添加“旁白”音频素材

（5）选中“视频1”片段，在“变速”面板中设置“倍数”为1.8x，如图9-7所示。

（6）选中“视频29”片段，在“画面”面板中选中“视频防抖”复选框，对素材进行防抖处理，如图9-8所示。

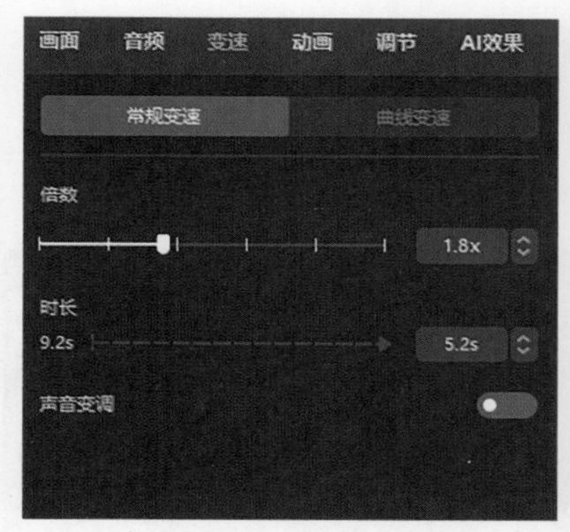

图9-7 调整播放速度

图9-8 选中“视频防抖”复选框

（7）采用同样的方法，调整其他视频素材的播放速度，并根据旁白对视频素材进行精剪，让视频画面呈现的场景与旁白内容契合，然后将“视频49”片段拖至画中画轨道，如图9-9所示。

图9-9 精剪视频素材

9.3.2 添加音效

操作教学

添加音效

为文艺短片添加音效时，应考虑人物所处的环境，选择与环境相匹配的音效。例如，在河边的草地上走路时，可以加入鸟鸣声、流水声等自然界的声音。为文艺短片添加音效的具体操作方法如下。

（1）将“背景音乐”素材拖至时间线上，如图9-10所示，使音乐的开始位置与“视频8”片段的开始位置对齐。

（2）在“基础”面板中设置“音量”为-3.0dB、“淡出时长”为4.0s，如图9-11所示。

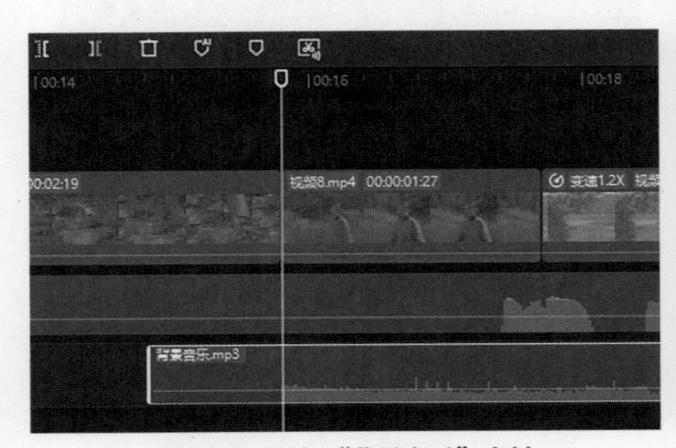

图9-10 添加“背景音乐”素材

图9-11 设置音量和淡出时长

（3）按【Home】键定位到首帧，将音效素材库中的“飞机起飞降落声”音效拖至时间线上，并对其进行裁剪，如图9-12所示。

（4）在“基础”面板中设置“音量”为-5.0dB、“淡出时长”为5.1s，如图9-13所示。

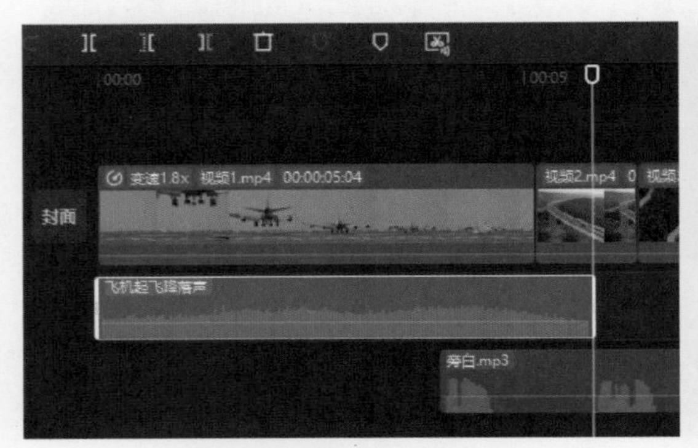

图9-12 添加音效

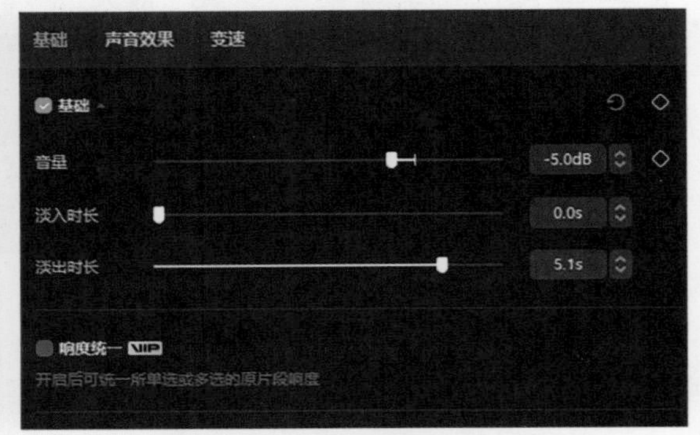

图9-13 调整音量和淡出时长

（5）将音效素材库中的“脚步声在泥土上”音效拖至“视频6”片段上，在“变速”面板中设置“倍数”为0.9x，如图9-14所示。

（6）根据需要对音效进行裁剪，使其与画面中人物走路时的动作相匹配，如图9-15所示。

图9-14 调整音效播放速度

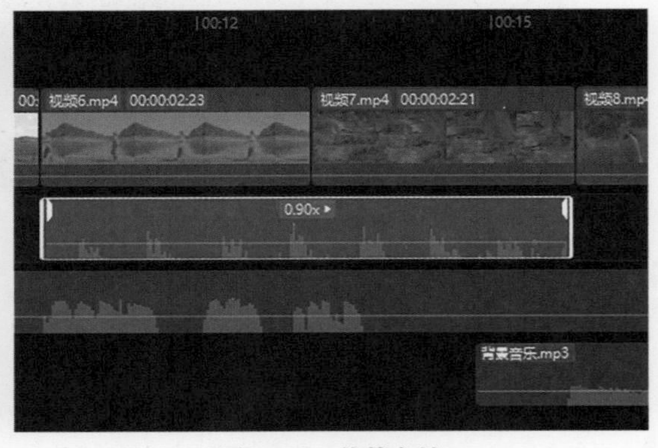

图9-15 裁剪音效

（7）采用同样的方法，在其他需要音效的位置添加合适的音效，如“高速公路上很多车驶过”“汽车喇叭”“小溪小河流水声”“森林声音　森林里鸟叫声”“冥想颂钵声音”等，并根据需要调整音效的音量、淡入和淡出时长，如图9-16所示。

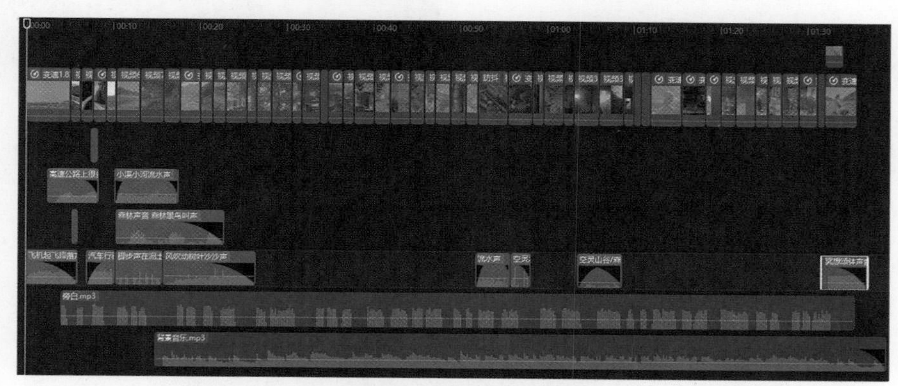

图9-16　添加其他音效

9.3.3　视频调色

舒适的色调是增强文艺短片质感的关键因素。在调色过程中，我们要根据不同的素材和整体风格进行相应的调整，同时注重细节和整体效果的协调性，以打造出更具质感和感染力的文艺短片。

1. 基础调色

为了使本实战的灰片素材呈现出更加生动、色彩丰富的画面效果，可以应用LUT快速地对灰片素材进行色彩和对比度的调整，具体操作方法如下。

（1）在素材面板中单击“调节”按钮，然后在左侧单击“LUT”按钮，接着单击“导入”按钮，导入色彩预设文件，如图9-17所示。

（2）拖动时间线指针至“视频5”片段的开始位置，将“自定义调节”片段添加到调节轨道中。在“调节”面板中选中“LUT”复选框，在“名称”下拉列表框中选择所需的色彩预设文件，如图9-18所示。

图9-17　导入色彩预设文件

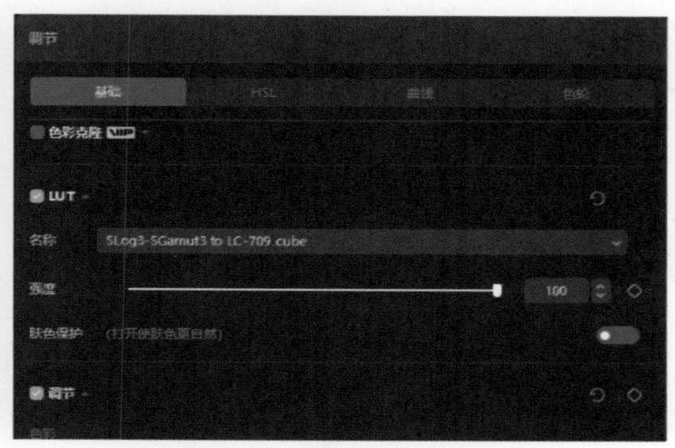

图9-18　选择色彩预设文件

（3）在“播放器”面板中预览使用色彩预设文件调色效果，调色前后的对比效果如图9-19所示。

图9-19　预览色彩预设文件调色对比效果

（4）拖动时间线指针至“视频6”片段的开始位置，将“自定义调节”片段添加到调节轨道中。在“调节”面板中设置“亮度”为7、“对比度”为10，如图9-20所示。

图9-20　视频画面自定义调色

（5）拖动时间线指针至“视频19”片段的开始位置，选中“调节2”片段，按【Ctrl+B】键进行分割，如图9-21所示。

（6）拖动时间线指针至“视频20”片段的结束位置，按【Q】键向左裁剪，如图9-22所示。

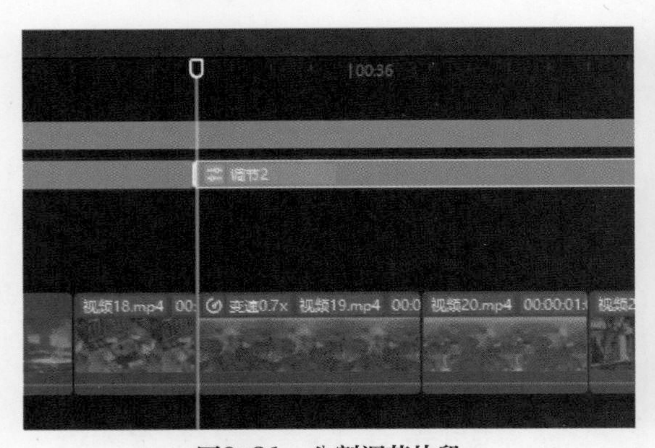

图9-21　分割调节片段

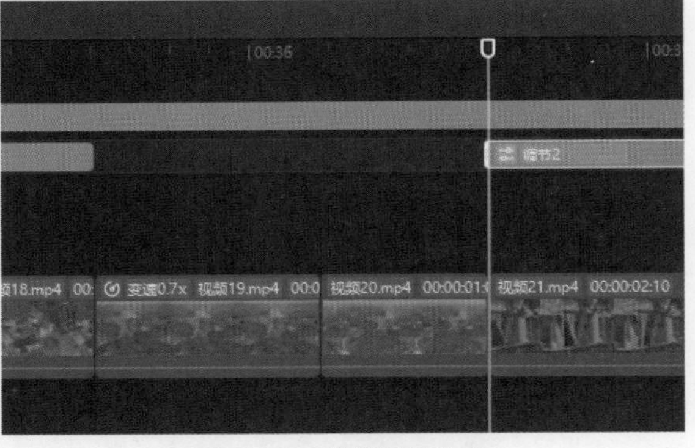

图9-22　裁剪调节片段

2. 电影感调色

下面使用剪映专业版中的“滤镜”和“基础调节”功能对文艺短片进行电影感调色，具体操作方法如下。

（1）在素材面板上方单击“滤镜”按钮，选择“复古胶片”类别中的“KE1”滤镜，将其拖至“视频2”片段的上方，在“滤镜”面板中设置“强度”为52，然后调整滤镜和调节片段的长度，如图9-23所示。

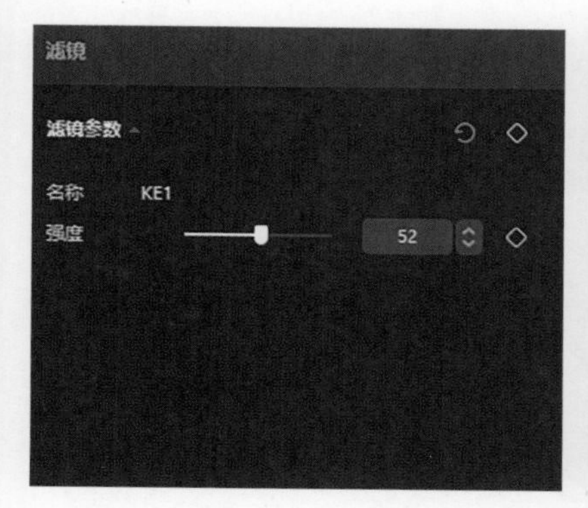

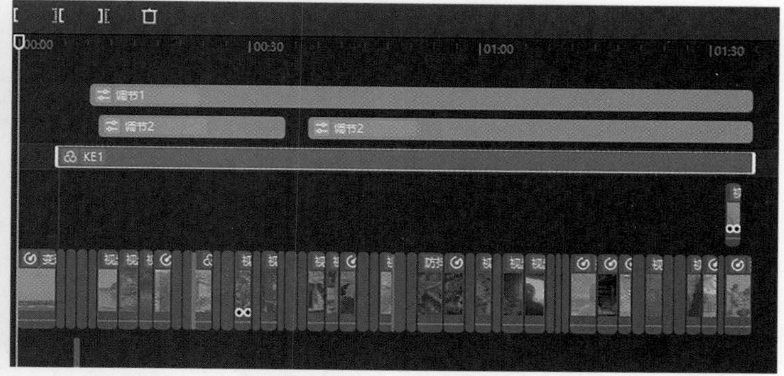

图9-23 添加“KE1”滤镜

（2）选择“人像”类别中的“亮肤”滤镜，将其拖至“视频8”片段的上方，此时人物面部肤色明显提亮，如图9-24所示。

图9-24 添加“亮肤”滤镜

（3）选中“视频8”片段，在“画面”面板中单击“美颜美体”选项卡，选中“美颜”复选框，设置“磨皮”为13、“美白”为18，如图9-25所示。

图9-25 为人物美颜

知识链接

剪映专业版中的“美颜”功能可以自动检测并优化视频中的人物面部特征，使肤色更加自然，面部轮廓更加柔和。

（4）选择“风景”类别中的“绿妍”滤镜，将其拖至“视频1”片段的上方，在“画面”面板中设置滤镜“强度”为50，如图9-26所示。

（5）选中“视频1”片段，在“调节”面板中设置“饱和度”为8、“亮度”为12、“对比度”为26、“阴影”为-11、“白色”为5、“光感”为-18、“清晰”为5，如图9-27所示。

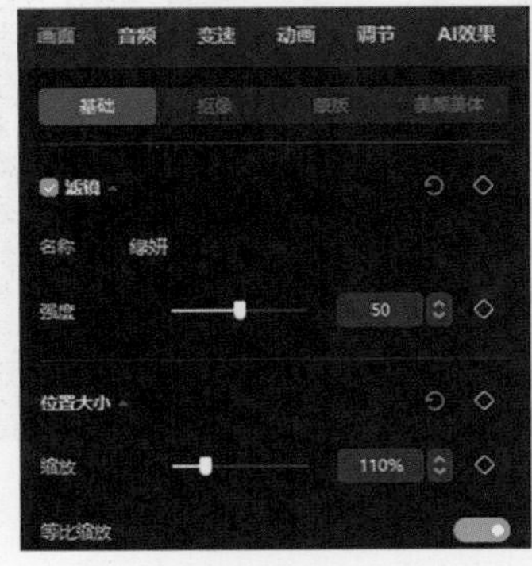

图9-26　设置“滤镜”强度

图9-27　视频画面基础调色

（6）选择“美食”类别中的“暖食”滤镜，将其拖至“视频37”和“视频38”片段的上方，如图9-28所示。

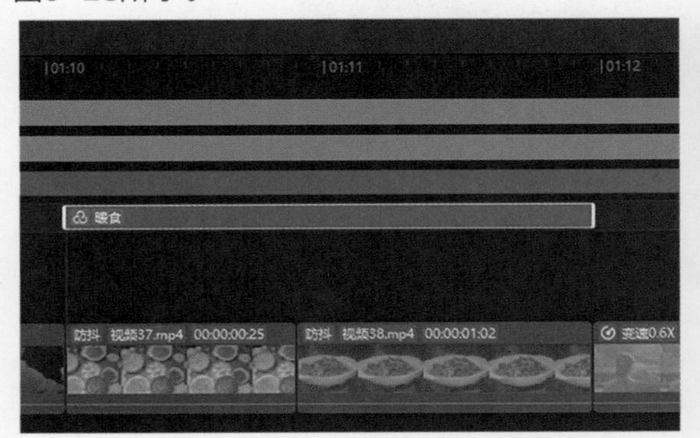

图9-28　添加“暖食”滤镜

（7）按住【Ctrl】键的同时选中“视频32”和“视频33”片段，然后按【Ctrl+G】键创建组合，如图9-29所示。

（8）在“调节”面板中调整“亮度”“对比度”“阴影”“白色”等参数，即可对组合中的视频片段同时进行调色，如图9-30所示。

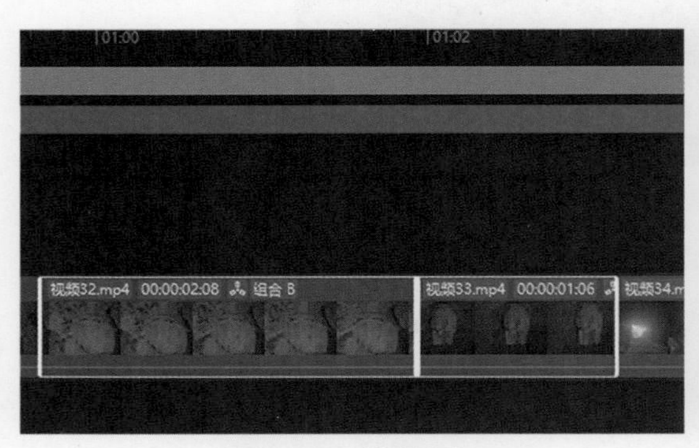

图9-29　创建组合

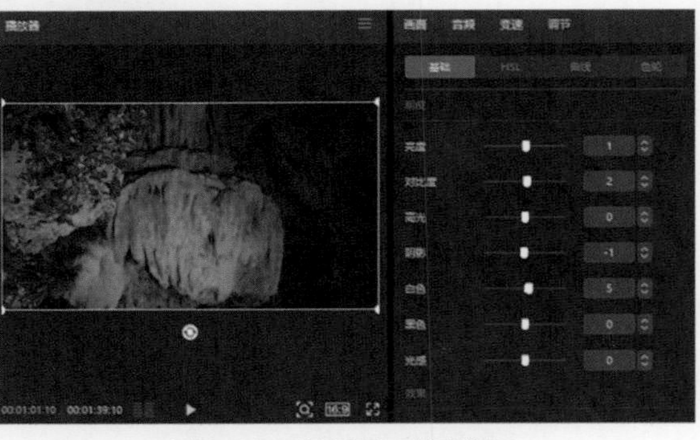

图9-30　视频画面基础调色

（9）采用同样的方法，根据需要添加合适的滤镜，并对部分视频片段进行单独调色，如图9-31所示。

图9-31　对部分视频片段进行单独调色

（10）在“播放器”面板中预览视频的调色效果，部分镜头画面如图9-32所示。

图9-32　预览视频的调色效果

9.3.4　添加视频效果

为文艺短片添加转场、光效和动画等视频效果可以丰富短片的视觉效果，提升观众的观看体验。这些效果不仅有助于不同场景和片段的过渡和连接，还能营造出特定的氛围和情感，增强短片的艺术感染力和情感共鸣。

1．添加转场和光效

下面使用剪映专业版的“转场”和“混合模式”功能为文艺短片添加转场和光效，具体操作方法如下。

（1）在素材面板上方单击“转场”按钮⊠，选择“叠化”类别中的“叠化”转场，将其拖至“视频11”和“视频12”片段的组接位置，如图9-33所示。

（2）在“转场”面板中设置“时长”为0.7s，如图9-34所示。采用同样的方法，在“视频26”和“视频27”片段的组接位置添加“叠化”转场。

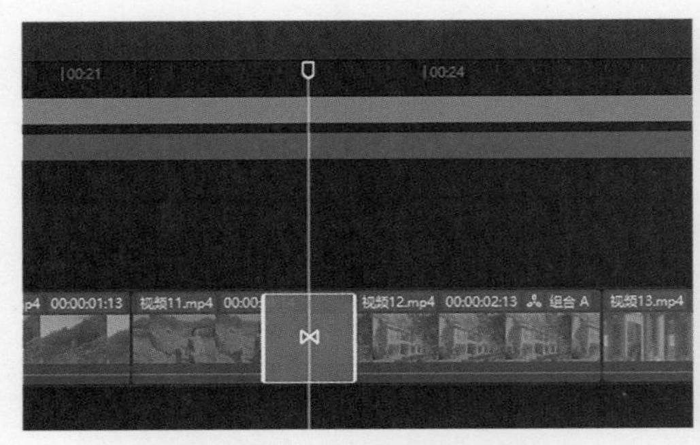

图9-33　添加“叠化”转场

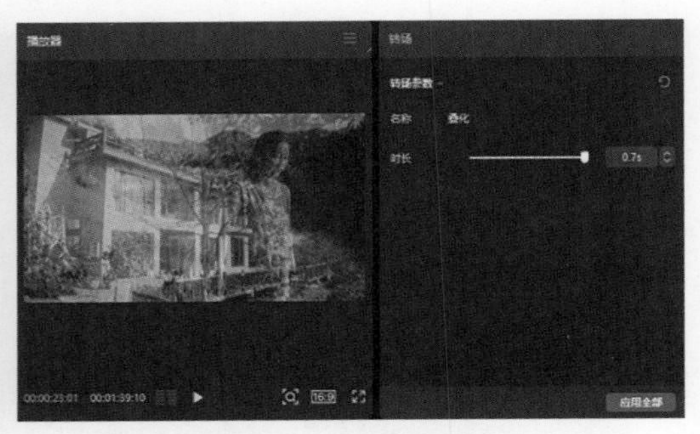

图9-34　设置转场时长

（3）将“光效”素材拖至“视频35”片段的上方，根据需要对其进行裁剪，如图9-35所示。

（4）在“画面”面板中单击“基础”选项卡，在“混合模式”下拉列表框中选择“滤色”混合模式，设置“不透明度”为35%，如图9-36所示。

图9-35　裁剪“光效”素材

图9-36　选择“滤色”混合模式

2. 添加动画效果

在为一个素材片段添加关键帧动画效果时，可以通过设置不同的“缩放”参数来实现画面的缩放效果。这种效果在文艺短片中可以用于强调某个画面元素、突出某个情节，或者营造特定的视觉氛围。

为文艺短片添加动画效果的具体操作方法如下。

（1）选中“光效”片段，在“动画”面板中单击“入场”选项卡，选择“渐显”动画，在下方设置“动画时长”为0.4s，如图9-37所示。

（2）选中“视频49”片段，在“动画”面板中单击“出场”选项卡，选择“渐隐”动画，在下方设置“动画时长”为0.8s，如图9-38所示。采用同样的方法，为“视频48”片段添加“渐隐”动画效果。

图 9-37　选择“渐显”动画

图9-38 选择“渐隐”动画

（3）将时间线指针拖至“视频22”的开始位置，在“画面”面板中单击“缩放”右侧的“添加关键帧”按钮◆，添加第1个关键帧，如图9-39所示。

图9-39 添加第1个关键帧

（4）将时间线指针拖至“视频22”的结束位置，在“画面”面板中设置“缩放”为105%，添加第2个关键帧，如图9-40所示。

图9-40 添加第2个关键帧

9.3.5 添加旁白字幕

操作教学
添加旁白字幕

下面使用剪映专业版的“识别字幕”“新建文本”和“动画”功能为文艺短片添加旁白字幕，具体操作方法如下。

（1）选中“旁白”音频片段并单击鼠标右键，在弹出的快捷菜单中选择“识别字幕/歌词”命令，如图9-41所示。

（2）选中文本，在“文本”面板中设置“字号”为5、“颜色”为白色、“字间距”为1，如图9-42所示。

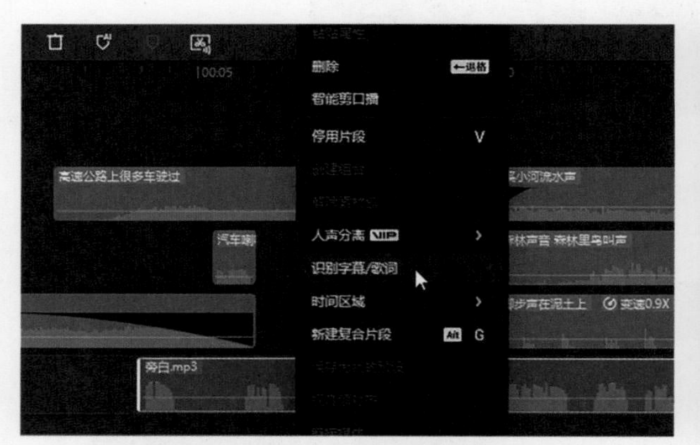

图9-41 选择“识别字幕/歌词”命令

图9-42 设置文本格式

（3）在“文本”面板中选中“阴影”复选框，设置“颜色”为黑色、“不透明度”为40%、“模糊度”为5%、“距离”为5、“角度”为-45°，如图9-43所示。

图9-43 设置阴影格式

（4）新建文本并输入“寻觅之旅第一站”，在“动画”面板中单击“入场”选项卡，选择“开幕”动画，设置“动画时长”为0.5s；单击“出场”选项卡，选择“渐隐”动画，设置“动画时长”为0.5s，如图9-44所示。

（5）采用同样的方法，新建并输入其他文本，并根据需要添加合适的动画效果，如图9-45所示。

图9-44　添加入场和出场动画

图9-45　添加其他文本

操作教学

制作片尾

9.3.6　制作片尾

在制作文艺短片的片尾时，创作者可以根据短片的主题和风格选择合适的片尾内容。一个有深度、引人深思的片尾，能够使文艺短片更有艺术感和感染力。

为文艺短片制作片尾的具体操作方法如下。

（1）按【End】键定位到尾帧，将素材库中的“黑场”和“体积光效和灰尘特效视频素材”素材分别拖至主轨道和画中画轨道，并根据需要对其进行裁剪，如图9-46所示。

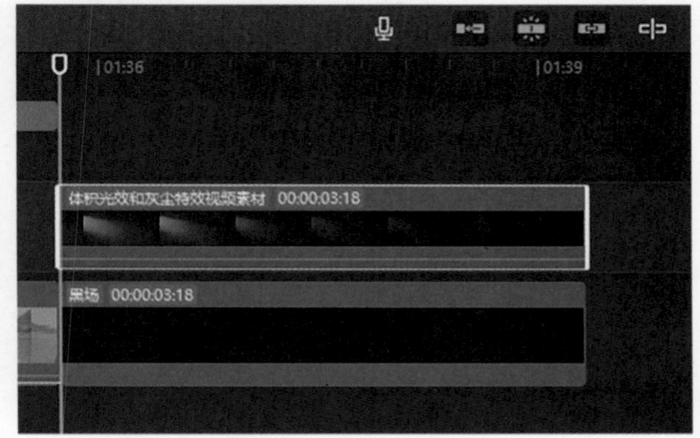

图9-46　添加素材

（2）选中“体积光效和灰尘特效视频

素材”片段，在“动画”面板中单击“入场”选项卡，选择“渐显”动画，在下方设置“动画时长”为1.0s，如图9-47所示。

（3）新建文本并输入“真诚寻觅自己·便是理想桃源”，在“文本”面板中设置“字体”为清刻本悦、“字号”为6、“颜色”为白色、“字间距”为9，如图9-48所示。

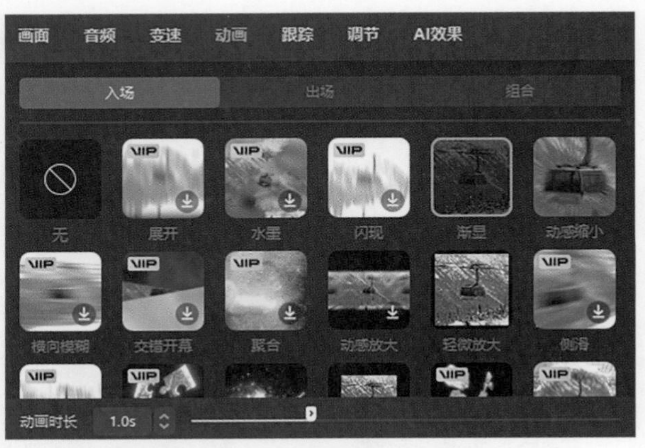

图9-47　选择“渐显”动画

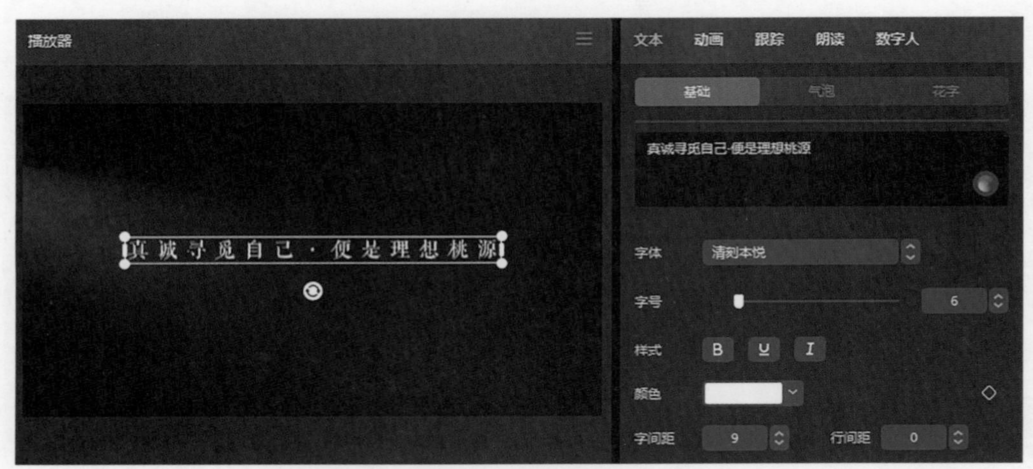

图9-48　设置文本格式

（4）按【Alt+G】键新建复合片段，然后将素材库中的“烟雾消散粒子绿幕素材”素材拖至画中画轨道，单击“关闭原声”按钮，在“画面”面板中单击“基础”选项卡，在“混合模式”下拉列表框中选择“滤色”混合模式，如图9-49所示。

（5）在“播放器”面板中调整烟雾的位置，然后在“变速”面板中设置“倍数”为1.8x，如图9-50所示。

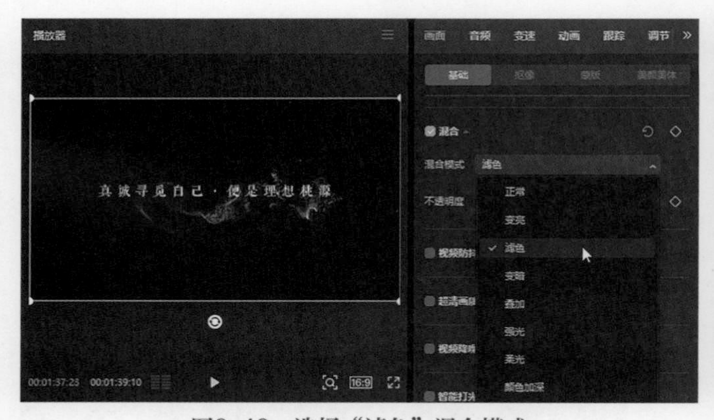

图9-49　选择“滤色”混合模式

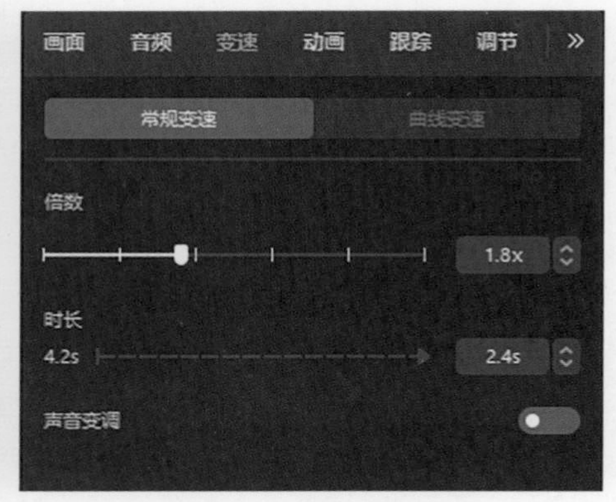

图9-50　调整播放速度

知识链接

在剪映专业版中，创建的复合片段还可以保存为“我的预设”。这意味着这些预设可以在多个不同的草稿项目中重复使用，极大地提高了剪辑工作的效率。

（6）选中“复合片段1”片段，在“画面”面板中单击“蒙版”选项卡，选择“线性”蒙版，单击“反转”按钮，设置“旋转”为90°，“羽化”为4，在“位置”右侧单击“添加关键帧”按钮◆，添加第1个关键帧，然后在“播放器”面板中将蒙版拖至画面的左侧，如图9-51所示。

（7）一边拖动时间线指针，一边将蒙版拖至画面的右侧，让蒙版始终跟着烟雾，直到烟雾完全显示，如图9-52所示。

（8）在“动画”面板中单击“入场”选项卡，选择“轻微放大”动画，在下方设置“动画时长”为3.6s，如图9-53所示。至此，文艺短片制作完成。

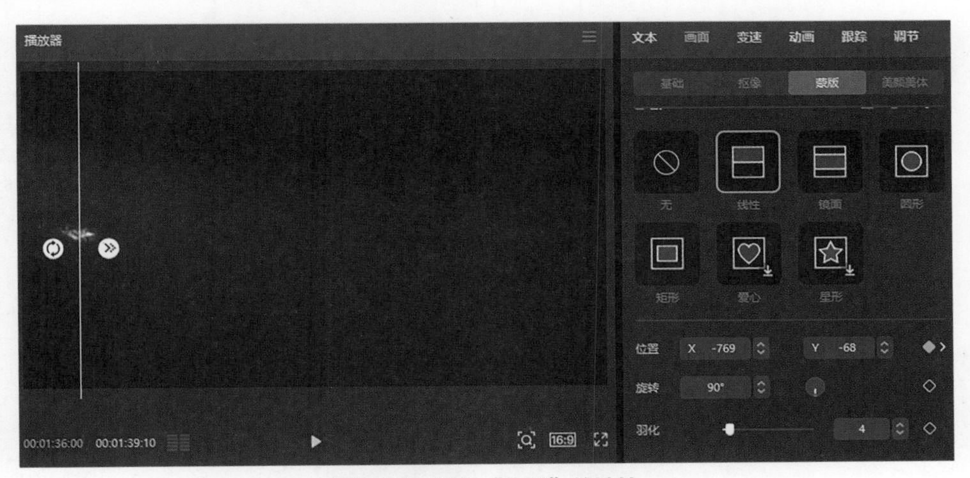

图9-51　添加“位置”关键帧

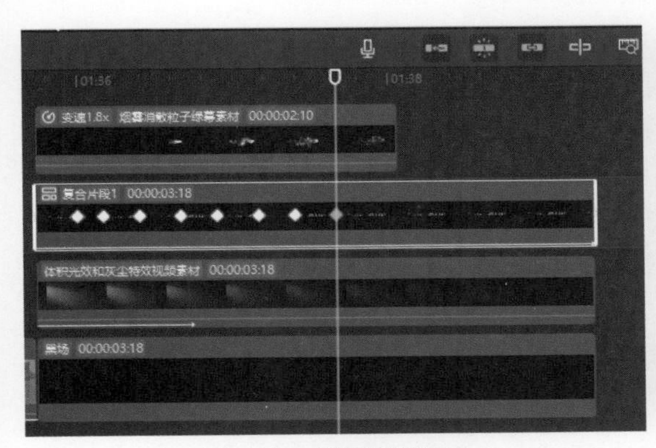

图9-52　调整蒙版位置

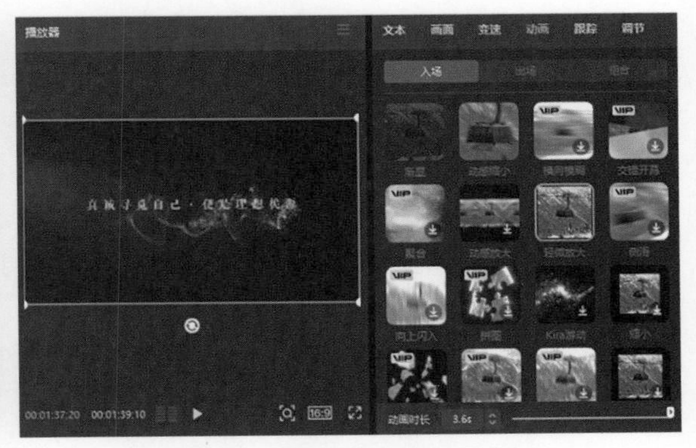

图9-53　选择“轻微放大”动画

课堂实训

打开“素材文件\第9章\课堂实训\拥抱春天”文件夹，制作一条“拥抱春天”文艺短片，效果如图9-54所示。

效果展示

“拥抱春天”文艺短片

操作教学

制作“拥抱春天”文艺短片

图9-54 “拥抱春天”文艺短片

本实训的操作思路如下。

（1）新建剪辑项目，在时间线面板中添加视频和旁白素材，并根据旁白裁剪视频素材。

（2）在剪映音乐库中选择合适的背景音乐和音效素材，并将其添加到音频轨道，然后调整音频的音量、淡入和淡出时长。

（3）根据需要在视频片段的组接位置添加合适的转场和特效。

（4）对短视频进行调色，在“调节”面板中调整各画面的明暗度，然后为短视频添加合适的滤镜效果，并调整滤镜的强度。

（5）识别旁白音频中的字幕，在“文本”面板中修改文本格式。

（6）为短视频设置一个封面，并导出短视频。

课后练习

效果展示

“慢生活”文艺短片

打开“素材文件\第9章\课后练习\慢生活”文件夹，将视频和音频素材导入剪映专业版中，制作一条“慢生活”文艺短片。